数学オリンピック
2018～2022

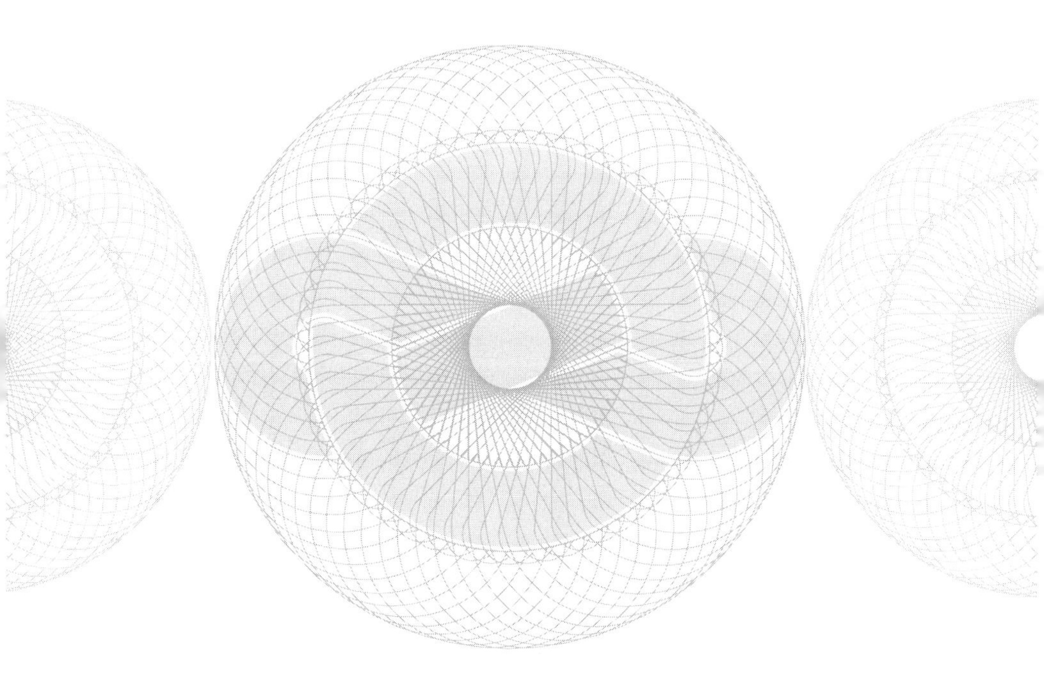

公益財団法人 数学オリンピック財団 監修

日本評論社

まえがき

本書は，第 28 回 (2018) 以後の 5 年間の日本数学オリンピック (JMO) の予選・本選，および第 59 回 (2018) 以後の 5 年間の国際数学オリンピック (IMO)，さらに第 34 回 (2022) アジア太平洋数学オリンピック (APMO)，2021 年 11 月実施のヨーロッパ女子数学オリンピック (EGMO) の日本代表一次選抜試験と第 11 回大会で出題された全問題とその解答などを集めたものです．

巻末付録の 6.1，6.2，6.3 では，JMO の予選・本選の結果，EGMO および IMO での日本選手の成績を記載しています．6.4 には，2018〜2022 年の日本数学オリンピック予選・本選，国際数学オリンピックの出題分野別リストを掲載しています．

また，巻末付録 6.5 の「記号，用語・定理」では，高校レベルの教科書などではなじみのうすいものについてのみ述べました．なお，巻末付録 6.6 では，JMO，JJMO についての参考書を紹介してあります．6.7 は，第 33 回日本数学オリンピック募集要項です．

なお，本書に述べた解答は最善のものとは限らないし，わかりやすくないものもあるでしょう．よって，皆さんが自分で工夫し解答を考えることは，本書の最高の利用法の一つであるといえましょう．

本書を通して，皆さんが数学のテーマや考え方を学び，数学への強い興味を持ち，日本数学オリンピック，さらには国際数学オリンピックにチャレンジするようになればと願っています．

公益財団法人　数学オリンピック財団 理事長
藤田 岳彦

日本数学オリンピックの行事

(1)　国際数学オリンピック

The International Mathematical Olympiad : IMO

1959 年にルーマニアがハンガリー，ブルガリア，ポーランド，チェコスロバキア (当時)，東ドイツ (当時)，ソ連 (当時) を招待して，第 1 回 IMO が行われました．以後ほとんど毎年，参加国の持ち回りで IMO が行われています．次第に参加国も増えて，イギリス，フランス，イタリア (1967)，アメリカ (1974)，西ドイツ (当時) (1976) が参加し，第 20 回目の 1978 年には 17 ヶ国が，そして日本が初参加した第 31 回 (1990) の北京大会では 54 ヶ国が，2003 年の日本大会では 82 ヶ国，457 名の生徒が世界中から参加し，名実ともに世界中の数学好きの少年少女の祭典となっています．

IMO の主な目的は，すべての国から数学的才能に恵まれた若者を見いだし，その才能を伸ばすチャンスを与えること，また世界中の数学好きの少年少女および教育関係者であるリーダー達が互いに交流を深めることです．IMO の大会は毎年 7 月初中旬の約 2 週間，各国の持ち回りで開催しますが，参加国はこれに備えて国内コンテストなどで 6 名の代表選手を選び，団長・副団長らとともに IMO へ派遣します．

例年，団長等がまず開催地へ行き，あらかじめ各国から提案された数十題の問題の中から IMO のテスト問題を選び，自国語に訳します．その後，選手 6 名が副団長とともに開催地に到着します．

開会式があり，その翌日から 2 日間コンテストが朝 9 時から午後 1 時半まで (4 時間半) 行われ，選手達はそれぞれ 3 問題，合計 6 問題を解きます．コンテストが終わると選手は国際交流と観光のプログラムに移ります．団長・副団長らはコンテストの採点 (各問 7 点で 42 点満点) と，その正当性を協議で決めるコーディネーションを行います．開会より 10 日目頃に閉会式があり，ここで成績優秀者に金・銀・銅メダルなどが授与されます．

(2)　アジア太平洋数学オリンピック
The Asia Pacific Mathematics Olympiad : APMO

APMO は 1989 年にオーストラリアやカナダの提唱で西ドイツ国際数学オリンピック (IMO) 大会の開催中に第 1 回年会が開かれ，その年に 4 ヶ国 (オーストラリア，カナダ，香港，シンガポール) が参加して第 1 回アジア太平洋数学オリンピック (APMO) が行われました．

以後，参加国の持ち回りで主催国を決めて実施されています．第 2 回には 9 ヶ国が参加し，日本が初参加した 2005 年第 17 回 APMO では 19 ヶ国，2022 年の第 34 回 APMO は日本を含む 35 ヶ国が参加し，日本は金メダル 1 個，銀メダル 2 個，銅メダル 4 個を取り，国別順位は 4 位となりました．

APMO のコンテストは，参加国の国内で参加国ほぼ同時に行われ，受験者数に制限はありませんが，国際的ランクや賞状は各国国内順位 10 位までの者が対象となります．その他の参加者の条件は IMO と同じです．

コンテスト問題は参加各国から 2～3 題の問題を集めて主催国と副主催国が協議して 5 問題を決定します．

コンテストの実施と採点は各国が個別に行い，その上位 10 名までの成績を主催国へ報告します．そして主催国がそれを取りまとめて，国際ランクと賞状を決定します．

APMO は毎年以下のようなスケジュールで実施されています．

- 7 月　参加希望国が主催国へ参加申し込みをする．IMO 開催中に年会が開かれる．
- 8 月　参加国は 2 ～ 3 題の候補問題を主催国へ送る．
- 翌年 1 月　主催国がコンテスト問題等を参加各国へ送る．
- 3 月　第 2 火曜日 (アメリカ側は月曜日) に参加国の自国内でコンテストを実施する．
- 4 月　各国はコンテスト上位 10 名の成績を主催国へ送る．
- 5 月末　主催国より参加各国へ国際順位と賞状が送られる．

(3) ヨーロッパ女子数学オリンピック
European Girls' Mathematical Olympiad : EGMO

公益財団法人数学オリンピック財団 (JMO) は，女子選手の育成を目的として，2011 年から中国女子数学オリンピック China Girls Math Olympiad (CGMO) に参加してきました．しかし，2013 年は鳥インフルエンザの問題などで中国からの招待状も届かず，不参加となりました．

一方，イギリスにおいて，CGMO の大会と同様の大会をヨーロッパでも開催したいとの提案が，2009 年にマレーエドワーズカレッジのジェフ・スミス氏によって英国数学オリンピック委員会に出され，国際女性デー 100 周年の 2011 年 3 月 8 日に公式に開催が発表されました．そして，2012 年 4 月に第 1 回 European Girls' Mathematical Olympiad (EGMO) が英国ケンブリッジ大学のマレーエドワーズカレッジで開催され，第 2 回は 2013 年 4 月にオランダのルクセンブルクで開催されました．各国は 4 名の代表選手で参加します．

数学オリンピック財団としては，大会としてテストの体制，問題の作成法やその程度，採点法など IMO に準じる EGMO に参加する方が，日本の数学界における女子選手の育成に大きな効果があると考え，参加を模索していましたが，2014 年の第 3 回トルコ大会から参加が認められました．

毎年 11 月に EGMO の一次選抜試験を実施し，翌年 1 月の JMO 予選の結果を考慮して日本代表選手を選抜し 4 月にヨーロッパで開催される大会に派遣します．

今年の第 11 回ハンガリー大会も昨年に続き virtual な大会となりましたが，日本は金メダル 1 個，銅メダル 1 個を取り，56 ヶ国中で 21 位となりました．

(4) 日本数学オリンピックと日本ジュニア数学オリンピック
The Japan Mathematical Olympiad : JMO
The Japan Junior Mathematical Olympiad : JJMO

前記国際数学オリンピック (IMO) へ参加する日本代表選手を選ぶための日本国内での数学コンテストが，この日本数学オリンピック (JMO) と日本ジュニア数学オリンピック (JJMO) です.

2021 年は JMO と JJMO の募集期間を 9 月 1 日〜10 月 30 日としました．今年も JMO と JJMO の双方を開催する予定ですが，詳細は 9 月に発表します．以下，通常の年に行っていることを書きます.

毎年 1 月の成人の日に，全国都道府県に設置された試験場にて，JMO 及び JJMO の予選を午後 1 時 ~ 4 時の間に行い (12 題の問題の解答のみを 3 時間で答えるコンテスト，各問 1 点で 12 点満点)，成績順にそれぞれ約 100 名を A ランク，a ランクとし，さらに，予選受験者の約半数までを B ランク，b ランクとします．そして，A ランク者・a ランク者を対象として，JMO 及び JJMO の本選を 2 月 11 日の建国記念の日の午後 1 時 ~ 5 時の間に行い (5 題の問題を記述して 4 時間で答えるコンテスト)，成績順に JMO では，約 20 名を AA ランク者，JJMO では約 10 名を aa ランク者として表彰します．JMO では金メダルが優勝者に与えられ，同時に優勝者には川井杯 (優勝者とその所属校とにレプリカ) が与えられます.

JMO の AA ランク者および JJMO の aaa ランク者 (5 名) は，3 月に 7 日間の春の合宿に招待され，合宿参加者の中からそこでのテストの結果に基いて，4 月初旬に IMO への日本代表選手 6 名が選ばれます.

(5) 公益財団法人数学オリンピック財団
The Mathematical Olympiad Foundation of Japan

日本における国際数学オリンピック (IMO) 派遣の事業は 1988 年より企画され，1989 年に委員 2 名が第 30 回西ドイツ大会を視察し，1990 年の第 31 回北京大会に日本選手 6 名を役員とともに派遣し，初参加を果たしました.

初年度は，任意団体「国際数学オリンピック日本委員会」が有志より寄付をいただいて事業を運営していました．その後，元協栄生命保険株式会社の川井三郎名誉会長のご寄付をいただき，さらに同氏の尽力によるジブラルタ生命保険株式会社，富士通株式会社，株式会社アイネスのご寄付を基金として，1991 年 3 月に文部省 (現文部科学省) 管轄の財団法人数学オリンピック財団が設立されました (2013 年 4 月 1 日より公益財団法人数学オリンピック財団)．以来この財団は，IMO 派遣などの事業を通して日本の数学教育に多大の貢献をいたしております.

数学オリンピックが，ほかの科学オリンピックより 10 年以上も前から，世界の仲間入りができたのは，この活動を継続して支えてくださった数学者，数学教育関係者達の弛まぬ努力に負うところが大きかったのです.

なお，川井三郎氏は日本が初めて参加した「IMO 北京大会」で，日本選手の健闘ぶりに大変感激され，数学的才能豊かな日本の少年少女達のために，個人のお立場で優勝カップをご寄付下さいました.

このカップは「川井杯」と名付けられ，毎年 JMO の優勝者に持ち回りで贈られ，その名前を刻み永く栄誉を讃えています.

目次

第1部

日本数学オリンピック 予選

1.1　第28回 日本数学オリンピック 予選(2018)

● 2018年1月8日 [試験時間3時間，12問]

1.　J君が九九の表に載っている数 (1以上9以下の整数2つの積として表される数) の中から5個を選んだところ，いずれも2桁(けた)であり，一の位または十の位に0, 1, 2, 3, 4, 5, 6, 7, 8, 9がちょうど1度ずつ現れていることに気がついた．J君が選んだ数のうち，一の位または十の位に5が現れるものを答えなさい．

ただし，2桁の数として十の位が0であるものは考えないものとする．

2.　1以上9以下の整数が書かれたカードが1枚ずつ，全部で9枚ある．これらを区別できない3つの箱に3枚ずつ入れる方法であり，どの箱についても，入っている3枚のカードに書かれている数を小さい順に並べると等差数列をなすものは何通りあるか．

ただし，3つの数 a, b, c が等差数列をなすとは，$b-a=c-b$ が成り立つことをいう．

3.　四角形ABCDが，$\angle A=\angle B=90^\circ$, $\angle C=45^\circ$, $AC=19$, $BD=15$ をみたすとき，その面積を求めよ．ただし，XYで線分XYの長さを表すものとする．

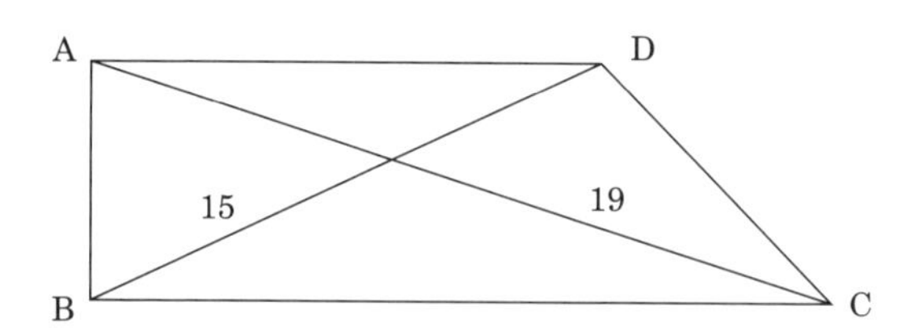

4. 1111^{2018} を 11111 で割った余りを求めよ．

5. 11 個のオセロの石が 1 列に (a) のように並んでいる．次のように裏返すことを何回か行う：

> 表の色が同じで隣(とな)りあわない 2 つの石であって，その間にはもう一方の色の石しかないものを選ぶ．そしてその間の石をすべて同時に裏返す．

このとき，(b) のようになるまでの裏返し方は何通りあるか．

ただし，オセロの石は片面が●，もう片面が○である．

6. 三角形 ABC は直角二等辺三角形で，$\angle A = 90^\circ$ である．その内部に 3 点 X, Y, Z をとったところ，三角形 XYZ は $\angle X = 90^\circ$ であるような直角二等辺三角形であり，さらに 3 点 A, Y, X および B, Z, Y および C, X, Z はそれぞれこの順に同一直線上に並んでいた．$AB = 1$, $XY = \dfrac{1}{4}$ のとき，線分 AX の長さを求めよ．ただし，ST で線分 ST の長さを表すものとする．

7. 1 以上 12 以下の整数を 2 個ずつ，6 組のペアに分割する．i と j がペアになっているとき，$|i-j|$ の値をそのペアの**得点**とする．6 組のペアの得点の総和が 30 となるような分割の方法は何通りあるか．

8. $a_1, a_2, \cdots, a_6$ および $b_1, b_2, \cdots, b_6$ および $c_1, c_2, \cdots, c_6$ がそれぞれ 1, 2, 3, 4, 5, 6 の並べ替(か)えであるとき，

$$a_1b_1 + a_2b_2 + \cdots + a_6b_6 + b_1c_1 + b_2c_2 + \cdots + b_6c_6 + c_1a_1 + c_2a_2 + \cdots + c_6a_6$$

のとりうる最小の値を求めよ．

9.　三角形 ABC の内接円が辺 BC, CA, AB とそれぞれ点 P, Q, R で，∠A 内の傍接円が辺 BC，直線 CA, AB とそれぞれ点 S, T, U で接している．三角形 ABC の内心を I，直線 PQ と直線 ST の交点を D，直線 PR と直線 SU の交点を E とする．$AI = 3$, $IP = 1$, $PS = 2$ のとき，線分 DE の長さを求めよ．

ただし，XY で線分 XY の長さを表すものとする．また，三角形 ABC の ∠A 内の傍接円とは，辺 BC，辺 AB の点 B 側への延長線，および辺 AC の点 C 側への延長線に接する円のことをさす．

10.　$2^3 = 8$ 人の選手が勝ち抜きトーナメントのチェス大会に参加した．この大会では，次のようにして優勝者が決定される：

- 最初に，選手全員を横一列に並べる．
- 次に，以下の操作を 3 回繰り返す：

  列の中の選手を，端から順に 2 人ずつ組にし，各組の選手どうしで試合を行う．勝った選手は列に残り，負けた選手は列から脱落する．ただし，引き分けは発生しないものとする．

- 最後に列に残った選手を優勝者とする．

大会の前には総当たりの練習試合が行われ，その際引き分けは発生しなかった．すなわち，任意の 2 人組について，その 2 人の選手による練習試合が行われ，勝敗が決した．

いま，大会中の勝敗が練習試合と一致すると仮定したとき，はじめの選手の並べ方によっては優勝する可能性のある選手はちょうど 2 人であった．練習試合の勝敗の組み合わせとしてありうるものは何通りあるか．

11.　以下の条件をみたす正の整数 n はいくつ存在するか．

条件：n を最高位が 0 にならないように 7 進法表記したときの桁(けた)数を k としたとき $k \geqq 2$ である．また n を 7 進数で表したのち，下から i 桁目 $(i = 1, 2, \cdots, k-1)$ を取り除いて得られる，7 進法表記で $k-1$ 桁の整数を n_i としたとき

$$\sum_{i=1}^{k-1} n_i = n$$

をみたす．

12. 整数からなる数列 $a_1, a_2, \cdots$ は任意の整数 m, n に対して次をみたす：

$m, n \geqq 30$ かつ $|m-n| \geqq 2018$ ならば，a_{m+n} は $a_m + n$ または $a_n + m$ に等しい．

このとき，$a_{N+1} - a_N \neq 1$ となる正の整数 N としてありうる最大の値を求めよ．

解答

【1】　[解答：56]

0 以上 9 以下の異なる 2 つの整数がペアであるとは，その 2 数をどちらかを先にして並べると J 君の選んだ整数の 1 つとなることとする．九九の表に現れる 2 桁の正の整数のうち，一の位または十の位に 9 が現れるものは 49 のみであるから，4 と 9 はペアである．7 が現れるものは 27 と 72 のみであるから，2 と 7 はペアである．まだ使われていない 0, 1, 3, 5, 6, 8 の中に 3 組のペアがあるが，8 とペアになるものは 1 のみであり，18 または 81 が作られる．残った数の中で，0 とペアになるものは 3 のみであり，30 が作られる．最後まで残った 5, 6 で作られるのは **56** であり，これが答である．

【2】　[解答：5 通り]

$1,2,3,4,5,6,7,8,9$ を等差数列をなす 3 つの数 3 組に分ける方法が何通りあるのかを考えればよい．等差数列をなすように 1 を含む 3 つの数を選ぶ方法は，$\{1,2,3\}, \{1,3,5\}, \{1,4,7\}, \{1,5,9\}$ の 4 通りがある．それぞれの場合について，残りの 6 つの数を等差数列をなす 3 つの数 2 組に分ける方法を考えると，以下のように $\{1,2,3\}$ の場合は 2 通り，それ以外の場合は 1 通りずつある．

$$\{1,2,3\} \to \{\{4,5,6\},\{7,8,9\}\},\ \{\{4,6,8\},\{5,7,9\}\},$$

$$\{1,3,5\} \to \{\{2,4,6\},\{7,8,9\}\},$$

$$\{1,4,7\} \to \{\{2,5,8\},\{3,6,9\}\},$$

$$\{1,5,9\} \to \{\{2,3,4\},\{6,7,8\}\}.$$

したがって，答は **5** 通りである．

【3】　[解答：68]

$\mathrm{AD} = a$, $\mathrm{BC} = b$ とおく．D から辺 BC に下ろした垂線の足を H とおくと，

四角形 ABHD は長方形，三角形 CHD は $\angle\mathrm{CHD} = 90^\circ$ の直角二等辺三角形であり，$\mathrm{AB} = \mathrm{DH} = \mathrm{CH} = \mathrm{BC} - \mathrm{BH} = \mathrm{BC} - \mathrm{AD} = b - a$ となる．三角形 ABC および三角形 ABD にそれぞれ三平方の定理を用いると $b^2 + (b-a)^2 = 19^2$, $a^2 + (b-a)^2 = 15^2$ であり，2 式の差をとって，$b^2 - a^2 = 19^2 - 15^2$ を得る．よって，四角形 ABCD の面積は $\dfrac{1}{2}\mathrm{AB}(\mathrm{AD}+\mathrm{BC}) = \dfrac{(b-a)(a+b)}{2} = \dfrac{b^2-a^2}{2} = \dfrac{19^2-15^2}{2} = \mathbf{68}$ となる．

【4】 [解答：100]

$10^5 = 9 \cdot 11111 + 1 \equiv 1 \pmod{11111}$ を用いて，

$$1111^{2018} \equiv (1111 - 11111)^{2018} \equiv (-10000)^{2018} \equiv 10^{4\cdot 2018} \equiv 10^{5\cdot 1614+2}$$
$$\equiv 10^2 \equiv 100 \pmod{11111}$$

がわかるので，求める値は **100** である．

【5】 [解答：945 通り]

題意の操作の途中で，同じ色の石が 2 つ以上連続した場合，その後の操作でそれらは同じ裏返され方をするので，そのうち 1 つを残して他を取り除くことにしてよい．このとき，石の並び方は必ず

●○●○●○●○●○● → ●○●○●○●○●

→ ●○●○●○● → ●○●○● → ●○● → ●

と変化していく．各ステップでは，裏返す場所を選ぶ方法はそれぞれ $9, 7, 5, 3, 1$ 通りであるから，答は $9 \cdot 7 \cdot 5 \cdot 3 \cdot 1 = \mathbf{945}$ 通りである．

【6】 [解答：$\dfrac{2+\sqrt{79}}{20}$]

$\angle\mathrm{YAB} < \angle\mathrm{XYZ} = 45^\circ$ なので，$\angle\mathrm{CAX} = 90^\circ - \angle\mathrm{YAB} > 45^\circ > \angle\mathrm{ACX}$ となり，$\mathrm{AX} < \mathrm{CX}$ とわかる．よって，線分 CX 上に $\mathrm{AX} = \mathrm{PX}$ をみたす点 P をとることができる．すると，$\angle\mathrm{APC} = 135^\circ = \angle\mathrm{CZB}$, $\angle\mathrm{ACP} = 45^\circ - \angle\mathrm{ZCB} = \angle\mathrm{CZY} - \angle\mathrm{ZCB} = \angle\mathrm{CBZ}$ となり，二角相等より三角形 APC と三角形 CZB は相似とわかる．相似比は $\mathrm{AC} : \mathrm{CB} = 1 : \sqrt{2}$ なので，$\mathrm{CZ} = \sqrt{2}\mathrm{AP} = 2\mathrm{AX}$ となる．

AX $= x$ とおくと，CX $=$ CZ $-$ XZ $=$ CZ $-$ XY $= 2x - \dfrac{1}{4}$ なので，三角形 XAC についての三平方の定理より，$x^2 + \left(2x - \dfrac{1}{4}\right)^2 = 1$ となり，$x > 0$ とあわせて $x = \mathbf{\dfrac{2 + \sqrt{79}}{20}}$ を得る．

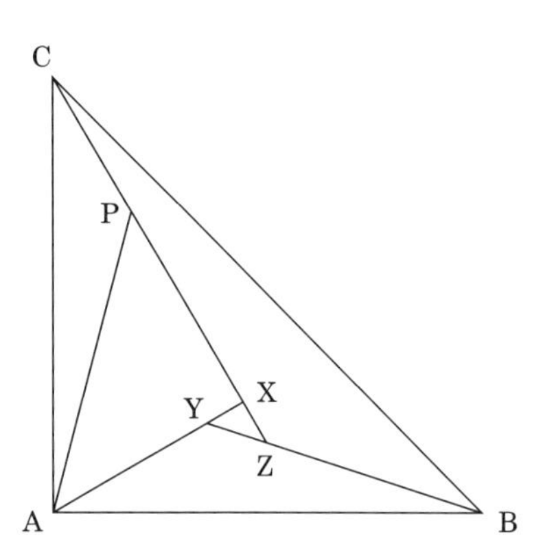

【7】　[解答：1104 通り]

$i = 1, 2, \cdots, 6$ について，a_i と b_i がペアになっているとする．$a_i < b_i$ かつ $a_1 < a_2 < \cdots < a_6$ としてかまわない．6 組のペアの得点の総和が 30 となるとき，$\sum_{i=1}^{6}(b_i - a_i) = 30$ である．また，$\sum_{i=1}^{6}(a_i + b_i) = 1 + 2 + \cdots + 12 = \dfrac{12 \cdot 13}{2} = 78$ であるから，

$$\sum_{i=1}^{6} a_i = \frac{1}{2}\left(\sum_{i=1}^{6}(a_i + b_i) - \sum_{i=1}^{6}(b_i - a_i)\right) = \frac{1}{2}(78 - 30) = 24$$

がわかる．これは $(a_1, a_2, a_3, a_4, a_5, a_6) = (1, 2, 3, 4, 5, 9)$，$(1, 2, 3, 4, 6, 8)$，$(1, 2, 3, 5, 6, 7)$ のとき成立する．この 3 通りで場合分けをする．

- $(a_1, a_2, a_3, a_4, a_5, a_6) = (1, 2, 3, 4, 5, 9)$ のとき，b_6 が 10, 11, 12 のいずれかであればよいので，分割の方法は $3 \cdot 5! = 360$ 通りある．

- $(a_1, a_2, a_3, a_4, a_5, a_6) = (1, 2, 3, 4, 6, 8)$ のとき，b_6 が 9, 10, 11, 12 のいずれかであり，b_5 が 7, 9, 10, 11, 12 のうち b_6 でないもののいずれかであればよいので $4 \cdot 4 \cdot 4! = 384$ 通りである．

- $(a_1, a_2, a_3, a_4, a_5, a_6) = (1, 2, 3, 5, 6, 7)$ のとき，$b_i = 4$ となる i が 1, 2, 3 のいずれかであればよいので $3 \cdot 5! = 360$ 通りである．

以上より題意をみたす分割の方法は $360 + 384 + 360 = \mathbf{1104}$ 通りあることがわかった．

【8】 [解答：195]

題意の式を S とおくと，

$$2S = \sum_{k=1}^{6} 2(a_k b_k + b_k c_k + c_k a_k) = \sum_{k=1}^{6} (a_k + b_k + c_k)^2 - \sum_{k=1}^{6} (a_k^2 + b_k^2 + c_k^2).$$

右辺の第 1 項を T とおく．第 2 項は，一定の値 $3 \cdot (1^2 + 2^2 + 3^2 + 4^2 + 5^2 + 6^2) = 3 \cdot 91$ であるから，T のとりうる最小の値を求めればよい．そのために次の補題を用いる．

補題 n, q, r を $n \geqq 2,\ 0 \leqq r < n$ をみたす整数とする．整数 $x_1, x_2, \cdots, x_n$ が $\displaystyle\sum_{k=1}^{n} x_k = nq + r$ をみたしながら動くとき，$\displaystyle\sum_{k=1}^{n} x_k^2$ が最小値をとるのは，$x_1, x_2, \cdots, x_n$ が $\underbrace{q, \cdots, q}_{n-r\ 個}, \underbrace{q+1, \cdots, q+1}_{r\ 個}$ の並べ替えのときである．

補題の証明 $f(x_1, x_2, \cdots, x_n) = \displaystyle\sum_{k=1}^{n} x_k^2$ とおく．f のとる値は非負整数であるから，最小値は存在する．$x_1, x_2, \cdots, x_n$ が $\underbrace{q, \cdots, q}_{n-r\ 個}, \underbrace{q+1, \cdots, q+1}_{r\ 個}$ の並べ替えであることと，$x_1, x_2, \cdots, x_n$ のうちのどの 2 つの差も 1 以下であることは同値であるから，差が 1 より大きい x_i, x_j があるときに最小値をとらないことを示せばよい．一般性を失わず，$x_1 > x_2 + 1$ の場合のみを考えればよい．すると，

$$\begin{aligned} &f(x_1, x_2, \cdots, x_n) - f(x_1 - 1, x_2 + 1, x_3, \cdots, x_n) \\ &\qquad = (x_1^2 + x_2^2) - ((x_1 - 1)^2 + (x_2 + 1)^2) = 2(x_1 - x_2 - 1) > 0 \end{aligned}$$

すなわち $f(x_1, x_2, \cdots, x_n) > f(x_1 - 1, x_2 + 1, x_3, \cdots, x_n)$ であり，確かに最小値をとらない． (補題の証明終り)

$\sum_{k=1}^{6}(a_k+b_k+c_k)=3\cdot(1+2+3+4+5+6)=3\cdot 21=6\cdot 10+3$ は一定であるから，補題を $n=6, q=10, r=3$ の場合に適用して，$T \geqq 3\cdot 10^2+3\cdot 11^2=3\cdot 221$ である．ここで，

$$(a_1,a_2,a_3,a_4,a_5,a_6)=(1,2,3,4,5,6),\quad (b_1,b_2,b_3,b_4,b_5,b_6)=(4,5,6,1,2,3),$$

$$(c_1,c_2,c_3,c_4,c_5,c_6)=(5,3,1,6,4,2)$$

とおくと，$a_k+b_k+c_k=10\ (k=1,2,3)$，$a_k+b_k+c_k=11\ (k=4,5,6)$ となるので，等号が成立する．以上より，T のとりうる最小の値は $3\cdot 221$ であり，S のとりうる最小の値は $\frac{3(221-91)}{2}=\mathbf{195}$ となる．

【9】　[解答：$\frac{4\sqrt{2}}{3}$]

AB $=$ AC であると仮定すると，対称性より点 P, S は一致してしまい，PS $=2$ に矛盾する．したがって，AB $\neq$ AC である．また，条件は B, C について対称なので，AB $<$ AC としてよい．$\angle$CAB $=2\alpha$, $\angle$ABC $=2\beta$, $\angle$BCA $=2\gamma$ とおく．

CP $=$ CQ より，$\angle\mathrm{CQP}=90^\circ-\frac{1}{2}\angle\mathrm{PCQ}=90^\circ-\gamma$ とわかる．また，CS $=$ CT より $\angle\mathrm{CTS}=\frac{1}{2}\angle\mathrm{SCA}=\gamma$ となるので，$\angle\mathrm{PDS}=\angle\mathrm{DQT}+\angle\mathrm{DTQ}=\angle\mathrm{CQP}+\angle\mathrm{CTS}=90^\circ$ とわかる．同様に，$\angle\mathrm{PES}=90^\circ$ もわかるので，2 点 D, E は線分 PS を直径とする円周上にあるといえる．この円を ω とする．

ここで，$\angle\mathrm{DSE}=180^\circ-\angle\mathrm{TSU}$ であり，また接弦定理より $\angle\mathrm{TSU}=180^\circ-\angle\mathrm{ATU}$，さらに AT $=$ AU より $\angle\mathrm{ATU}=90^\circ-\frac{1}{2}\angle\mathrm{TAU}=90^\circ-\alpha$ となるので，$\angle\mathrm{DSE}=180^\circ-\angle\mathrm{TSU}=\angle\mathrm{ATU}=90^\circ-\alpha$ とわかる．

したがって，線分 PS が ω の直径であることから正弦定理より，DE $=\mathrm{PS}\sin\angle\mathrm{DSE}=\mathrm{PS}\cos\alpha$ とわかる．AI $=3$, IQ $=$ IP $=1$ より $\sin\alpha=\frac{1}{3}$ であることから，$\alpha<90^\circ$ とあわせて $\cos\alpha=\frac{2\sqrt{2}}{3}$ となるので，DE $=\mathbf{\frac{4\sqrt{2}}{3}}$ を得る．

【10】　[解答：344064 通り]

優勝する可能性のある 2 人の選手のうち，練習試合で敗れた方を A，勝った方を B とする．B が練習試合で全勝したとすると，はじめの選手の並び方によらず B が優勝することになるため，B は練習試合で 1 敗以上したとわかる．ここで，B に練習試合で勝利した選手のうちの 1 人を C とする．A が練習試合で C に敗れたとすると，はじめに左から順に A, C, B, $\cdots$ と選手が並んだとき，A, B 以外の選手が優勝するため矛盾する．よって A は練習試合で C に勝利したことがわかる．

A が練習試合で 2 敗以上したとする．ここで，B 以外で A に練習試合で勝利した選手のうちの 1 人を D とする．はじめに左から順に A, D, B, C, $\cdots$ と選手が並んだとすると，A, B 以外の選手が優勝するため矛盾する．したがって，A は練習試合で 6 勝 1 敗であったとわかる．

B が練習試合で 2 敗以上したとする．ここで，C 以外で B に練習試合で勝利した選手のうちの 1 人を D とする．はじめに左から順に A, B, C, D, $\cdots$ と選手が並んだとすると，A, B 以外の選手が優勝するため矛盾する．したがって，B は練習試合で 6 勝 1 敗であったとわかる．

C が練習試合で 2 勝以上したとする．ここで，B 以外で C が練習試合で勝利した選手のうちの 1 人を D とする．はじめに左から順に A, B, C, D, $\cdots$ と選手が並んだとすると，A, B 以外の選手が優勝するため矛盾する．したがって，C は練習試合で 1 勝 6 敗であったとわかる．

逆に，A, B, C が練習試合でそれぞれ 6 勝 1 敗，6 勝 1 敗，1 勝 6 敗であったとする．A が優勝しないとき，B は A に勝利するから B は 2 回戦に進出する．さらに B が優勝しないとすると，B は 2 回戦以降で C に敗北することになるが，C は練習試合で 1 勝 6 敗だったから，2 回戦以降で勝利することはないため矛盾する．

以上より，A, B, C が練習試合でそれぞれ 6 勝 1 敗，6 勝 1 敗，1 勝 6 敗であったことが，優勝する可能性のある選手が A と B のちょうど 2 人になる必要十分条件である．このような練習試合の勝敗の組み合わせは，A, B, C に該当する選手の選び方が $8 \cdot 7 \cdot 6 = 336$ 通り，残りの 5 人の選手どうしの試合が ${}_5\mathrm{C}_2 = 10$ 試合あってその勝敗の組み合わせが $2^{10} = 1024$ 通りであるから，$336 \cdot$

$1024 = \mathbf{344064}$ 通りである．

【11】　[解答：42]

以下では，桁に関する議論は，7 進法表記で考えることにする．

$i = 1, 2, \cdots, k$ について，n の下から i 桁目を a_i，下 $i-1$ 桁を b_i とおく．ただし，$b_1 = 0$ とする．$0 \leqq a_i \leqq 6, 0 \leqq b_i < 7^{i-1}$ であり，n と $7n_i$ の下から $i+1$ 桁目以降は一致するため $|n - 7n_i| = |(a_i 7^{i-1} + b_i) - 7b_i| = |a_i 7^{i-1} - 6b_i| \leqq 6 \cdot 7^{i-1}$ が成り立つ．よって，

$$\sum_{i=1}^{k-1} |n - 7n_i| \leqq \sum_{i=1}^{k-1} 6 \cdot 7^{i-1} < 7^{k-1}$$

を得る．一方で，三角不等式より

$$\sum_{i=1}^{k-1} |n - 7n_i| \geqq \left| \sum_{i=1}^{k-1} (n - 7n_i) \right| = |(k-1)n - 7n| = |k-8| \cdot n$$

である．これら 2 式と $n \geqq 7^{k-1}$ より，$|k-8| < 1$ すなわち $k = 8$ を得る．

$i = 1, 2, \cdots, 7$ について，$n_1, \cdots, n_i$ の下から i 桁目は a_{i+1} であり，$n_{i+1}, \cdots, n_7$ の下から i 桁目は a_i であるから，問題は 0 以上 6 以下の整数の組 $(a_1, a_2, \cdots, a_8)$ であって，$a_8 \neq 0$ および

$$\sum_{i=1}^{7} ((7-i)a_i + ia_{i+1})7^{i-1} = \sum_{i=1}^{8} a_i 7^{i-1}$$

をみたすものが何通りあるのかを求めることに帰着される．この式はさらに

$$\sum_{i=1}^{5} ((6-i)a_i + ia_{i+1})7^{i-1} = a_7 7^5 \qquad (*)$$

と変形される．$(*)$ は a_8 によらないので，$(*)$ をみたす $(a_1, a_2, \cdots, a_7)$ の個数を求め，それに $1 \leqq a_8 \leqq 6$ の選び方の 6 通りを掛けたものが答である．$(*)$ をみたす $(a_1, a_2, \cdots, a_7)$ の個数を求めよう．まず，次の補題を示す．

補題　$v \geqq 0$, x を 7 でちょうど v 回割りきれる整数，y を 7 で v 回以上割りきれる整数とするとき，$tx + y$ が 7^{v+1} で割りきれるような 0 以上 6 以下の整数 t が一意に存在する．

補題の証明　$tx + y$ $(t = 0, 1, \cdots, 6)$ はいずれも 7^v で割りきれるので，7^{v+1}

で割った余りは $s7^v$ $(s=0,1,\cdots,6)$ のいずれかである．$0 \leqq i < j \leqq 6$ に対して $(jx+y)-(ix+y)=(j-i)x$ は 7 でちょうど v 回割りきれるので，$ix+y$, $jx+y$ を 7^{v+1} で割った余りは異なる．したがって，$tx+y$ $(t=0,1,\cdots,6)$ を 7^{v+1} で割った余りはすべて異なり，特に 0 となるものがある．

(補題の証明終り)

$$\sum_{i=1}^{m}((6-i)a_i+ia_{i+1})7^{i-1}=C_m \qquad (m=1,2,\cdots,5)$$

とおく．$(a_1,a_2,\cdots,a_7)$ が $(*)$ をみたすとき，C_m は 7^m の倍数でなければならない．$0 \leqq a_1 \leqq 6$ を 1 つ選んで固定する．補題を $v=0$, $x=1$, $y=5a_1$ に適用して，C_1 が 7 の倍数となるような $0 \leqq a_2 \leqq 6$ が一意にとれる．すると，補題を $v=1$, $x=2\cdot 7$, $y=C_1+4a_2\cdot 7$ に適用して，C_2 が 7^2 の倍数となるような $0 \leqq a_3 \leqq 6$ が一意にとれる．以下も同様に，$m=3,4,5$ について順に補題を $v=m-1$, $x=m7^{m-1}$, $y=C_{m-1}+(6-m)a_m7^{m-1}$ に適用することで，0 以上 6 以下の整数の組 $(a_1,a_2,\cdots,a_6)$ であり，C_5 が 7^5 の倍数となるものが各 a_1 の値に対して一意に存在することがわかる．このとき，$(6-i)a_i+ia_{i+1} \leqq (6-i)\cdot 6+i\cdot 6=6^2$ $(i=1,2,\cdots,5)$ より

$$0 \leqq \sum_{i=1}^{5}((6-i)a_i+ia_{i+1})7^{i-1} \leqq \sum_{i=1}^{5}6^2\cdot 7^{i-1} < 6\cdot 7^5$$

であるから $(*)$ をみたすような $0 \leqq a_7 \leqq 6$ が一意にとれる (特に $a_7 \leqq 5$ となる)．以上より，$(*)$ をみたす $(a_1,a_2,\cdots,a_7)$ の個数は，a_1 の選び方の個数と同じ 7 個であることがわかった．したがって，答は $7\cdot 6=\mathbf{42}$ である．

【12】 [解答：4065]

$n=1,2,\cdots$ について $b_n=a_n-n$ とすると，条件は以下のようになる：

(P) 任意の 30 以上の整数 m, n に対して，$|m-n| \geqq 2018$ ならば b_{m+n} は b_m または b_n に等しい．

(P) のもとで，b_n が $n \geqq 4066$ で一定であることを示す．

まず，次の補題を示す．

補題 整数の組 (i,j,k,l) が $30 \leqq i < j < k < l$ をみたし，さらに $b_i=b_l$ か

つ $b_j, b_k \neq b_i$ をみたすとき，$k-j \leqq 2017$ が成り立つ．

補題の証明　$l-i$ についての帰納法で示す．$l-i$ が 2019 以下のときは明らかである．

p を 2019 以上の整数とし，$l-i=p$ で補題の主張が成り立つとして，$l-i=p+1$ のときにも成り立つことを示す．$l-i=p+1 \geqq 2018$, $i \geqq 30$ であるから，(P) より $b_{i+l}=b_i=b_l$ である．また $(l-1)-(i+1)=(l-i)-2=p-1 \geqq 2018$ であるから，(P) より b_{i+1} または b_{l-1} が $b_{i+l}=b_i$ に等しい．したがって，$(i+1,j,k,l)$ または $(i,j,k,l-1)$ を考えることで，$k-j \leqq 2017$ が帰納法の仮定から従う．　　(補題の証明終り)

次に，b_n が十分大きな n で一定になることを示す．s, t をともに 2018 以上で $s-t \geqq 2018$ が成り立つようにとるとき，b_{s+t} は b_s または b_t に等しい．(P) を繰り返し用いることで，$b_{s+t}=b_s$ の場合は $b_{s+t}=b_{2s+t}=b_{3s+t}=\cdots$ が，$b_{s+t}=b_t$ の場合は $b_{s+t}=b_{s+2t}=b_{s+3t}=\cdots$ がそれぞれわかる．

いずれの場合も，$u>s+t$ かつ $b_u \neq b_{s+t}$ なる u があるとすると，$n \geqq u+2018$ では b_n はつねに b_{s+t} に等しくなる．実際，$b_n \neq b_{s+t}$ かつ $n \geqq u+2018$ なる n があるとすると，$b_m=b_{s+t}$ なる整数 m であって $m>n$ なるものがとれるので，$(s+t,u,n,m)$ に補題を用いると矛盾が得られる．よってこのとき b_n は $n \geqq u+2018$ で一定となる．またこのような u が存在しない場合は $n \geqq s+t$ で一定となるのでよい．

b_n が途中から一定となることが示されたので，その値を α とおく．b_{30} の値によって場合分けして考える．

(1) $b_{30} \neq \alpha$ のとき．

　$n \geqq 2048$ かつ $b_n \neq \alpha$ なる整数 n があると仮定すると，(P) を繰り返し用いると $b_n, b_{n+30}, b_{n+60}, \cdots$ はすべて α と異なる値をとる．これは b_n が途中から α で一定になることに矛盾するので，b_n は $n \geqq 2048$ で一定となる．

(2) $b_{30}=\alpha$ のとき．

　(a) $31 \leqq n \leqq 2048$ なる整数 n であって $b_n \neq \alpha$ をみたすものが存在する

場合，補題より，$b_m \neq \alpha$ となる m は $m \leqq n + 2017 \leqq 4065$ をみたす．したがって，b_n は $n \geqq 4066$ で一定となる．

(b) $b_{31} = b_{32} = \cdots = b_{2048} = \alpha$ となる場合，(P) よりまず $b_{2078} = \alpha$ がわかる．次に $31, 32, \cdots, 60 \leqq 2078 - 2018$ であるから，$2109 \leqq n \leqq 2138$ でつねに $b_n = \alpha$ となる．ここで $b_{30} = \alpha$ より，あとは (P) を繰り返し用いることで $\alpha = b_{2139} = b_{2140} = \cdots$ が得られ，b_n は $n \geqq 2109$ で一定となる．

以上より，いずれの場合も b_n は $n \geqq 4066$ で一定であることがわかった．ここで $a_{N+1} - a_N \neq 1$ は $b_{N+1} \neq b_N$ と同値であるから，$a_{N+1} - a_N \neq 1$ をみたす N が存在するとき，$N \leqq 4065$ である．逆に，$n = 1, 2, \cdots$ について

$$a_n = \begin{cases} n - 1 & (2048 \leqq n \leqq 4065 \text{ のとき}) \\ n & (\text{それ以外のとき}) \end{cases}$$

と定めると，この a_n は問題で与えられた条件をみたし，かつ $a_{4066} - a_{4065} = 2 \neq 1$ である．

したがって，答は **4065** である．

1.2　第29回 日本数学オリンピック 予選 (2019)

● 2019 年 1 月 14 日 [試験時間 3 時間，12 問]

1.　正の整数の組 (x, y, z) であって

$$x + xy + xyz = 31, \qquad x < y < z$$

となるものをすべて求めよ．

2.　どの桁(けた)も素数であるような正の整数を**良い数**という．3 桁の良い数であって，2 乗すると 5 桁の良い数になるものをすべて求めよ．

3.　3×3 のマス目の各マスに 1 以上 9 以下の整数を重複しないように 1 つずつ書き込む．辺を共有して隣(とな)りあうどの 2 マスについても書き込まれた整数の差が 3 以下になるように書き込む方法は何通りあるか．

ただし，回転や裏返しにより一致する書き込み方も異なるものとして数える．

4.　正五角形 ABCDE があり，線分 BE と線分 AC の交点を F とする．また点 F を通る直線が辺 AB, CD とそれぞれ点 G, H で交わり，$\mathrm{BG} = 4$, $\mathrm{CH} = 5$ が成り立つ．このとき線分 AG の長さを求めよ．ただし，XY で線分 XY の長さを表すものとする．

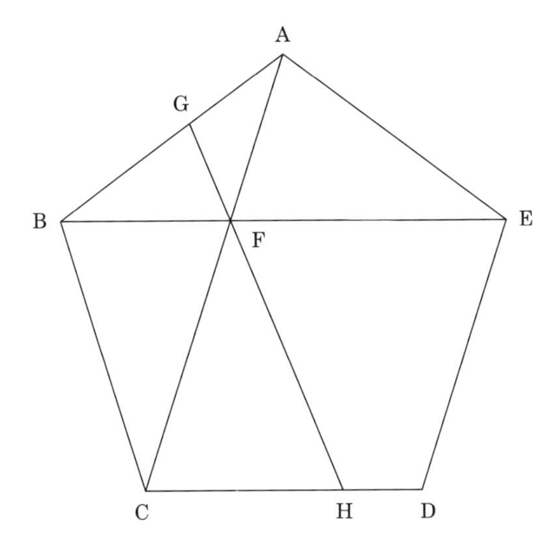

5. 97, 100, 103 で割った余りがそれぞれ 32, 33, 34 である正の整数のうち最小のものを求めよ.

6. 正 120 角形のいくつかの頂点に印がついている. 印のついた 3 つの頂点の組であって, 頂角が 18° の二等辺三角形の 3 頂点をなすようなものが存在しないとき, 印のついた頂点の個数としてありうる最大の値を求めよ.

7. 整数係数 2 次多項式 P, Q, R は以下の条件をみたすとする. このとき $R(x)$ として考えられるものをすべて求めよ.

- $P(1) = P(2) = Q(3) = 0$.
- 任意の実数 x に対して $P(x)^2 + Q(x)^2 = R(x)^2$ が成り立つ.
- P, Q, R のすべての係数を割りきる 2 以上の整数はない.
- P, Q の 2 次の係数は 0 ではなく, R の 2 次の係数は正である.

8. AB > AC をみたす三角形 ABC の内心を I とし, 辺 AB, AC を 1 : 8 に内分する点をそれぞれ D, E とする. 三角形 DIE が一辺の長さが 1 の正三角形であるとき, 線分 AB の長さを求めよ. ただし, XY で線分 XY

の長さを表すものとする.

9.　4×4 のマス目の各マスを，赤，青，黄，緑のいずれか1色で塗(ぬ)る方法のうち，どの行と列についても，次の3つの条件のうちのいずれかをみたすものは何通りあるか.

- 1色で4個のマスすべてを塗る.
- 異なる2色でそれぞれ2個のマスを塗る.
- 4色すべてでそれぞれ1個のマスを塗る.

ただし，回転や裏返しにより一致する塗り方も異なるものとして数える.

10.　三角形 ABC および辺 AB, AC 上の点 D, E について，$\mathrm{AB} = 6$, $\mathrm{AC} = 9$, $\mathrm{AD} = 4$, $\mathrm{AE} = 6$ が成り立っている．また，三角形 ADE の外接円が辺 BC と2点 F, G で交わっている．ただし，4点 B, F, G, C はこの順に並んでいる．直線 DF と EG が三角形 ABC の外接円上で交わるとき，$\dfrac{\mathrm{FG}}{\mathrm{BC}}$ の値を求めよ．なお，XY で線分 XY の長さを表すものとする.

11.　$k = 1, 2, \cdots, 2019^3$ に対して, 正の整数 m であって km を 2019^3 で割った余りが m より大きいものの個数を $f(k)$ とする．このとき，$f(1), f(2), \cdots, f(2019^3)$ のうちに現れる数は何種類あるか.

12.　$S = \{1, 2, \cdots, 6\}$ とおく．S の部分集合 X に対して S の部分集合 $F(X)$ を対応づける規則 F であって，任意の S の部分集合 A, B に対して $F(F(A) \cup B) = A \cap F(B)$ をみたすものはいくつあるか.

解答

【1】 [解答：$(1,2,14),(1,3,9)$]

1 つ目の式を変形して，$x(1+y+yz)=31$ となる．31 は素数で $1+y+yz>1$ であるから $x=1,\ 1+y+yz=31$ である．したがって $y(1+z)=30$ となる．2 つ目の式より $1<y<z$ であるから，答は $(x,y,z)=\mathbf{(1,2,14),(1,3,9)}$ の 2 つである．

【2】 [解答：235]

問題文の条件をみたす 3 桁の整数を n とし，1 桁の素数 a, b, c を用いて $n=100a+10b+c$ で表す．n^2 は 5 桁の整数なので $n^2<10^5$ であり，$n<320$ を得る．よって，$10b+c \geqq 22$ より $a=2$ である．$c=2,3,5,7$ のとき，n^2 の一の位はそれぞれ 4, 9, 5, 9 である．一方，n^2 は良い数なので，n^2 の一の位は 2, 3, 5, 7 のいずれかであるから，$c=5$ である．

以上より，$a=2,\ c=5$ であるので $n=225,235,255,275$ である．このとき $n^2=50625,\ 55225,\ 65025,\ 75625$ であり，この中で n^2 が良い数である n は 235 のみである．よって，答は **235** である．

【3】 [解答：32 通り]

9 マスのうち 4 マスを取り出して考える．(a) のように 4 マスに書き込む数を a, b, c, d とすると，a と d の差は 5 以下となる．実際，$|a-b|,\ |b-d|$ はそれぞれ 3 以下なので $|a-d|$ は 6 以下だが，$|a-d|=6$ のとき，$b=\dfrac{a+d}{2}$ でなければならない．同様に $c=\dfrac{a+d}{2}$ も必要なので，同じ数を書き込めないことに反する．したがって $|a-d| \leqq 5$ である．

これにより，もとのマス目の中央のマスに 3 以下の数を書き込むとすると 9 を書き込むことができず，中央のマスに 7 以上の数を書き込むとすると 1 を書き込むことができない．したがって中央のマスに書き込まれる数としてありうるものは 4, 5, 6 のみである．

まず4を中央のマスに書き込む場合について考える．9は中央のマスと辺を共有するマスには書き込めないので，四隅のいずれかのマスに書き込むことになる．必要に応じて回転させることで，一般性を失わずに9を右下のマスに書き込むとしてよい．また，マス目の右下の4マスのうち残り2マスには6,7しか書き込めないことに注意すると，必要に応じて裏返すことで (b) の場合を考えればよいとわかる．ここで，$e=8$ であるとすると f, h としてありうるものが5しかないので不適であり，また中央の数が4なので $f,h\neq 8$ である．$g=8$ であるとすると i, f ともに5しか当てはめることができないので，$i=8$ の場合のみ考えればよい．すると $h=5$ しかありえず，$g=3$, $e=2$, $f=1$ と順に一意に定まり，(c) の書き込み方しかありえない．またこの書き込み方は題意をみたしている．

よって4を中央のマスに書き込んで題意をみたす方法は (c) の回転，裏返しによってできる8通りであり，対称性から6を中央のマスに書き込むときの方法も8通りであることがわかる．

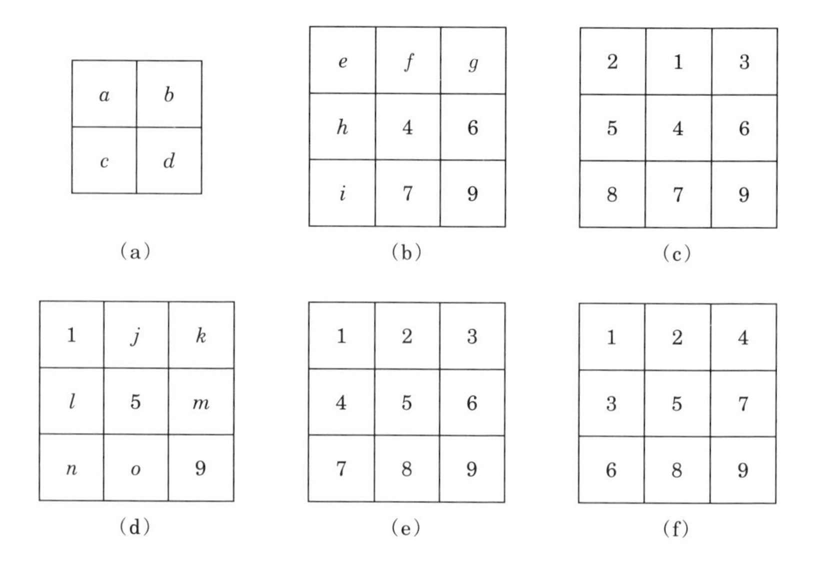

(a)　(b)　(c)
(d)　(e)　(f)

次に5を中央のマスに書き込む場合について考える．この場合，1と9は中央のマスと辺を共有するマスに書き込めないので，四隅のマスのいずれかに書き込むことになる．必要に応じて回転させることで1が左上のマスに書き込まれているとしてよい．9を右上あるいは左下のマスに書き込むとすると，いずれの場合も1が書き込まれたマスと9が書き込まれたマスの間にあるマスに数を書き込むことができないので，右下のマスに9が書き込まれているとしてよい．

よって(d)の j, k, l, m, n, o に残りの数を当てはめる方法を考えればよい．このとき，j, l としてありうる数は2, 3, 4のいずれかで，m, o としてありうる数は6, 7, 8のいずれかとなる．したがって k と n の片方に4以下の数，もう片方に6以上の数を当てはめることになるので，一般性を失わず，k が4以下，n が6以上であるとしてよい．

このとき k, l が書き込まれたマスは6以上の数が書き込まれたマスと辺を共有して隣りあうので $j = 2$ しかありえず，同様に $o = 8$ しかありえない．$k = 3$ のときは $l = 4, m = 6, n = 7$ が順に定まり，題意をみたす書き込み方(e)が一意に得られる．$k = 4$ のときも $l = 3, n = 6, m = 7$ が順に定まり，題意をみたす書き込み方(f)が一意に得られる．

(e)，(f)それぞれの書き込み方に回転，裏返しの8通りがあるので，5を中央のマスに書き込んで題意をみたす方法は16通りである．したがって答は $16 + 16 = \mathbf{32}$ 通りである．

【4】 [解答：$2\sqrt{6} - 2$]

線分CEと線分FHの交点をIとおく．また $\mathrm{AG} = a$ とおく．正五角形ABCDEの5つの頂点は同一円周上にあり，その円周を5等分している．よって円周角の定理より $\angle\mathrm{BAE} = \frac{1}{2} \cdot \frac{3}{5} \cdot 360^\circ = 108^\circ$, $\angle\mathrm{AEC} = \frac{1}{2} \cdot \frac{2}{5} \cdot 360^\circ = 72^\circ$ とわかるので $\mathrm{AB} \parallel \mathrm{EC}$ を得る．同様にして $\mathrm{CD} \parallel \mathrm{BE}$, $\mathrm{DE} \parallel \mathrm{CA}$ を得る．よって錯角が等しいことから $\angle\mathrm{GBF} = \angle\mathrm{IEF}$, $\angle\mathrm{BGF} = \angle\mathrm{EIF}$ が成り立つので三角形GBFと三角形IEFは相似であるとわかる．同様に $\angle\mathrm{GAF} = \angle\mathrm{ICF}$, $\angle\mathrm{AGF} = \angle\mathrm{CIF}$ より三角形GAFと三角形ICFは相似である．したがって $\mathrm{AG} : \mathrm{CI} = \mathrm{FG} : \mathrm{FI} = \mathrm{BG} : \mathrm{EI}$ であり，

$$\frac{\mathrm{CI}}{\mathrm{EI}} = \frac{\mathrm{AG}}{\mathrm{BG}} = \frac{a}{4}$$

を得る．

$\mathrm{CD} \parallel \mathrm{BE}$ であることから，上と同様に錯角が等しいことを利用すると三角

形 EFI と三角形 CHI が相似であることがいえる．また CD // BE, DE // CA より四角形 CDEF は平行四辺形なので $\mathrm{EF} = \mathrm{DC} = \mathrm{AB} = 4 + a$ とわかり

$$\frac{\mathrm{CI}}{\mathrm{EI}} = \frac{\mathrm{CH}}{\mathrm{EF}} = \frac{5}{4+a}$$

を得る．

これらをあわせて

$$\frac{a}{4} = \frac{\mathrm{CI}}{\mathrm{EI}} = \frac{5}{4+a}$$

がわかる．よって $(4+a)a - 20 = 0$ が成り立つので，$a > 0$ より $\boldsymbol{a = 2\sqrt{6} - 2}$ を得る．

【5】　[解答：333033]

n が問題文の条件をみたすとき，$n-32$, $n-33$, $n-34$ はそれぞれ 97, 100, 103 の倍数である．このとき，

$$3n + 1 = 3(n-32) + 97 = 3(n-33) + 100 = 3(n-34) + 103$$

より $3n+1$ は 97, 100, 103 の倍数である．97, 100, 103 はどの 2 つも互いに素なので $3n+1$ は $97 \cdot 100 \cdot 103$ の倍数である．

$3n+1$ が $97 \cdot 100 \cdot 103$ の倍数であるような正の整数 n の最小値は $\dfrac{97 \cdot 100 \cdot 103 - 1}{3} = 333033$ であり，

$$\begin{aligned}\frac{97 \cdot 100 \cdot 103 - 1}{3} &= 97 \cdot \frac{100 \cdot 103 - 1}{3} + 32 = 100 \cdot \frac{97 \cdot 103 - 1}{3} + 33 \\ &= 103 \cdot \frac{97 \cdot 100 - 1}{3} + 34\end{aligned}$$

であるので答は **333033** である．

【6】　[解答：78 個]

正 120 角形の頂点を時計回りに $\mathrm{A}_1, \mathrm{A}_2, \cdots, \mathrm{A}_{120}$ とする．また，$i = 1, 2, \cdots, 120$ に対し，正 120 角形の頂点 A_i を i を 6 で割った余りによって 20 個ずつ 6 つのグループに分割する．$r = 1, 2, \cdots, 6$ について，A_r が含まれるグループをグループ r とよぶことにする．

正 120 角形の頂点の組 $(\mathrm{X}, \mathrm{Y}, \mathrm{Z})$ が $\angle\mathrm{YXZ} = \angle\mathrm{YZX}$, $\angle\mathrm{XYZ} = 18^\circ$ をみたし，

かつ X, Y, Z がこの順に時計回りに並んでいるとき，頂点の組 (X, Y, Z) を**悪い三角形**とよぶ．ここで，正 120 角形の頂点は同一円周上にあって，円周を 120 等分していることに注意し，この円の中心を O とする．(A_i, A_j, A_k) が悪い三角形となるとき，$\angle A_jA_iA_k = 81^\circ$ より，$\angle A_jOA_k = 2\cdot 81^\circ = \dfrac{9}{20}\cdot 360^\circ$ であるので，$k-j \equiv 120\cdot\dfrac{9}{20} = 54 \pmod{120}$ が成り立つ．同様に，$j-i \equiv 54 \pmod{120}$ である．よって A_i, A_j, A_k は同一のグループに属している．

1 以上 6 以下の整数 r を 1 つとり，$B_1, B_2, \cdots, B_{20}$ を $B_i = A_{54i+r}$ で定める．ただし $A_{n+120} = A_n$ として考えることにする．120 と 54 の最大公約数が 6 であることと中国剰余定理より，$B_1, B_2, \cdots, B_{20}$ にはグループ r の要素がちょうど 1 回ずつ現れる．グループ r に含まれる頂点の組 (B_i, B_j, B_k) について，(B_i, B_j, B_k) が悪い三角形であることは $i+2 \equiv j+1 \equiv k \pmod{20}$ であることと同値である．

グループ r に含まれる頂点であって，印のついたものが 14 個以上あるとする．このとき i を 1 以上 20 以下の整数とし，頂点の組 (B_i, B_{i+1}, B_{i+2}) について考える．ただし，$B_{n+20} = B_n$ として考えることにする．B_k が印のついていない頂点であるとすると，B_i, B_{i+1}, B_{i+2} のいずれかが B_k に一致するような i はちょうど 3 個あるので，B_i, B_{i+1}, B_{i+2} のいずれかが印のついていない頂点であるような i は高々 $3\cdot(20-14) = 18$ 個である．よって B_i, B_{i+1}, B_{i+2} のすべてが印のついている頂点であるような i が存在する．したがってこの場合は問題の条件をみたさないので，グループ r に含まれる印のついた頂点は高々 13 個である．以上より印のついた正 120 角形の頂点は全部で高々 $13\cdot 6 = 78$ 個である．

一方で，r が 1, 2, 3, 4, 5, 6 のいずれかであり，i が 1, 2, 4, 5, 7, 8, 10, 11, 13, 14, 16, 17, 19 のいずれかである r と i の組 78 通りすべてについて A_{54i+r} に印がついているとする．このとき，同一のグループに含まれる印のついた頂点の組であって，悪い三角形になるものが存在しない．頂点の組 (X, Y, Z) が悪い三角形であるとき，3 頂点 X, Y, Z は必ず同一のグループに含まれることより，この場合は問題の条件をみたすことがわかる．

以上より，答は **78** 個である．

【7】　[解答：$5x^2 - 18x + 17$]

因数定理より，0 でない整数 a を用いて，$P(x) = a(x-1)(x-2)$ と表せる．

$$a^2(x-1)^2(x-2)^2 = P(x)^2 = R(x)^2 - Q(x)^2 = (R(x)+Q(x))(R(x)-Q(x))$$

が x についての恒等式であることに注意する．このとき $R(x)+Q(x)$ と $R(x)-Q(x)$ はいずれも 2 次以下であるが，左辺が 4 次なのでともにちょうど 2 次である．よって，$(R(x)+Q(x), R(x)-Q(x))$ は整数 b と c を用いて $(b(x-1)(x-2), c(x-1)(x-2))$, $(b(x-1)^2, c(x-2)^2)$, $(b(x-2)^2, c(x-1)^2)$ のいずれかの形で表せる．

1 番目の場合，

$$Q(x) = \frac{1}{2}((R(x)+Q(x)) - (R(x)-Q(x))) = \frac{b-c}{2}(x-1)(x-2)$$

となり，$Q(3) = b - c = 0$ となるが，このとき Q の 2 次の係数が 0 となるので不適である．

2 番目の場合，Q を $-Q$ に置き換えることで $R(x)+Q(x)$ と $R(x)-Q(x)$ が入れ替わるので，3 番目の場合に帰着できる．

3 番目の場合，

$$Q(x) = \frac{1}{2}((R(x)+Q(x)) - (R(x)-Q(x))) = \frac{b}{2}(x-2)^2 - \frac{c}{2}(x-1)^2$$

となる．ここで $Q(3) = 0$ であることから，$\frac{b}{2} \cdot 1^2 - \frac{c}{2} \cdot 2^2 = 0$ より $b = 4c$ であり，また $a^2 = bc$ なので $a = \pm 2c$ が成り立つ．ここで必要なら P を $-P$ で置き換えることで $a = 2c$ であるとしてよい．このとき，

$$P(x) = 2c(x-1)(x-2), \quad Q(x) = 2c(x-2)^2 - \frac{c}{2}(x-1)^2,$$

$$R(x) = 2c(x-2)^2 + \frac{c}{2}(x-1)^2$$

となる．R の 2 次の係数は正なので $c > 0$ で，また P, Q, R のすべての係数が整数であることより，特に $\frac{c}{2}$ は整数なので，正の整数 d を用いて $c = 2d$ と表せる．またこのとき各多項式の各係数は d の倍数となるので，$d = 1$ でなければならない．以上より，

$$P(x)=4(x-1)(x-2),\quad Q(x)=3x^2-14x+15,\quad R(x)=5x^2-18x+17$$

がこの場合の解となり，$R(x)$ としてありうるものは $\mathbf{5x^2-18x+17}$ のみとなる．

【8】 [解答：$\dfrac{81+9\sqrt{13}}{16}$]

I から AB, AC におろした垂線の足を P, Q とすると，IP = IQ と ID = IE より直角三角形 IDP と IEQ は合同となる．直線 DE に関して P, Q が同じ側にあると，AP = AQ と DP = EQ から AD = AE が導かれ，AB > AC に反する．ゆえに直線 DE に関して P, Q は反対側にあるので，$\angle \mathrm{PDI}=\angle \mathrm{QEI}$ から $\angle \mathrm{ADI}+\angle \mathrm{AEI}=180^\circ$ となり，$\angle \mathrm{DIE}=60^\circ$ から $\angle \mathrm{BAC}=120^\circ$ がわかる．また I は内心なので $\angle \mathrm{BAI}=60^\circ$ である．ここで直線 DI と直線 BC の交点を F とすると，直線 DE と直線 BC が平行なことから $\angle \mathrm{BFI}=\angle \mathrm{IDE}=60^\circ=\angle \mathrm{BAI}$ がわかる．また I は内心なので $\angle \mathrm{ABI}=\angle \mathrm{FBI}$ であり，三角形 BAI と三角形 BFI は合同となる．また角の二等分線の性質より DI : FI = DB : FB なので，DI : AI = DI : FI = DB : FB = DB : AB = 8 : 9 より $\mathrm{AI}=\dfrac{9}{8}$ がわかる．三角形 ADI に余弦定理を用いると $\mathrm{DI}^2=\mathrm{AD}^2+\mathrm{AI}^2-2\mathrm{AD}\cdot\mathrm{AI}\cos\angle \mathrm{DAI}$ から $\mathrm{AD}=\dfrac{9\pm\sqrt{13}}{16}$ が得られる．同様に，$\mathrm{AE}=\dfrac{9\pm\sqrt{13}}{16}$ であるから，AD > AE より $\mathrm{AD}=\dfrac{9+\sqrt{13}}{16}$ となる．よって，$\mathrm{AB}=9\mathrm{AD}=\mathbf{\dfrac{81+9\sqrt{13}}{16}}$ を得る．

【9】 [解答：262144 通り]

この解答中で色といった場合には，赤，青，黄，緑の 4 色をさす．

色の組 $(c_1,\cdots,c_n)$ (同一の色が複数回現れてもよい) が**整合的**であるとは，どの色も偶数回現れる，または，どの色も奇数回現れることとする．特に，このとき n は偶数である．問題の条件は，どの行と列についても現れる色 (c_1,c_2,c_3,c_4) が整合的であることと同値である．

補題 n を奇数，$(c_1,\cdots,c_n)$ を色の組とするとき，$(c_1,\cdots,c_n,d)$ が整合的となる色 d が一意に存在する．

補題の証明 n は奇数なので，$c_1,\cdots,c_n$ の中に奇数回現れる色は奇数色ある．つまり，1色または3色ある．いずれにせよ，現れる回数の偶奇が他の色と異なる色が1色だけあり，それが d である．　　　　(補題の証明終り)

題意をみたす塗り方が何通りあるのかを考える．図のように，各マスの色を記号でおく．$c_1, c_2, \cdots, c_9$ を自由に定めるとき，その方法は 4^9 通りある．これらが定まれば，補題を上3行に用いて d_1, d_2, d_3 が，左3列に用いて e_1, e_2, e_3 が一意に定まる．(d_1, d_2, d_3, x) が整合的となる色 x と，(e_1, e_2, e_3, y) が整合的となる色 y が同一となることを示せば，この共通の色が右下のマスとして唯一適することがわかる．

(c_1, c_2, c_3, d_1), (c_4, c_5, c_6, d_2), (c_7, c_8, c_9, d_3), (d_1, d_2, d_3, x) はいずれも整合的であるから，これらを合併してできる16個の色からなる組も整合的であり，2回ずつ現れる d_1, d_2, d_3 を省いても整合的である．つまり，$(c_1, c_2, \cdots, c_9, x)$ は整合的であり，同様に $(c_1, c_2, \cdots, c_9, y)$ も整合的であるから，補題より x と y は同じ色である．

$c_1, c_2, \cdots, c_9$ をどのように選んでも，題意をみたす塗り方が1通り定まるので，答は $4^9 =$ **262144** 通りである．

c_1	c_2	c_3	d_1
c_4	c_5	c_6	d_2
c_7	c_8	c_9	d_3
e_1	e_2	e_3	

【10】　[解答：$\dfrac{-3+\sqrt{33}}{6}$]

直線DFとEGの交点をHとし，直線AHとDE,BCの交点をそれぞれ I',Iとする．また，三角形ADEの外接円と直線AHの交点のうちAでない方を H' とする．

求める値を x とすれば $\mathrm{FG} : \mathrm{BC} = x : 1$ である．$\mathrm{AD} : \mathrm{AB} = \mathrm{AE} : \mathrm{AC}$ より

DE // BC なので，$\mathrm{IF}:\mathrm{IG}=\mathrm{I'D}:\mathrm{I'E}=\mathrm{IB}:\mathrm{IC}$ となる．よって $\mathrm{IF}:\mathrm{IB}=\mathrm{IG}:\mathrm{IC}=\mathrm{FG}:\mathrm{BC}=x:1$ となり，$\mathrm{IF}\cdot\mathrm{IG}:\mathrm{IB}\cdot\mathrm{IC}=x^2:1$ である．方べきの定理より $\mathrm{IA}\cdot\mathrm{IH'}=\mathrm{IF}\cdot\mathrm{IG}, \mathrm{IA}\cdot\mathrm{IH}=\mathrm{IB}\cdot\mathrm{IC}$ なので先の式とあわせて $\mathrm{IH'}:\mathrm{IH}=x^2:1$ がわかる．

三角形 ABC は三角形 ADE を A を中心に $\dfrac{3}{2}$ 倍に拡大したものであり，H が三角形 ABC の外接円上にあることから H′ はこの拡大で H に移る．I′ は I に移ることとあわせると $\mathrm{AH'}:\mathrm{AH}=\mathrm{AI'}:\mathrm{AI}=2:3$ がわかる．これと $\mathrm{IH'}:\mathrm{IH}=x^2:1$ から，$\mathrm{AI'}:\mathrm{I'I}:\mathrm{IH'}:\mathrm{H'H}=4-6x^2:2-3x^2:3x^2:3-3x^2$ を得る．ゆえに $\mathrm{FG}:\mathrm{DE}=\mathrm{HI}:\mathrm{HI'}=3:5-3x^2$ であり，$\mathrm{DE}:\mathrm{BC}=2:3$ とあわせて $\mathrm{FG}:\mathrm{BC}=2:5-3x^2$ となる．$\mathrm{FG}:\mathrm{BC}=x:1$ だったので，$2:5-3x^2=x:1$ がわかり，これを整理すると $3x^3-5x+2=0$ を得る．$\mathrm{B}\neq\mathrm{F}$ より $x\neq 1$ であり，これと $3x^3-5x+2=(x-1)(3x^2+3x-2)$ から $3x^2+3x-2=0$ となる．$x>0$ に注意してこれを解くと $x=\boldsymbol{\dfrac{-3+\sqrt{33}}{6}}$ を得る．

【11】 [解答：25 種類]

$N=2019^3$ とする．k を 1 以上 N 以下の整数，m を正の整数とする．km を N で割った余りが N 以上になることはないので，$f(k)$ を計算するときには N 未満の m についてのみ考えればよい．km を N で割った余りを $r_k(m)$ と書くことにする．

$k(N-m)+km$ は N の倍数なので，$r_k(m)=0$ のとき $r_k(N-m)=0$ である．また，$r_k(m)\neq 0$ のとき $r_k(N-m)=N-r_k(m)$ であり，

$$r_k(N-m)-(N-m)=-(r_k(m)-m)$$

となる．よって，$r_k(m)\neq 0, m$ のときは $r_k(m)>m$ と $r_k(N-m)>N-m$ のうちちょうど一方のみが成り立ち，$r_k(m)=0, m$ のときはどちらも成り立たない．したがって，$r_k(m)=0, m$ となるような 1 以上 N 未満の m の個数を $g(k)$ とすれば $f(k)=\dfrac{(N-1)-g(k)}{2}$ となるので，$g(1), g(2), \cdots, g(N)$ のうちに現れる数が何種類かを数えればよいことになる．

以下，整数 x, y に対して $\gcd(x,y)$ で x と y の最大公約数を表すことにする．

ただし, $\gcd(0,x)=x$ とする．$r_k(m)=0$ となるのは km が N の倍数となるときで，$r_k(m)=m$ となるのは $(k-1)m$ が N の倍数となるときなので，そのような m の個数を考えればよい．km が N の倍数となることは m が $\dfrac{N}{\gcd(k,N)}$ の倍数となることと同値であるが，このような 1 以上 N 未満の m は $\gcd(k,N)-1$ 個ある．また同様に $(k-1)m$ が N の倍数となるような m は $\gcd(k-1,N)-1$ 個ある．これらは $r_k(m)$ の値が異なるので重複せず，したがって $g(k)=\gcd(k,N)+\gcd(k-1,N)-2$ である．$\gcd(k,N)$, $\gcd(k-1,N)$ はともに N の約数であり，互いに素である．したがって，$g(k)$ は N の互いに素な約数 2 つの和から 2 を引いたものである．

まず，$\gcd(k,N)$, $\gcd(k-1,N)$ のうち一方が 2019 の倍数のときもう一方は 1 である．また，k を 2019 の倍数であるような，2019^3 の約数とすると，$g(k)=k+1-2$ である．

次に，$\gcd(k,N)$, $\gcd(k-1,N)$ がいずれも 2019 の倍数でないとき，それぞれは 3 のべき乗と 673 のべき乗である．また，0 以上 3 以下の整数 i,j について，k が $k\equiv 2\cdot 3^i \pmod{3^3}$, $k\equiv 673^j+1 \pmod{673^3}$ をともにみたすとすると，$g(k)=3^i+673^j-2$ である．ただし，中国剰余定理よりこのような k は必ず存在することに注意する．

最後に，前者と後者には重複がなく，それぞれの中にも重複がないことは簡単にわかる．

以上より，答は $3\cdot 3+4\cdot 4=\mathbf{25}$ である．

【12】　[解答：499 個]

$C\subset S$ を固定し，$F(\varnothing)=C$ である場合を考える．与式で $A=\varnothing$ とすると $F(C\cup B)=\varnothing$ より，$A\supset C$ ならば $F(A)=\varnothing$ となる．よって $A=C$ とすると $F(B)=C\cap F(B)$ となり，したがって任意の $A\subset S$ について $F(A)\subset C$ が成り立つ．また，与式で $B=\varnothing$ とすると $F(F(A))=A\cap C$ であり，この式で A を $F(A)$ で置き換えると $F(F(F(A)))=F(A)\cap C=F(A)$ が得られ，一方両辺を F の中に入れると $F(F(F(A)))=F(A\cap C)$ が得られる．これらより $F(A)=F(A\cap C)$ となるので，F は C の部分集合の移る先のみで決定されることがわかる．逆に任意の $X,Y\subset C$ に対して

$$F(F(X) \cup Y) = X \cap F(Y) \tag{$*$}$$

が成り立っており，任意の $A \subset S$ に対して $F(A) = F(A \cap C) \subset C$ であったとすると，$X = A \cap C, Y = B \cap C$ として

$$F(F(A) \cup B) = F((F(X) \cup B) \cap C) = F(F(X) \cup Y) = X \cap F(Y)$$

$$= (A \cap C) \cap F(B) = A \cap F(B)$$

となるので，与式が成り立つ．したがって，任意の $X, Y \subset C$ に対して $(*)$ をみたすような C の部分集合全体から C の部分集合全体への対応 F をあらためて考えればよい．

このとき $F(F(X)) = X$ が成り立つので F は全単射で，また $(*)$ で X を $F(X)$ で置き換えると

$$F(X \cup Y) = F(X) \cap F(Y) \tag{$**$}$$

が得られる．逆にこの 2 式をみたせば $(**)$ の X を再度 $F(X)$ で置き換えることで $(*)$ が復元されるので，この 2 式をみたす F を考えればよい．ここで $X \subset Y$ とすると $F(Y) = F(X) \cap F(Y)$ なので $F(X) \supset F(Y)$ であり，特に単射性より $X \subsetneq Y$ ならば $F(X) \supsetneq F(Y)$ である．$X = \varnothing$ から始めて X に $C \setminus X$ の要素を 1 つずつ追加していくことを考えると，$F(X)$ の要素数は狭義単調減少する (ただし，集合 U, V に対して $U \setminus V$ で U に含まれており V に含まれていない要素全体の集合を表す)．C の要素数と同じ回数この操作は行えるので，どの $x \in C$ に対しても $F(\{x\})$ の要素数は (C の要素数) $-$ 1 以上である．しかし単射性より C と要素数が一致することはないので，この要素数は (C の要素数) $-$ 1 である．

したがって，$F(\{x\})$ には含まれない C の要素がちょうど 1 つ存在する．その要素を $f(x)$ で表す．このとき f は C から C への関数となる．また F の単射性より f も単射であり，C は有限集合なので全射でもある．ここで $F(F(X)) = X$ で $X = \varnothing$ とすると $F(C) = \varnothing$ が成り立つので $(*)$ において $X = \{x\}$, $Y = \{f(x)\}$ とすると左辺は $\varnothing$ となるため，$x \notin C \setminus \{f(f(x))\}$ となり $f(f(x)) = x$ が従う．また $X = \{x_1, \cdots, x_k\}$ であるとき $(**)$ を繰り返し用いると $F(X) =$

$C \setminus \{f(x_1), \cdots, f(x_k)\}$ であり，逆にこれによって定義される F は $F(F(X)) = X$ と $(**)$ をいずれもみたすことがわかる．したがって，$F(\varnothing) = C$ となるような F の個数は $f(f(x)) = x$ となるような C から C への関数 f の個数に等しい．

このような f の個数は $f(x) = y$, $f(y) = x$ となるような異なる x, y のペアをいくつか，要素が重複しないように定める場合の数に等しい．実際，ペアに入らなかった $z \in C$ に対しては $f(z) = z$ と定めればよく，逆にすべての f からこのようなペアが定まる．

ここで C の固定を外して F の個数を数えることを考える．C を先に決める必要はないので，これは，S の要素のうちからいくつかペアを作り，残ったそれ以外の要素を C の要素とするかどうか決める場合の数である．$2k$ 個から k 個のペアを作る方法の場合の数は，$2k$ 個を1列に並べてまだペアの定まっていないもののうち最も左端のものの相手を決める，という方法で数えると $(2k-1)(2k-3)\cdots 1$ である．よって，答は

$${}_6\mathrm{C}_0 \cdot 2^6 + {}_6\mathrm{C}_2 \cdot 2^4 + {}_6\mathrm{C}_4 \cdot 3 \cdot 2^2 + {}_6\mathrm{C}_6 \cdot 5 \cdot 3 = 64 + 240 + 180 + 15 = \mathbf{499}$$

となる．

参考　今回は S の要素数が6の場合であったが，一般に $S = \{1, \cdots, n\}$ の場合についても上の議論は成立する．その場合の与式をみたす関数の個数を a_n とすると，漸化式 $a_{n+2} = 2a_{n+1} + (n+1)a_n$ が成り立つので，それを用いてもよい．この漸化式が成り立つことを示しておく．

a_{n+2} を解法のように組み合わせ的に数えると，$n+2$ を他の要素とペアにする場合はその要素の選び方が $n+1$ 通りで，残りの要素数が n なのであとの決め方が a_n 通り．$n+2$ を他の要素とペアにしない場合は，C の要素とする場合もしない場合もそれぞれ残りの要素の決め方が a_{n+1} 通りとなる．以上より，$a_{n+2} = 2a_{n+1} + (n+1)a_n$ が成り立つ．

1.3　第 30 回 日本数学オリンピック 予選 (2020)

● 2020 年 1 月 13 日 [試験時間 3 時間，12 問]

1.　千の位と十の位が 2 であるような 4 桁(けた)の正の整数のうち，7 の倍数はいくつあるか．

2.　一辺の長さが 1 の正六角形 ABCDEF があり，線分 AB の中点を G とする．正六角形の内部に点 H をとったところ，三角形 CGH は正三角形となった．このとき三角形 EFH の面積を求めよ．

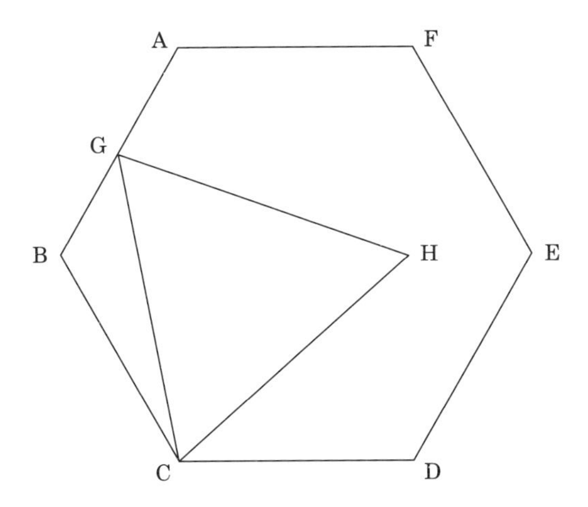

3.　2×3 のマス目の各マスに 1 以上 6 以下の整数を重複しないように 1 つずつ書き込む．辺を共有して隣(とな)りあうどの 2 マスについても書き込まれた整数が互いに素になるように書き込む方法は何通りあるか．ただし，回転や裏返しにより一致する書き込み方も異なるものとして数える．

4.　正の整数 n であって，n^2 と n^3 の桁数の和が 8 であり，n^2 と n^3 の各桁合わせて 1 以上 8 以下の整数がちょうど 1 個ずつ現れるようなものをすべて求めよ．

5.　正の整数 n は 10 個の整数 x_1, $x_2, \cdots, x_{10}$ を用いて $(x_1^2-1)(x_2^2-2)\cdots(x_{10}^2-10)$ と書ける．このような n としてありうる最小の値を求めよ．

6.　平面上に 3 つの正方形があり，図のようにそれぞれ 4 つの頂点のうち 2 つの頂点を他の正方形と共有している．ここで，最も小さい正方形の対角線を延長した直線は最も大きい正方形の左下の頂点を通っている．最も小さい正方形と最も大きい正方形の一辺の長さがそれぞれ 1, 3 であるとき，斜線部の面積を求めよ．

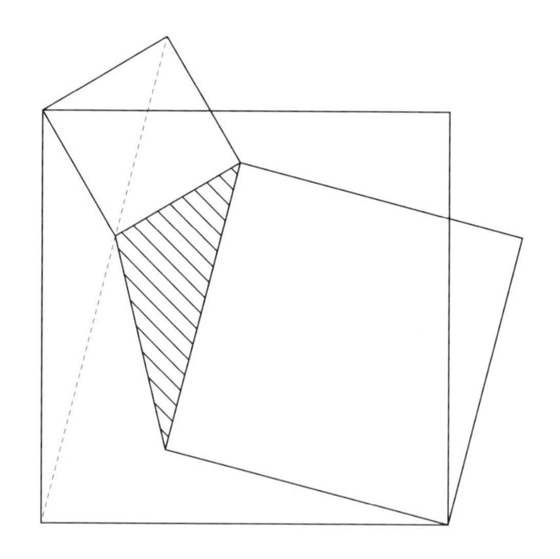

7.　2×1010 のマス目の各マスに 1 以上 5 以下の整数を 1 つずつ書き込む．辺を共有して隣りあうどの 2 マスについても書き込まれた数の差が 2 または 3 となるように書き込む方法は何通りあるか．ただし，回転や裏返しにより一致する書き込み方も異なるものとして数える．

8.　100 個の正の整数からなる数列 a_1, $a_2, \cdots, a_{100}$ が次をみたしている．

(i) $2 \leqq k \leqq 100$ なる整数 k に対し，$a_{k-1} < a_k$ である．

(ii) $6 \leqq k \leqq 100$ なる整数 k に対し，a_k は $2a_1, 2a_2, \cdots, 2a_{k-1}$ のいずれかである．

このとき a_{100} としてありうる最小の値を求めよ．

9. 2 以上の整数に対して定義され 2 以上の整数値をとる関数 f であって，任意の 2 以上の整数 m, n に対して $f(m^{f(n)}) = f(m)^{f(n)}$ をみたすものを考える．このとき $f(6^6)$ としてありうる最小の値を求めよ．

10. 8×8 のマス目を図のように白と黒の 2 色で塗り分ける．黒い駒 4 個と白い駒 4 個をそれぞれいずれかのマスに置き，以下の条件をみたすようにする方法は何通りあるか．

各行・各列にはちょうど 1 個の駒が置かれており，黒い駒は黒いマスに，白い駒は白いマスに置かれている．

ただし，同じ色の駒は区別せず，回転や裏返しにより一致する置き方も異なるものとして数える．

11. 円 Ω の周上に 5 点 A, B, C, D, P がこの順にある．点 P を通り直線

AB に点 A で接する円と点 P を通り直線 CD に点 D で接する円が Ω の内部の点 K で交わっている．また線分 AB, CD の中点をそれぞれ M, N とすると，3 点 A, K, N および D, K, M はそれぞれ同一直線上にあった．AK $= 5$, DK $= 3$, KM $= 7$ が成り立つとし，直線 PK と Ω の交点のうち P でない方を Q とするとき，線分 CQ の長さを求めよ．ただし，XY で線分 XY の長さを表すものとする．

12.　正の整数 k に対し，k 個の正の整数 $a_1, a_2, \cdots, a_k$ が次の条件をみたすとき**長さ** k **の良い数列**とよぶことにする．

- すべて 30 以下で相異なる．
- $i = 1, 2, \cdots, k-1$ に対し，i が奇数ならば a_{i+1} は a_i の倍数である．i が偶数ならば，a_{i+1} は a_i の約数である．

良い数列の長さとしてありうる最大の値を求めよ．

解答

【1】 [解答：14 個]

n を千の位と十の位が 2 であるような 4 桁の正の整数とする．n の百の位を a，一の位を b とすると $n = 2020 + 100a + b = 7(14a + 288) + 2a + b + 4$ となるから，n を 7 で割った余りは $2a + b + 4$ を 7 で割った余りと等しい．a, b を 7 で割った余りをそれぞれ a', b' とおくと n が 7 の倍数となるのは，

$$(a', b') = (0, 3),\ (1, 1),\ (2, 6),\ (3, 4),\ (4, 2),\ (5, 0),\ (6, 5)$$

となるときである．7 で割った余りが 0, 1, 2 である 1 桁の整数は 2 個ずつ，3, 4, 5, 6 である 1 桁の整数は 1 個ずつであるから，答は $2 \cdot 1 + 2 \cdot 2 + 2 \cdot 1 + 1 \cdot 1 + 1 \cdot 2 + 1 \cdot 2 + 1 \cdot 1 = \mathbf{14}$ 個である．

【2】 [解答：$\dfrac{\sqrt{3}}{8}$]

XY で線分 XY の長さを表すものとする．正六角形 ABCDEF の 6 つの頂点は同一円周上にあり，その円周を 6 等分している．その円の中心を O とおくと $\angle \mathrm{BOC} = 60^\circ$ が成り立ち，また $\mathrm{OB} = \mathrm{OC}$ であるので三角形 OBC は正三角形であることがわかる．よって $\mathrm{BC} = \mathrm{OC}$ および

$$\angle \mathrm{BCG} = 60^\circ - \angle \mathrm{GCO} = \angle \mathrm{OCH}$$

が成り立つ．また三角形 CGH が正三角形であることから $\mathrm{CG} = \mathrm{CH}$ も成り立つので，三角形 BCG と OCH は合同とわかる．よって

$$\angle \mathrm{BOH} = \angle \mathrm{BOC} + \angle \mathrm{COH} = 60^\circ + 120^\circ = 180^\circ$$

といえる．また $\angle \mathrm{BOE} = 180^\circ$ であるので，4 点 B, O, H, E が同一直線上にあるとわかる．三角形 BCG と OCH が合同であることから $\mathrm{OH} = \mathrm{BG} = \dfrac{1}{2}$ であるので，点 H は線分 OE の中点とわかる．よって三角形 EFH の面積は三角形 OEF の面積のちょうど半分である．$\mathrm{OE} = \mathrm{OF} = \mathrm{EF} = 1$ より三角形 OEF は一

辺の長さが1の正三角形であるので，三平方の定理より三角形 OEF の面積は

$$\frac{1}{2}\cdot 1\cdot\sqrt{1^2-\frac{1}{2^2}}=\frac{\sqrt{3}}{4}$$

とわかる．よって答は $\frac{\sqrt{3}}{4}\cdot\frac{1}{2}=\boldsymbol{\frac{\sqrt{3}}{8}}$ である．

【3】　[解答：16 通り]

偶数が書き込まれたマスたちは辺を共有しないから偶数は各列にちょうど1つずつ書き込まれる．したがって，2×3 のマス目を図のように黒と白の市松模様に塗れば，3つの偶数はすべて黒色のマスに書き込まれるかすべて白色のマスに書き込まれるかのいずれかである．6を中央の列の黒いマスに書き込んだとすると3は白いマスに書き込まれなければならないが，すべての白いマスは6の書き込まれたマスと辺を共有するから条件をみたすように整数を書き込むことはできない．したがって，6を中央の列の黒いマスに書き込むことはできない．同様に，6を中央の列の白いマスに書き込むこともできないから，6は四隅(すみ)のいずれかに書き込まれる．

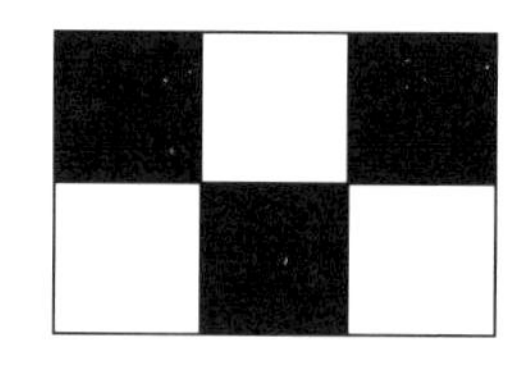

6を左上のマスに書き込むとする．このとき3は左上のマスと辺を共有しない白いマスに書き込まなければならないから右下のマスに書き込まれる．先の議論より，条件をみたすには残りの白いマス2つに1と5を書き込み，残りの黒いマス2つに2と4を書き込まなければならない．一方で1と5は6以下のすべての偶数と互いに素であり，2と4は6以下のすべての奇数と互いに素であるから，このように整数を書き込めば必ず条件をみたす．したがって6を左上のマスに書き込むとき，条件をみたす整数の書き込み方は4通りである．6をほかの隅のマスに書き込んだ場合も同様であるから，答は $4\cdot 4=\mathbf{16}$ 通りである．

【4】　[解答：24]

21以下の整数 n について

$$n^2 \leqq 21^2 = 441, \qquad n^3 \leqq 21^3 = 9261$$

が成り立つので n^2 と n^3 の桁数の和は 7 以下である．また 32 以上の整数 n について

$$n^2 \geqq 32^2 = 1024, \qquad n^3 \geqq 32^3 = 32768$$

が成り立つので n^2 と n^3 の桁数の和は 9 以上である．これらより問題の条件をみたす整数は 22 以上 31 以下であるとわかる．$n = 25, 26, 30, 31$ のとき，n^2 と n^3 の一の位は一致するのでこれらは問題の条件をみたさない．また 23^2, 27^2, 29^3 の一の位は 9 であるので，23, 27, 29 は問題の条件をみたさない．さらに $22^2 = 484$, $28^3 = 21952$ であり，各桁に同じ数字が 2 回以上現れるので 22, 28 も問題の条件をみたさない．一方 $24^2 = 576$, $24^3 = 13824$ より，24 は問題の条件をみたす．よって答は **24** である．

【5】　[解答：84]

$1 \leqq i \leqq 10$ に対し，整数 x を用いて $x^2 - i$ と書けるような 0 でない整数で絶対値が最小のものを a_i とする．また整数 x を用いて $x^2 - i$ と書けるような 0 でない整数で，a_i と正負が異なるようなもののうち絶対値が最小のものを b_i とおくと次のようになる．

$$\begin{aligned}(a_1, a_2, \cdots, a_{10}) &= (-1, -1, 1, -3, -1, -2, 2, 1, -5, -1), \\ (b_1, b_2, \cdots, b_{10}) &= (3, 2, -2, 5, 4, 3, -3, -4, 7, 6).\end{aligned} \tag{$*$}$$

ここで正の整数 n が 10 個の整数 $x_1, x_2, \cdots, x_{10}$ を用いて $n = (x_1^2 - 1)(x_2^2 - 2) \cdots (x_{10}^2 - 10)$ と書けているとする．$1 \leqq i \leqq 10$ に対して，$n \neq 0$ なので $x_i^2 - i$ は 0 でないから $|x_i^2 - i| \geqq |a_i|$ である．また，1 以上 10 以下のすべての整数 i に対して $x_i^2 - i$ と a_i の正負が一致すると仮定すると，$n = (x_1^2 - 1)(x_2^2 - 2) \cdots (x_{10}^2 - 10)$ と $a_1 a_2 \cdots a_{10} = -60$ の正負が一致することとなり矛盾である．したがって，$x_j^2 - j$ と a_j の正負が異なるような $1 \leqq j \leqq 10$ が存在する．このとき，$|x_j^2 - j| \geqq |b_j|$ であるが，$(*)$ から $\left|\dfrac{b_j}{a_j}\right| \geqq \dfrac{7}{5}$ がわかるので，

$$n = |n| = |x_1^2 - 1||x_2^2 - 2| \cdots |x_{10}^2 - 10| \geqq \left|\frac{b_j}{a_j}\right| \cdot |a_1 a_2 \cdots a_{10}| \geqq \frac{7}{5} \cdot 60 = 84$$

となる．一方で $(x_1, x_2, \cdots, x_{10}) = (0, 1, 2, 1, 2, 2, 3, 3, 4, 3)$ とおくと $(x_1^2-1)(x_2^2-2)\cdots(x_{10}^2-10) = 84$ であるから，答は **84** である．

【6】　[解答：$\dfrac{\sqrt{17}-1}{4}$]

XY で線分 XY の長さを表すものとする．

図のように点に名前をつける．

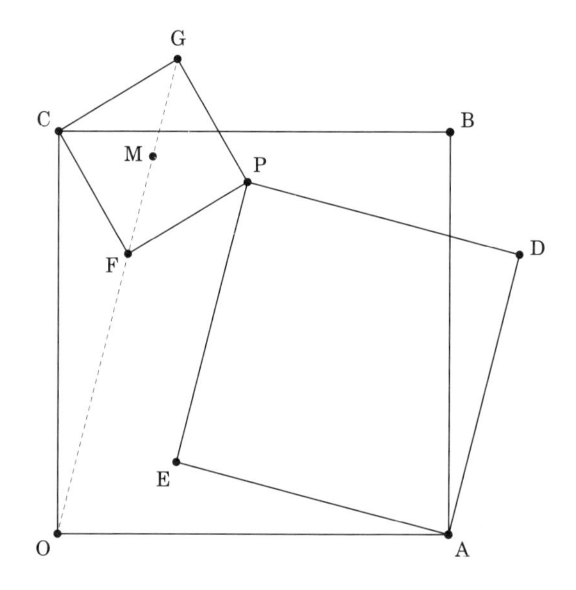

ここで M は線分 FG の中点である．三角形 PEF の面積が求めるものである．

直線 FG は線分 PC の垂直二等分線なので FG が O を通るという条件から $\mathrm{OC} = \mathrm{OP}$ であるとわかる．よって三角形 POC は二等辺三角形であり，また $\mathrm{OA} = \mathrm{OC}$ から三角形 POA も二等辺三角形である．ここから

$$\angle \mathrm{APC} = \angle \mathrm{APO} + \angle \mathrm{OPC} = \frac{180^\circ - \angle \mathrm{POA}}{2} + \frac{180^\circ - \angle \mathrm{POC}}{2}$$

$$= \frac{360^\circ - (\angle \mathrm{POA} + \angle \mathrm{POC})}{2} = \frac{360^\circ - \angle \mathrm{AOC}}{2} = \frac{360^\circ - 90^\circ}{2} = 135^\circ$$

と求まり，したがって $\angle \mathrm{FPE} = \angle \mathrm{CPA} - \angle \mathrm{CPF} - \angle \mathrm{EPA} = 45^\circ$ である．また，$\angle \mathrm{PFG} = 45^\circ = \angle \mathrm{FPE}$ なので，線分 FG と線分 EP は平行である．つまり線分 OF と線分 EP は平行である．

$\angle\mathrm{DEP} = \angle\mathrm{FPE} = 45^\circ$ より線分 DE と線分 FP は平行である．また $\mathrm{OA} = \mathrm{OC} = \mathrm{OP}$ から O は線分 PA の垂直二等分線，つまり直線 DE 上にあるので，線分 OE と線分 FP が平行であるとわかる．よって四角形 OEPF は平行四辺形である．特に求める面積は平行四辺形 OEPF の面積の $\dfrac{1}{2}$ であり，$\dfrac{\mathrm{OF}\cdot\mathrm{PM}}{2}$ である．

ここで直角三角形 OMC に対して三平方の定理を用いると，

$$\mathrm{OM} = \sqrt{\mathrm{OC}^2 - \mathrm{MC}^2} = \sqrt{3^2 - \left(\frac{\sqrt{2}}{2}\right)^2} = \sqrt{9 - \frac{1}{2}} = \sqrt{\frac{17}{2}}$$

がわかる．よって $\mathrm{OF} = \mathrm{OM} - \mathrm{FM} = \sqrt{\dfrac{17}{2}} - \sqrt{\dfrac{1}{2}}$ が得られ，三角形 PEF の面積は

$$\frac{\mathrm{OF}\cdot\mathrm{PM}}{2} = \frac{1}{2}\cdot\left(\sqrt{\frac{17}{2}} - \sqrt{\frac{1}{2}}\right)\cdot\sqrt{\frac{1}{2}} = \boldsymbol{\frac{\sqrt{17}-1}{4}}$$

と求まる．

【7】　[解答：$10\cdot 3^{1009}$ 通り]

条件をみたす書き込み方を考えると，各列に縦に並ぶ数字の組としてありうるものは

$$(1,3),\ (1,4),\ (2,4),\ (2,5),\ (3,1),\ (3,5),\ (4,1),\ (4,2),\ (5,2),\ (5,3)$$

の 10 組ある．これらの組について列として隣りあうことができるものを結ぶと次のようになる．

```
 ┌──────────────────────────────────────────────┐
(1,3) ──── (3,5) ──── (5,2) ──── (2,4) ──── (4,1)
  |          |          |          |          |
(3,1) ──── (5,3) ──── (2,5) ──── (4,2) ──── (1,4)
 └──────────────────────────────────────────────┘
```

どの組についても，結ばれている組はちょうど 3 つあることがわかる．

左の列から順に書き込んでいくことを考えると，1 列目の書き込み方は 10 通りあり，それ以降の列については 3 通りずつあるので，答は $\boldsymbol{10\cdot 3^{1009}}$ 通りで

ある．

【8】　[解答：$2^{19}\cdot 9$]

正の整数100個からなる数列 $a_1, a_2, \cdots, a_{100}$ が条件をみたしているとして $a_{100} \geqq 2^{19}\cdot 9$ を示す．$a_{100} < 2^{19}\cdot 9$ であるとして矛盾を導く．(ii) から帰納的に，数列に現れる整数は非負整数 k および1以上5以下の整数 ℓ を用いて $2^k \cdot a_\ell$ と書けることがわかる．このように書ける a_5 より大きい整数の中で95番目に小さいものは $2^{19}\cdot a_5$ 以上であることを示す．a_5 より大きく $2^{19}\cdot a_5$ 以下であって $2^k\cdot a_\ell$ と書けるような整数が96個以上存在するとする．このとき $\frac{96}{5} > 19$ であるから，ある ℓ に対して20個の非負整数 $k_1 < \cdots < k_{20}$ であって $a_5 < 2^{k_1}\cdot a_\ell$ かつ $2^{k_{20}}\cdot a_\ell \leqq 2^{19}\cdot a_5$ となるようなものが存在する．しかしこのとき

$$2^{k_{20}-k_1} = \frac{2^{k_{20}}\cdot a_\ell}{2^{k_1}\cdot a_\ell} < \frac{2^{19}\cdot a_5}{a_5} = 2^{19}$$

となり，$k_{20} \geqq k_{19}+1 \geqq \cdots \geqq k_1 + 19$ に矛盾する．したがって，$2^{19}\cdot a_5 \leqq a_{100} < 2^{19}\cdot 9$ であることが示された．これより $a_5 \leqq 8$ となる．しかし，$2 = 2\cdot 1$, $4 = 2^2\cdot 1$, $6 = 2\cdot 3$ であるから，数列に現れる整数は $s \in \{1,3,5,7\}$ と非負整数 k を用いて $2^k\cdot s$ と書けることがわかる．このように書ける整数が $2^{19}\cdot 9$ より小さいとき，$2^k \leqq 2^k\cdot s < 2^{19}\cdot 9 < 2^{23}$ より $k < 23$ であるから，そのような整数は高々 $23\cdot 4 = 92$ 個である．よって $a_{100} \geqq 2^{19}\cdot 9$ となり矛盾する．以上より $a_{100} \geqq 2^{19}\cdot 9$ が示された．

一方，$0 \leqq i \leqq 19$ と $1 \leqq j \leqq 5$ をみたす整数 i, j に対して

$$a_{5i+j} = 2^i\cdot(4+j)$$

により定めた数列は条件をみたし，$a_{100} = 2^{19}\cdot 9$ が成立する．よって答は $\mathbf{2^{19}\cdot 9}$ である．

【9】　[解答：4]

f を条件をみたす関数とする．$f(6^6) = 2$ が成立すると仮定すると，

$$2 = f(6^6) = f\bigl((6^3)^2\bigr) = f\bigl((6^3)^{f(6^6)}\bigr) = f(6^3)^{f(6^6)} = f(6^3)^2 \geqq 2^2 = 4$$

となり矛盾する．また，$f(6^6) = 3$ が成立すると仮定すると，

$$3 = f(6^6) = f\bigl((6^2)^3\bigr) = f\bigl((6^2)^{f(6^6)}\bigr) = f(6^2)^{f(6^6)} = f(6^2)^3 \geqq 2^3 = 8$$

となり矛盾する．よって $f(6^6) \geqq 4$ がわかる．

2 以上の整数 n に対して，$n = k^e$ をみたす 2 以上の整数 k が存在するような正の整数 e のうち最大のものを $e(n)$ と書く．正の整数に対して定義され正の整数値をとる関数 h を次のように定める．

$$h(a) = \begin{cases} \dfrac{a}{6} & (a = 6 \cdot 4^b \text{ となるような非負整数 } b \text{ が存在するとき}), \\ a & (\text{それ以外のとき}). \end{cases}$$

2 以上の整数に対して定義され 2 以上の整数値をとる関数 f を $f(n) = 4^{h(e(n))}$ により定める．このとき，$e(m)$ が非負整数 b を用いて $6 \cdot 4^b$ と書けることと，$e(m) \cdot 4^{h(e(n))}$ が非負整数 c を用いて $6 \cdot 4^c$ と書けることは同値であるので，任意の 2 以上の整数 m, n に対して

$$h(e(m) \cdot 4^{h(e(n))}) = h(e(m)) \cdot 4^{h(e(n))}$$

が成立するとわかる．よって

$$f(m^{f(n)}) = 4^{h(e(m^{f(n)}))} = 4^{h(e(m)f(n))} = 4^{h(e(m))f(n)}$$

$$= (4^{h(e(m))})^{f(n)} = f(m)^{f(n)}$$

より f は条件をみたす．また，この f に対して，$f(6^6) = 4^{h(e(6^6))} = 4^{h(6)} = 4^1 = 4$ であるから，答は $\mathbf{4}$ である．

【10】 [解答：20736 通り]

上から i 行目，左から j 列目のマスをマス (i, j) と書くことにする．

$s, t \in \{0, 1\}$ に対して，$i \equiv s \pmod 2$, $j \equiv t \pmod 2$ となるようなマス (i, j) に置かれている駒の数を $a_{s,t}$ で表すことにする．偶数行目には合計 4 個，偶数列目にも合計 4 個の駒が置かれているから，$a_{0,0} + a_{0,1} = 4$, $a_{0,0} + a_{1,0} = 4$ である．したがって $a_{0,1} = a_{1,0}$ となる．また，$i + j$ が偶数のときマス (i, j) は黒いマスであり，$i + j$ が奇数のときマス (i, j) は白いマスであるから，$a_{0,0} + a_{1,1} = 4$, $a_{0,1} + a_{1,0} = 4$ である．以上より，$a_{0,0} = a_{0,1} = a_{1,0} = a_{1,1} = 2$ となる．つ

まり，黒い駒は偶数行偶数列，奇数行奇数列にそれぞれ2個ずつ，白い駒は偶数行奇数列，奇数行偶数列にそれぞれ2個ずつ置かれる．一方でそのように駒を置いたとき，各行・各列に1個ずつ置かれていれば条件をみたしている．

黒い駒を置く行を偶数行目から2行，奇数行目から2行選び，列についても同様にそれぞれ2列ずつ選んだとする．行と列の選び方によらず，黒いマスに黒い駒を4個置いて，選んだ行および列にちょうど1個ずつあるようにする方法は $2!\cdot 2! = 4$ 通りである．白い駒についても同様であり，行と列の選び方はそれぞれ $({}_4\mathrm{C}_2)^2 = 36$ 通りであるから，答は $4\cdot 4\cdot 36\cdot 36 = \mathbf{20736}$ 通りとなる．

【11】　[解答：11]

四角形PQCDが円に内接するので $\angle\mathrm{PQC} = 180^\circ - \angle\mathrm{PDC}$ が成り立つ．また接弦定理より $\angle\mathrm{PKD} = 180^\circ - \angle\mathrm{PDC}$ が成り立つので $\angle\mathrm{PQC} = \angle\mathrm{PKD}$ とわかる．よって KD // QC を得る．同様に KA // QB を得る．直線MKとBQの交点をEとすると KA // QB より錯角が等しく $\angle\mathrm{MAK} = \angle\mathrm{MBE}$ が成り立つ．また，Mが線分ABの中点であり，$\angle\mathrm{AMK} = \angle\mathrm{BME}$ が成り立つことから三角形MAKとMBEは合同である．よって $\mathrm{EK} = 2\mathrm{MK} = 14$ を得る．直線NKとCQの交点をFとすると，四角形EQFKは対辺どうしが平行であるので平行四辺形であるとわかる．よって $\mathrm{QF} = \mathrm{EK} = 14$ が成り立つ．KD // QC であることとNが線分CDの中点であることから，上と同様に錯角が等しいことを利用すると三角形NDKとNCFは合同であるといえ，$\mathrm{CF} = \mathrm{KD} = 3$ を得る．よって $\mathrm{CQ} = \mathrm{QF} - \mathrm{CF} = 14 - 3 = \mathbf{11}$ である．

【12】　[解答：23]

正の整数 x, y に対し，x と y のうち大きい方を $\max(x, y)$ で表す．ただし，$x = y$ のときは $\max(x, y) = x$ とする．

$a_1, a_2, \cdots, a_k$ を良い数列とする．3以上 $k-1$ 以下の奇数 i について a_{i-1}, a_i, a_{i+1} は相異なり，a_{i-1} と a_{i+1} は a_i の倍数であるから，

$$3a_i \leqq \max(a_{i-1}, a_{i+1}) \leqq 30$$

より $a_i \leqq 10$ を得る．$k \geqq 24$ とすると，$a_3, a_5, a_7, \cdots, a_{23}$ が相異なる1以上10以下の整数でなければならないが，このようなことはあり得ない．したがって

$k \leqq 23$ である.

一方で,

$$11, 22, 1, 25, 5, 20, 10, 30, 6, 18, 9, 27, 3, 24, 8, 16, 4, 28, 7, 14, 2, 26, 13$$

は長さ 23 の良い数列であるから，答は **23** である.

1.4　第31回 日本数学オリンピック 予選 (2021)

● 2021 年 1 月 11 日 [試験時間 3 時間，12 問]

1.　互いに素な正の整数 m, n が $m + n = 90$ をみたすとき，積 mn としてありうる最大の値を求めよ．

2.　下図のような正十角形がある．全体の面積が 1 のとき，斜線部の面積を求めよ．

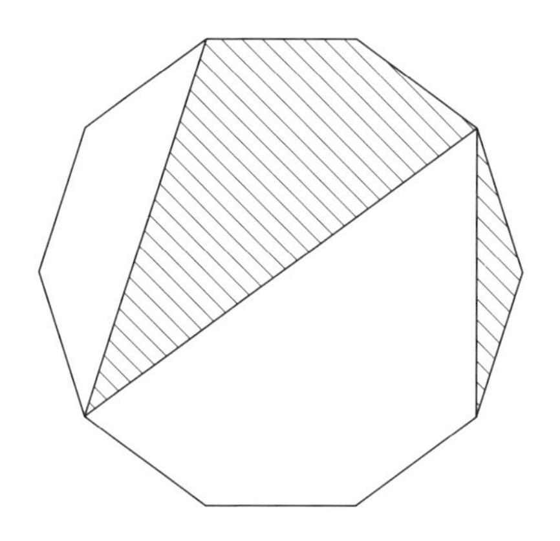

3.　AB = AC なる二等辺三角形 ABC の内部に点 P をとり，P から辺 BC, CA, AB におろした垂線の足をそれぞれ D, E, F とする．BD = 9, CD = 5, PE = 2, PF = 5 のとき，辺 AB の長さを求めよ．ただし，XY で線分 XY の長さを表すものとする．

4.　黒板に 3 つの相異(あい)なる正の整数が書かれている．黒板に実数 a, b, c が書かれているとき，それぞれを $\dfrac{b+c}{2}$, $\dfrac{c+a}{2}$, $\dfrac{a+b}{2}$ に同時に書き換える

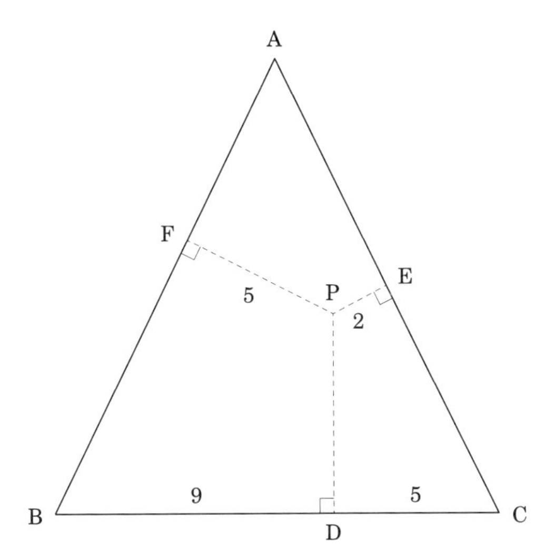

という操作を考える．この操作を 2021 回行ったところ，最後に黒板に書かれた 3 つの数はすべて正の整数だった．このとき，最初に書かれていた 3 つの正の整数の和としてありうる最小の値を求めよ．

5. 下図のように，一辺の長さが 1 の立方体 4 個からなるブロックが 4 種類ある．このようなブロック 4 個を $2 \times 2 \times 4$ の直方体の箱にはみ出さないように入れる方法は何通りあるか．

ただし，同じ種類のブロックを複数用いてもよく，ブロックは回転させて入れてもよい．また，箱を回転させて一致する入れ方は異なるものとして数える．

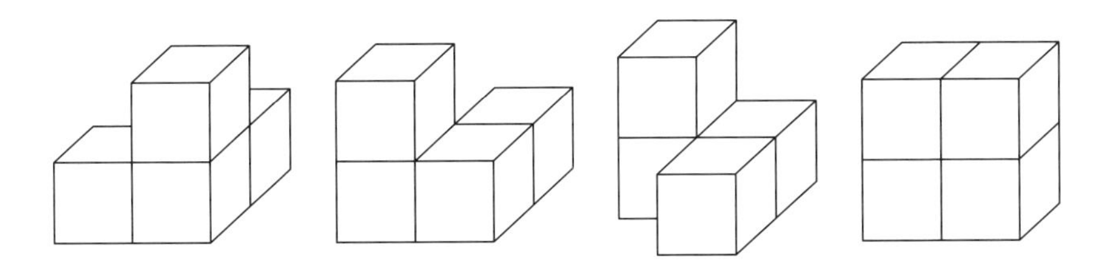

6. 正の整数 n に対して，正の整数 m であって m と n が互いに素であり，$m+1$ と $n+1$ も互いに素となるようなもののうち最小のものを $f(n)$ で

表す．このとき，$f(1), f(2), \cdots, f(10^{10})$ のうちに現れる正の整数は何種類あるか．

7.　三角形 ABC の辺 BC 上に点 P, Q があり，三角形 ACP の垂心と三角形 ABQ の垂心は一致している．AB = 10, AC = 11, BP = 5, CQ = 6 のとき，辺 BC の長さを求めよ．

ただし，XY で線分 XY の長さを表すものとする．

8.　2 以上 20 以下の整数の組 $(a_1, a_2, \ldots, a_{17})$ であって，

$$a_1^{a_2^{\cdot^{\cdot^{\cdot^{a_{17}}}}}} \equiv a_2^{a_3^{\cdot^{\cdot^{\cdot^{a_{17}}}}}} \equiv 1 \pmod{17}$$

となるものの個数を求めよ．ただし，指数は右上にある 2 数から順に計算する．

9.　2021×2021 のマス目の各マスに 1, 2, 3 の数を 1 つずつ書き込む方法であって，どの 2×2 のマス目についても，その 4 マスに書かれている数の総和が 8 になるようなものが全部で A 通りあるとする．このとき，A を 100 で割った余りを求めよ．

ただし，回転や裏返しにより一致する書き込み方も異なるものとして数える．

10.　三角形 ABC の辺 AB, AC 上にそれぞれ点 D, E があり，4 点 D, B, C, E は同一円周上にある．また，四角形 DBCE の内部に点 P があり，$\angle\mathrm{BDP} = \angle\mathrm{BPC} = \angle\mathrm{PEC}$ をみたしている．AB = 9, AC = 11, DP = 1, EP = 3 のとき，$\dfrac{\mathrm{BP}}{\mathrm{CP}}$ の値を求めよ．

ただし，XY で線分 XY の長さを表すものとする．

11.　1 以上 1000 以下の整数からなる組 (x, y, z, w) すべてについて，$xy+zw$, $xz+yw$, $xw+yz$ の最大値を足し合わせた値を M とする．同様に，1 以上 1000 以下の整数からなる組 (x, y, z, w) すべてについて，$xy+zw$, $xz+yw$, $xw+yz$ の最小値を足し合わせた値を m とする．このとき，$M-m$ の正の約数の個数を求めよ．

12.　7×7 のマス目があり，上から 1 行目，左から 4 列目のマスに 1 枚のコインが置かれている．マス Y がマス X の**左下のマス**であるとは，ある正の整数 k について，Y が X の k マス左，k マス下にあることをいう．同様に，マス Y がマス X の**右下のマス**であるとは，ある正の整数 k について，Y が X の k マス右，k マス下にあることをいう．1 番下の行以外のマス X について，X にコインが置かれているとき次の 4 つの操作のうちいずれかを行うことができる：

(a) X からコインを取り除き，X の 1 つ下のマスにコインを 1 枚置く．

(b) X からコインを取り除き，X の左下のマスそれぞれにコインを 1 枚ずつ置く．

(c) X からコインを取り除き，X の右下のマスそれぞれにコインを 1 枚ずつ置く．

(d) X からコインを取り除き，X の 1 マス左，1 マス下にあるマスと X の 1 マス右，1 マス下にあるマスにコインを 1 枚ずつ置く．ただし，そのようなマスが 1 つしかない場合はそのマスのみにコインを 1 枚置く．

ただし，コインを置こうとする場所にすでにコインがある場合，その場所にはコインを置かない．

操作を何回か行ったとき，マス目に置かれているコインの枚数としてありうる最大の値を求めよ．

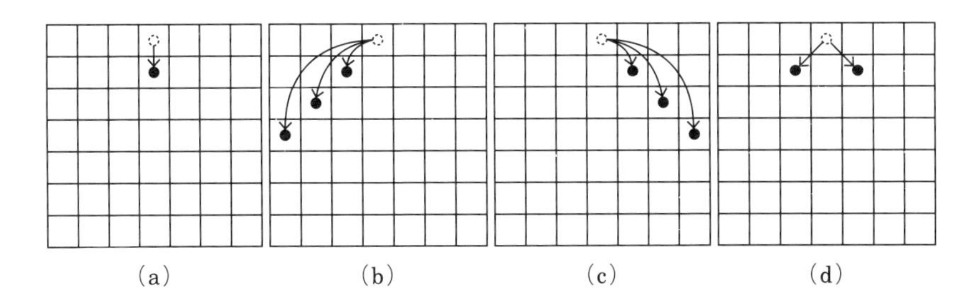

(a)　(b)　(c)　(d)

解答

【1】　[解答：2021]

$(m,n)=(43,47)$ は条件をみたし，このとき $mn=2021$ である．一方で，

$$mn=\left(\frac{m+n}{2}\right)^2-\left(\frac{m-n}{2}\right)^2=45^2-\left(\frac{m-(90-m)}{2}\right)^2=2025-(m-45)^2$$

より，$|m-45|$ が小さいほど mn は大きくなる．$|m-45|\leqq 1$ のとき $(m,n)=(44,46),(45,45),(46,44)$ となるが，m と n が互いに素でないからこれらは条件をみたさない．したがって，

$$mn=2025-(m-45)^2\leqq 2025-2^2=2021$$

を得る．以上より，答は **2021** である．

【2】　[解答：$\frac{2}{5}$]

図のように点に名前をつける．ここで O は直線 AF と直線 DI の交点である．

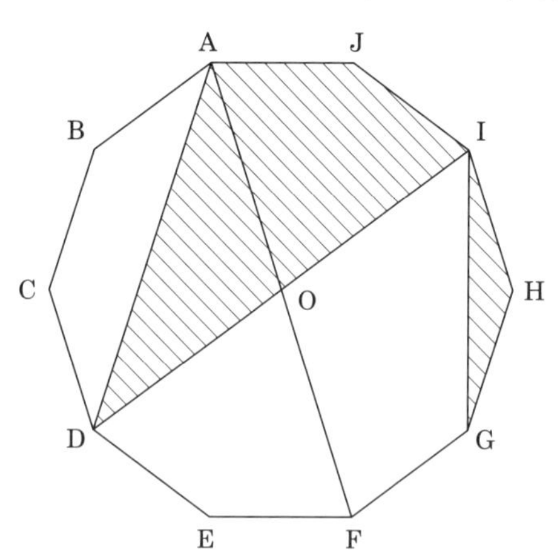

正十角形の 10 個の頂点は O を中心とする円の円周上にあり，その円周を 10 等分している．よって円周角の定理より $\angle\mathrm{FAD}=\frac{1}{2}\cdot\frac{2}{10}\cdot 360^\circ=36^\circ$, $\angle\mathrm{CDA}=$

$\frac{1}{2}\cdot\frac{2}{10}\cdot 360^\circ = 36^\circ$ とわかるので AF // CD を得る．よって三角形 AOD の面積と三角形 AOC の面積は等しい．また三角形 GHI と三角形 ABC は合同であるから，斜線部の面積は六角形 ABCOIJ の面積と等しいといえる．正十角形は三角形 OAB と合同な三角形 10 個に，六角形 ABCOIJ は三角形 OAB と合同な三角形 4 個に分割できるので，求める面積は $1\cdot\frac{4}{10} = \mathbf{\frac{2}{5}}$ とわかる．

【3】　[解答：$4\sqrt{7}$]

BC の中点を M とし，P を通り辺 BC に平行な直線と辺 AB, AC との交点をそれぞれ Q, R とする．AB = AC より $\angle \mathrm{ABM} = \angle \mathrm{AQP} = \angle \mathrm{ARP}$ なので，三角形 AMB，三角形 PFQ，三角形 PER はすべて相似な直角三角形である．これより $\mathrm{PQ} : \mathrm{PR} = \mathrm{PF} : \mathrm{PE} = 5 : 2$ がわかる．また四角形 BCRQ は等脚台形であり線分 PD はその底辺と垂直なので，$\mathrm{PQ} - \mathrm{PR} = \mathrm{BD} - \mathrm{CD} = 4$ である．よって，$\mathrm{PQ} = 4\cdot\frac{5}{5-2} = \frac{20}{3}$ となり，$\mathrm{AB} : \mathrm{AM} = \mathrm{PQ} : \mathrm{PF} = 4 : 3$ を得る．

三平方の定理より，$\mathrm{AB} : \mathrm{BM} = \mathrm{AB} : \sqrt{\mathrm{AB}^2 - \mathrm{AM}^2} = 4 : \sqrt{4^2 - 3^2} = 4 : \sqrt{7}$ が成り立つので，辺 AB の長さは $\mathrm{BM}\cdot\frac{\mathrm{AB}}{\mathrm{BM}} = \frac{9+5}{2}\cdot\frac{4}{\sqrt{7}} = \mathbf{4\sqrt{7}}$ である．

【4】　[解答：$3\cdot 2^{2021} + 3$]

最初の状態を 0 回の操作の後とみなす．0 以上 2021 以下の整数 n に対して，n 回の操作の後，黒板に書かれている 3 つの数を $a \leqq b \leqq c$ として $p_n = c - b$, $q_n = b - a$ とおく．この状態で 1 回操作を行うと，書かれる 3 つの数は $\frac{a+b}{2} \leqq \frac{a+c}{2} \leqq \frac{b+c}{2}$ なので，$p_{n+1} = \frac{b-a}{2} = \frac{q_n}{2}$, $q_{n+1} = \frac{c-b}{2} = \frac{p_n}{2}$ となる．よって，$p_{2021} = \frac{q_0}{2^{2021}}$, $q_{2021} = \frac{p_0}{2^{2021}}$ がわかる．最初に書かれていた数は相異なり，p_0, q_0 はともに 0 でないので，p_{2021}, q_{2021} もともに 0 ではない．さらに 2021 回の操作の後に黒板に書かれている数はすべて正の整数なので，p_{2021}, q_{2021} はともに 1 以上で，p_0, q_0 がともに 2^{2021} 以上であることがわかる．最初に書かれた数のうち最も小さいものは 1 以上なので，3 つの数の和は，$1 + (1 + 2^{2021}) + (1 + 2\cdot 2^{2021}) = 3\cdot 2^{2021} + 3$ 以上である．

逆に，$1, 1 + 2^{2021}, 1 + 2\cdot 2^{2021}$ が最初に書かれていれば条件をみたすことを示す．先の議論から，$p_{2021} = 1$, $q_{2021} = 1$ である．また，操作によって 3 つの数の和が変わらないので，2021 回の操作の後の和も $3 \cdot 2^{2021}+3$ である．よって 2021 回の操作の後に書かれている整数は 2^{2021}, $2^{2021}+1$, $2^{2021}+2$ であることがわかり，これらはすべて整数である．以上より答は $\mathbf{3 \cdot 2^{2021}+3}$ である．

【5】　[解答：379]

一辺の長さが 1 の立方体を**小立方体**とよぶことにする．また，箱を 16 個の小立方体からなる図形とみなし，このうち 8 個が集まってできる一辺の長さが 2 の立方体を**中立方体**とよぶことにする．

箱の中に 4 つのブロックが入っているときについて考える．それぞれのブロックに対して，そのブロックを含む中立方体が存在する．このような中立方体を 1 つとり，そのブロックの**外接中立方体**とよぶことにする．外接中立方体は全部で 4 つあるが，中立方体は 3 つしか存在しないので，鳩の巣原理により，共通の外接中立方体をもつ 2 つのブロックが存在する．2 つのブロックの体積の合計は中立方体の体積と等しいので，これらの 2 つのブロックを組み合わせると中立方体ができることがわかる．

ここで，2 つのブロックを組み合わせて中立方体を作る方法が何通りあるか考える．まず，1 つ目のブロックと 2 つ目のブロックの順番を区別して考える．下図のように，4 種類のブロックをそれぞれ (a), (b), (c), (d) と表す．1 つ目のブロックの位置を決めたとき，それと組み合わさって中立方体を形成するような 2 つ目のブロックが存在するならばその形と向きは一意に定まることに注意する．

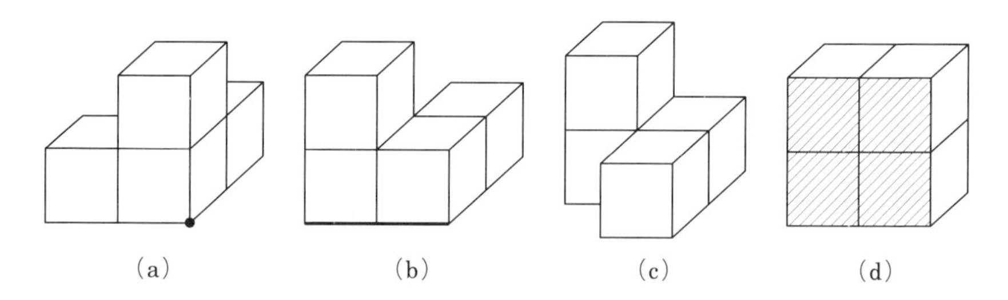

- 1 つ目のブロックが (a) であるとき，図の黒点が中立方体のどの頂点と重なるかと 1 つ目のブロックの置き方は 1 対 1 に対応する．また，このと

き (a) をもう 1 つ組み合わせて中立方体を作ることができる．立方体の頂点は 8 個あるので，組み合わせ方は 8 通りある．

- 1 つ目のブロックが (b) であるとき，図の太線が中立方体のどの辺と重なるかと 1 つ目のブロックの置き方は 1 対 1 に対応する．また，このとき (b) をもう 1 つ組み合わせて中立方体を作ることができる．立方体の辺は 12 個あるので，組み合わせ方は 12 通りある．

- 1 つ目のブロックが (c) であるとき，対称性より，(b) と同様に考えて組み合わせ方は 12 通りある．

- 1 つ目のブロックが (d) であるとき，図の斜線部が中立方体のどの面と重なるかと 1 つ目のブロックの置き方は 1 対 1 に対応する．また，このとき (d) をもう 1 つ組み合わせて中立方体を作ることができる．立方体の面は 6 個あるので，組み合わせ方は 6 通りある．

したがって，2 つのブロックの組み合わせ方は全部で $8+12+12+6=38$ 通りあり，1 つ目のブロックと 2 つ目のブロックの順番を区別しないで数えると，組み合わせ方は全部で $38 \div 2 = 19$ 通りある．

最後に，2 つのブロックを組み合わせてできる中立方体が箱のどの位置にあるかで場合分けする．箱の 2×2 の 2 つの面をそれぞれ**上面**，**下面**とよぶことにし，3 つの中立方体のうち上面を含むものを A, 下面を含むものを B, どちらも含まないものを C とおく．A が 2 つのブロックからなるとき B も 2 つのブロックからなる．逆に，B が 2 つのブロックからなるとき A も 2 つのブロックからなる．よって，ブロックを入れる方法の数は A と B が 2 つのブロックからなるように入れる方法の数と，C が 2 つのブロックからなるように入れる方法の数を足して，A と B と C のすべてが 2 つのブロックからなるように入れる方法の数を引いた数である．

- A と B が 2 つのブロックからなるとき，ブロックを入れる方法は $19 \times 19 = 361$ 通りである．

- C が 2 つのブロックからなるとき，残りの 2 つのブロックはいずれも (d)

であるので，ブロックを入れる方法は 19 通りである．

- A と B と C のすべてが 2 つのブロックからなるとき，4 つの (d) が，2×2 の面が上面と平行になるように入れられているときなので，ブロックを入れる方法は 1 通りである．

以上より，答は $361 + 19 - 1 = \mathbf{379}$ 通りである．

【6】　[解答：11]

正の整数 n について，$n+1$ を割りきらない最小の素数を p としたとき，$f(n) = p-1$ となることを示す．任意の 1 以上 $p-1$ 未満の整数 m について，$2 \leqq m+1 < p$ より，$m+1$ は p 未満の素因数 q をもつ．p の定義より q は $n+1$ を割りきるので，$m+1$ と $n+1$ は互いに素でない．よって，$f(n) \geqq p-1$ である．一方，任意の $p-1$ の素因数は p 未満なので $n+1$ を割りきり，したがって n を割りきらないので $p-1$ と n は互いに素である．さらに p は $n+1$ を割りきらない素数なので p と $n+1$ も互いに素である．以上より，$f(n) = p-1$ が示された．

n 番目に小さい素数を p_n とし，正の整数 k について $a_k = p_1p_2 \cdots p_k - 1$ とすると，$\{a_k\}$ は単調増加で，

$$
\begin{aligned}
a_{10} &= (2 \times 3 \times 5) \times (7 \times 11 \times 13) \times 17 \times 19 \times 23 \times 29 - 1 \\
&< 30 \times 1001 \times 20 \times 20 \times 25 \times 30 = 9009 \times 10^6 \\
a_{11} &= (2 \times 3 \times 5) \times (7 \times 11 \times 13) \times 17 \times 19 \times 23 \times 29 \times 31 - 1 \\
&\geqq 30 \times 1000 \times 10 \times 10 \times 20 \times 20 \times 30 = 36 \times 10^9
\end{aligned}
$$

である．特に $a_{10} < 10^{10} < a_{11}$ となる．任意の 1 以上 10^{10} 以下の整数 n について $n+1$ は a_{11} 以下なので，$p_1, p_2, \cdots, p_{11}$ のいずれかでは割りきれない．したがって，ある 1 以上 11 以下の整数 k を用いて $f(n) = p_k - 1$ と書ける．

一方，任意の 1 以上 10 以下の整数 k について $a_k \leqq 10^{10}$ であり，$a_k + 1 = p_1p_2 \cdots p_k$ を割りきらない最小の素数は p_{k+1} であるので $f(a_k) = p_{k+1} - 1$ となる．さらに $f(2) = 1 = p_1 - 1$ であるから，任意の 1 以上 11 以下の整数 k について，$f(n) = p_k - 1$ となる 1 以上 10^{10} 以下の整数 n が存在する．以上より，

$f(1), f(2), \cdots f(10^{10})$ のうちには $p_1 - 1, p_2 - 1, \cdots, p_{11} - 1$ の **11** 種類の正の整数が現れる．

【7】　[解答：$\sqrt{231}$]

三角形 ABC の垂心を H とし，三角形 ABQ と三角形 ACP の共通する垂心を K とする．また，A から直線 BC におろした垂線の足を D とする．定義より，A, D, H, K は同一直線上にある．

$\mathrm{AB} = 10$, $\mathrm{AC} = 11$, $\mathrm{BC} > 5$ であるので，$\angle\mathrm{B}$ と $\angle\mathrm{C}$ はともに 90° より小さい．したがって，D は辺 BC 上にあり，D と H は異なる．また，D と K が一致していると仮定すると，2 点 P, Q がいずれも D と一致し，三平方の定理より $\mathrm{AB}^2 - \mathrm{BP}^2 = \mathrm{AD}^2 = \mathrm{AC}^2 - \mathrm{CQ}^2$ となるが，$10^2 - 5^2 \neq 11^2 - 6^2$ よりこれは矛盾である．よって，D と K も異なる．

いま 2 直線 BH, PK はいずれも辺 AC と垂直である．よって，この 2 直線は平行であり，$\mathrm{DB} : \mathrm{BP} = \mathrm{DH} : \mathrm{HK}$ となる．同様にして 2 直線 CH, QK も平行であるので，$\mathrm{DC} : \mathrm{CQ} = \mathrm{DH} : \mathrm{HK}$ となる．以上より $\mathrm{DB} : \mathrm{BP} = \mathrm{DC} : \mathrm{CQ}$ がわかり，$\mathrm{DB} : \mathrm{DC} = \mathrm{BP} : \mathrm{CQ} = 5 : 6$ となる．実数 t を用いて $\mathrm{DB} = 5t$, $\mathrm{DC} = 6t$ とおくと，三角形 ABD と三角形 ACD について三平方の定理を用いることで $10^2 - (5t)^2 = 11^2 - (6t)^2$ を得る．求める長さは $\mathrm{BC} = 11t$ であるから，答は $\boldsymbol{\sqrt{231}}$ である．

【8】　[解答：$2042 \cdot 19^{14}$ 個]

まず，以下の補題を示す．

補題　整数 a, b, c があり，$a \not\equiv 0 \pmod{17}$, $b \geqq 1$, $c \geqq 4$ をみたしているとする．このとき $a^{b^c} \equiv 1 \pmod{17}$ であることと $a \equiv 1 \pmod{17}$ または b が偶数であることは同値である．

補題の証明　$a \equiv 1 \pmod{17}$ のときは明らかに $a^{b^c} \equiv 1 \pmod{17}$ である．また，b が偶数であるとき，$c \geqq 4$ より b^c は 16 の倍数となる．フェルマーの小定理より $a^{16} \equiv 1 \pmod{17}$ が成り立つので $a^{b^c} \equiv 1 \pmod{17}$ が従う．逆に $a^{b^c} \equiv 1 \pmod{17}$ であるとき，$a^d \equiv 1 \pmod{17}$ となる最小の正の整数 d がとれる．$a \not\equiv 1 \pmod{17}$ のとき $d \neq 1$ である．b^c が d の倍数でないと仮定すると

b^c は非負整数 s と 1 以上 d 未満の整数 t を用いて $b^c = sd + t$ と書けるので，

$$a^t \equiv (a^d)^s \cdot a^t = a^{b^c} \equiv 1 \pmod{17}$$

となり d の最小性に矛盾する．よって b^c は d の倍数である．同様に 16 は d の倍数であり，$d \neq 1$ より d が偶数とわかる．したがって b^c は偶数なので，b は偶数である．　　　　(補題の証明終り)

$a_1 \equiv 0 \pmod{17}$ または $a_2 \equiv 0 \pmod{17}$ のときは明らかに条件をみたさない．以下，$a_1 \not\equiv 0 \pmod{17}$ かつ $a_2 \not\equiv 0 \pmod{17}$ であるとする．また

$$c_1 = a_3^{a_4^{\cdot^{\cdot^{\cdot^{a_{17}}}}}}, \quad c_2 = a_4^{a_5^{\cdot^{\cdot^{\cdot^{a_{17}}}}}}$$

とおくと，$c_1 \geqq 2^2 = 4$, $c_2 \geqq 2^2 = 4$ が成り立つ．

a_2 の偶奇で場合分けをする．

- a_2 が奇数のとき．

  補題より $a_1^{a_2^{c_1}} \equiv 1 \pmod{17}$ であることは $a_1 \equiv 1 \pmod{17}$ であることと同値である．また $a_2 \neq 18$ から $a_2 \not\equiv 1 \pmod{17}$ なので，補題より $a_2^{a_3^{c_2}} \equiv 1 \pmod{17}$ であることは a_3 が偶数であることと同値である．よって条件をみたす組は $1 \cdot 8 \cdot 10 \cdot 19^{14} = 80 \cdot 19^{14}$ 個ある．

- a_2 が偶数のとき．

  $a_1 \not\equiv 0 \pmod{17}$ より，補題から $a_1^{a_2^{c_1}} \equiv 1 \pmod{17}$ が成り立つ．また，補題より $a_2^{a_3^{c_2}} \equiv 1 \pmod{17}$ であることは $a_2 \equiv 1 \pmod{17}$ または a_3 が偶数であることと同値である．よって条件をみたす組は $18 \cdot 1 \cdot 19^{15} + 18 \cdot 9 \cdot 10 \cdot 19^{14} = 1962 \cdot 19^{14}$ 個ある．

以上より条件をみたす組は $80 \cdot 19^{14} + 1962 \cdot 19^{14} = \mathbf{2042 \cdot 19^{14}}$ 個ある．

【9】　[解答：3]

$1 \leqq i \leqq 2021$, $1 \leqq j \leqq 2021$ に対して，上から i 行目，左から j 列目のマスを (i, j) で表し，(i, j) に書き込まれた数を $f(i, j)$ で表す．さらに，

$$g(i,j)=\begin{cases} f(i,j) & (i+j\text{ が偶数のとき}),\\ 4-f(i,j) & (i+j\text{ が奇数のとき}) \end{cases}$$

と定める．このとき各 i, j について $g(i,j)$ は 1, 2, 3 のいずれかであり，$1 \leqq i \leqq 2020$, $1 \leqq j \leqq 2020$ について，$f(i,j)+f(i,j+1)+f(i+1,j)+f(i+1,j+1)=8$ であるから，$i+j$ が偶数のとき，

$$\begin{aligned} g(i+1,j)-g(i,j) &= (4-f(i+1,j))-f(i,j)\\ &= f(i+1,j+1)-(4-f(i,j+1))\\ &= g(i+1,j+1)-g(i,j+1) \end{aligned}$$

であり，$i+j$ が奇数のとき，

$$\begin{aligned} g(i+1,j)-g(i,j) &= f(i+1,j)-(4-f(i,j))\\ &= (4-f(i+1,j+1))-f(i,j+1)\\ &= g(i+1,j+1)-g(i,j+1) \end{aligned}$$

となる．よって，いずれの場合も

$$g(i+1,j)-g(i,j)=g(i+1,j+1)-g(i,j+1) \tag{$*$}$$

が成り立つ．逆に，$1 \leqq i \leqq 2021$, $1 \leqq j \leqq 2021$ に対して 1, 2, 3 いずれかの値 $g(i,j)$ を定める方法であって，$1 \leqq i \leqq 2020$, $1 \leqq j \leqq 2020$ に対して $(*)$ をみたすものを考えると，(i,j) に $i+j$ が偶数のとき $g(i,j)$ を，奇数のとき $4-g(i,j)$ を書き込んだマス目は問題文の条件をみたす．よって，A の値はそのような定め方の個数と一致する．

$g(1,1),\cdots,g(1,2021)$ の最大値，最小値をそれぞれ M, m とする．いま，任意の $1 \leqq i \leqq 2020$, $1 \leqq j \leqq 2020$ について $(*)$ が成り立つことは，すべての $1 \leqq k \leqq 2020$ に対して，$g(k+1,\ell)-g(1,\ell)$ の値が $1 \leqq \ell \leqq 2021$ によらず一定であることと同値であり，この値を d_k とする．このとき，$1 \leqq k \leqq 2020$ のそれぞれについて $1 \leqq m+d_k$ かつ $M+d_k \leqq 3$, つまり $1-m \leqq d_k \leqq 3-M$ であるこ

とが各 $g(i,j)$ が1以上3以下となるための必要十分条件だから，1以上3以下の整数 $g(1,1),\cdots,g(1,2021)$ が定まっているとき，条件をみたすような $g(i,j)$ の定め方は $(3+m-M)^{2020}$ 個存在する．$M-m$ の値で場合分けをする．

- $M-m=0$ のとき．
  $g(1,1),\cdots,g(1,2021)$ はすべて等しく，その値は1, 2, 3の3通りある．よって，このとき $3\cdot 3^{2020}=3^{2021}$ 通りある．

- $M-m=1$ のとき．
  $m=1,2$ の2つの場合があり，$(g(1,1),\cdots,g(1,2021))$ としてありうるのはそれぞれ $2^{2021}-2$ 通りある．よって，このとき $2\cdot((2^{2021}-2)\cdot 2^{2020})=2^{4042}-2^{2022}$ 通りある．

- $M-m=2$ のとき．
  $(g(1,1),\cdots,g(1,2021))$ としてありうるのは $3^{2021}-2\cdot(2^{2021}-2)-3$ 通りある．よって，このとき $(3^{2021}-2\cdot(2^{2021}-2)-3)\cdot 1^{2020}=3^{2021}-2\cdot(2^{2021}-2)-3$ 通りある．

ゆえに，

$$
\begin{aligned}
A&=3^{2021}+(2^{4042}-2^{2022})+(3^{2021}-2\cdot(2^{2021}-2)-3)\\
&=2\cdot 3^{2021}+2^{4042}-2^{2023}+1
\end{aligned}
$$

を得る．

ここで，$3^{2021}\equiv(-1)^{2021}\equiv -1\equiv 3 \pmod 4$ であるから，

$$
A\equiv 2\cdot 3+0-0+1\equiv 3 \pmod 4
$$

である．次に，25以下の正の整数であって25と互いに素なものは20個であるから，オイラーの定理より $2^{20}\equiv 3^{20}\equiv 1 \pmod{25}$ が成り立つ．よって，

$$
A\equiv 2\cdot 3\cdot(3^{20})^{101}+2^2\cdot(2^{20})^{202}-2^3\cdot(2^{20})^{101}+1\equiv 6+4-8+1\equiv 3 \pmod{25}
$$

となる．ゆえに，A を100で割った余りは**3**である．

【10】 [解答：$\frac{\sqrt{33}}{11}$]

$\angle BPC + \angle CPE = \angle PEC + \angle CPE = 180^\circ - \angle ECP$ より，直線 EP は辺 AB と交わり，その交点を Q とすると $\angle QPB = \angle ECP$ が成り立つ．同様に直線 DP は辺 AC と交わり，その交点を R とすると $\angle RPC = \angle DBP$ が成り立つ．よって $\angle QPB = \angle RCP$, $\angle QBP = \angle RPC$ が成り立つので，三角形 QBP と三角形 RPC は相似である．

また，$\angle QDR = \angle BDP = \angle PEC = \angle QER$ より 4 点 D, Q, R, E は同一円周上にあるので，四角形 DBCE が円に内接することとあわせて，$\angle ABC = \angle DBC = 180^\circ - \angle CED = 180^\circ - \angle RED = \angle DQR = \angle AQR$ となり，BC と QR は平行である．これより $BQ : CR = AB : AC = 9 : 11$ を得る．さらに，4 点 D, Q, R, E が同一円周上にあることから三角形 QDP と三角形 REP は相似なので，$QP : RP = DP : EP = 1 : 3$ を得る．

以上より，$\frac{BP^2}{CP^2} = \frac{BQ \cdot QP}{PR \cdot RC} = \frac{BQ}{CR} \cdot \frac{QP}{RP} = \frac{9}{11} \cdot \frac{1}{3} = \frac{3}{11}$ を得るので，答は $\frac{BP}{CP} = \sqrt{\frac{3}{11}} = \boldsymbol{\frac{\sqrt{33}}{11}}$ である．

【11】 [解答：20412 個]

3 つの実数 a, b, c に対し，これらの最大値と最小値の差は

$$\frac{|a-b| + |b-c| + |c-a|}{2}$$

である．よって，$|(xy+zw) - (xz+yw)| = |x-w||y-z|$ に注意すると

$$M - m = \frac{1}{2} \sum_{x,y,z,w=1}^{1000} \bigl(|x-w||y-z| + |x-y||z-w| + |x-z||y-w|\bigr)$$

となる．ここで

$$\sum_{x,y,z,w=1}^{1000} |x-w||y-z| = \left(\sum_{x,y=1}^{1000} |x-y|\right)^2 = \left(2\sum_{d=1}^{999} d(1000-d)\right)^2$$
$$= \frac{(999 \cdot 1000 \cdot 1001)^2}{9}$$

であるから，

$$M - m = \frac{3}{2} \cdot \frac{(999 \cdot 1000 \cdot 1001)^2}{9} = 2^5 \cdot 3^5 \cdot 5^6 \cdot 7^2 \cdot 11^2 \cdot 13^2 \cdot 37^2$$

となる．よって，$M - m$ の正の約数の個数は $6 \cdot 6 \cdot 7 \cdot 3 \cdot 3 \cdot 3 \cdot 3 = \mathbf{20412}$ 個である．

【12】　[解答：19]

下図のように各マスに数を書き込むと，コインが置かれているマスに書き込まれている数の合計は操作によって増加しない．

128	64	128	64	128	64	128
32	64	32	64	32	64	32
32	16	32	16	32	16	32
8	16	8	16	8	16	8
8	4	8	4	8	4	8
2	4	2	4	2	4	2
2	1	2	1	2	1	2

初めにコインが置かれていたマスに書き込まれている数は 64 であり，1 の書き込まれているマスは 3 個，2 の書き込まれているマスは 8 個，4 の書き込まれているマスは 6 個ある．他のマスに書き込まれている数は 8 以上であるので，$64 < 1 \cdot 3 + 2 \cdot 8 + 4 \cdot 6 + 8 \cdot 3$ よりマス目に置かれているコインの枚数はつねに $3 + 8 + 6 + 3 - 1 = 19$ 以下である．

一方，以下のように操作をすることで実際にマス目に 19 枚置くことができる．上から i 行目，左から j 列目のマスに操作 (x) を行うことを「(i, j) に x」と表記する．

$(1,4)$ に d, $(2,5)$ に b, $(5,2)$ に a, $(6,2)$ に d, $(4,3)$ に d, $(5,2)$ に a, $(5,4)$ に d, $(6,3)$ に d, $(6,5)$ に d, $(3,4)$ に d, $(4,3)$ に d, $(4,5)$ に a, $(5,5)$ に d, $(6,6)$ に d, $(5,4)$ に d, $(2,3)$ に c, $(5,6)$ に a, $(4,5)$ に d, $(3,4)$ に d の順で行う．

以上より，答は **19** である．

別解　マス目に置かれているコインの枚数が 19 枚以下であることの証明は上と同じである．以下の順で操作をしても，実際にマス目に 19 枚置くことができる．

$(1,4)$ に d, $(2,3)$ に d, $(3,2)$ に d, $(4,3)$ に d, $(5,2)$ に a, $(6,2)$ に d,
$(5,4)$ に d, $(6,3)$ に d, $(6,5)$ に d, $(3,4)$ に d, $(4,3)$ に a, $(5,3)$ に d,
$(4,5)$ に d, $(5,4)$ に d, $(5,6)$ に a, $(6,6)$ に d, $(2,5)$ に d, $(3,6)$ に d,
$(4,5)$ に d, $(5,6)$ に a, $(3,4)$ に d, $(4,3)$ に b, $(4,5)$ に c の順で行う．

以上より，答は **19** である．

1.5　第32回 日本数学オリンピック 予選 (2022)

● 2022 年 1 月 10 日 [試験時間 3 時間, 12 問]

1.　2022 より大きい 4桁(けた)の 3 の倍数であって, 千の位, 百の位, 十の位, 一の位に現れる数字がちょうど 2 種類であるようなもののうち, 最小のものを求めよ.

2.　辺 AD と辺 BC が平行であり, 角 B と角 C が鋭角であるような台形 ABCD に半径 3 の円が内接している. $\mathrm{AB} = 7$, $\mathrm{CD} = 8$ のとき台形 ABCD の面積を求めよ.

ただし, XY で線分 XY の長さを表すものとする.

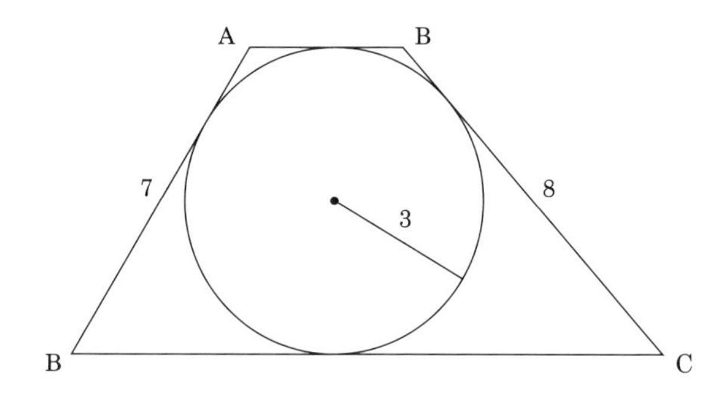

3.　正六角形の各頂点にマス A, B, C, D, E, F があり, 各マスからは隣りあう頂点にあるマスか, 向かいあう頂点にあるマスのいずれかに移動できる. マス A から始めて, マス A を途中で訪れることなくそれ以外のすべてのマスをちょうど 1 回ずつ訪れて, マス A に戻ってくるように移動する方法は何通りあるか.

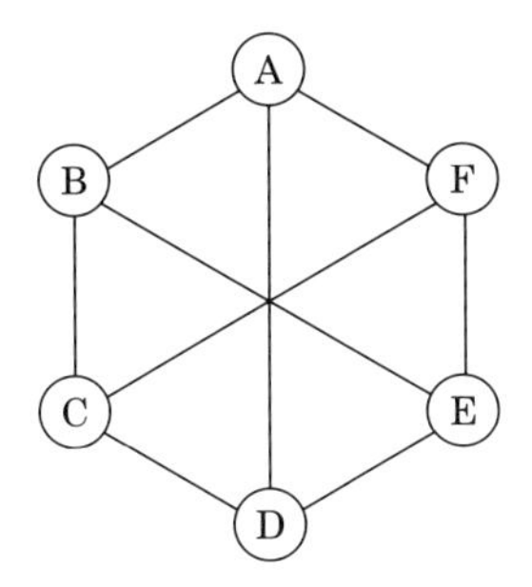

4. 凸四角形 ABCD とその内部の点 P があり, 直線 AP と直線 AD, 直線 BP と直線 CD はそれぞれ直交する. AB = 7, AP = 3, BP = 6, AD = 5, CD = 10 のとき, 三角形 ABC の面積を求めよ. ただし, XY で線分 XY の長さを表すものとする.

5. 1 以上 2022 以下の整数の組 (m, n) であって, 次の条件をみたすものはいくつあるか.

> 任意の正の整数 N について, ある非負整数 k とある N より大きい整数 d であって, $\dfrac{m-k^2}{d}$ と $\dfrac{n+2k}{d}$ がともに整数となるものが存在する.

6. 一辺の長さが 1 である正三角形のタイルが 36 枚あり, それらを組み合わせて図のような盤面を作る. このとき, ● で示されている 30 個の点を**良い点**とよぶ.

この盤面において, それぞれのタイルを赤または青のいずれか 1 色に塗る方法であって, 以下の条件をみたすものは何通りあるか.

> どの良い点についても, それを頂点にもつタイルのうち, 赤で塗られているものと青で塗られているものの枚数が等しい.

ただし, 盤面を回転したり裏返したりして一致する塗り方は区別して数える.

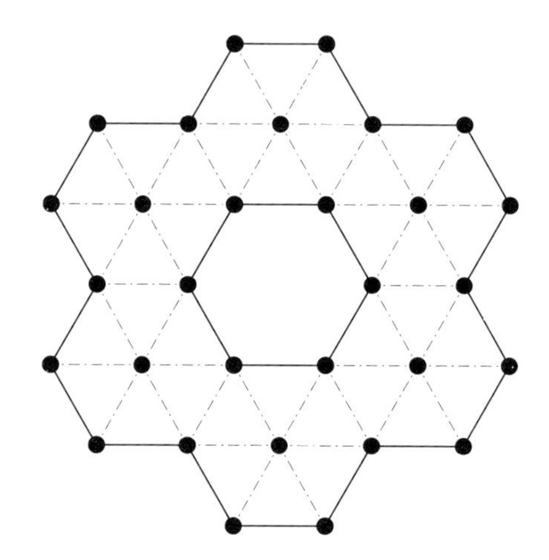

7.　$\angle\mathrm{BAC} = 90^\circ$, $\mathrm{AB} = \mathrm{AC} = 7$ である直角二等辺三角形 ABC がある. 辺 BC, CA, AB 上にそれぞれ点 D, E, F があり, $\angle\mathrm{EDF} = 90^\circ$, $\mathrm{DE} = 5$, $\mathrm{DF} = 3$ をみたしているとき, 線分 BD の長さを求めよ. ただし, XY で線分 XY の長さを表すものとする.

8.　$a_1 < a_2 < \cdots < a_{2022}$ をみたす正の整数の組 $(a_1, a_2, \cdots, a_{2022})$ であって,

$$a_1^2 - 6^2 \geqq a_2^2 - 7^2 \geqq \cdots \geqq a_{2022}^2 - 2027^2$$

が成り立つものはいくつあるか.

9.　$1, 2, \cdots, 1000$ の並べ替(か)え $(p_1, p_2, \cdots, p_{1000})$ であって, 任意の 1 以上 999 以下の整数 i に対して, p_i が i の倍数であるようなものはいくつあるか.

10.　1 以上 50 以下の整数から相異(あい)なる 25 個の整数を選ぶ方法であって, 選ばれたどの相異なる 2 つの整数についても, 一方が他方の約数となることがないようなものは何通りあるか.

11.　正の整数 n に対して, $f(n)$ を

$$f(n) = \begin{cases} n^{100} & (n \text{ の各桁の和が偶数のとき}), \\ -n^{100} & (n \text{ の各桁の和が奇数のとき}) \end{cases}$$

と定める．$S = f(1) + f(2) + \cdots + f(10^{100} - 1)$ とするとき，S が 5^m で割りきれるような最大の非負整数 m を求めよ．ただし，S は 0 ではない．

12. AB $=$ 11, AC $=$ 10 をみたす鋭角三角形 ABC があり，その垂心を H，辺 BC の中点を M とする．三角形 ABC の内部の点 P が三角形 BHC の外接円上にあり，$\angle$ABP $= \angle$CPM, PM $=$ 3 をみたしている．このとき，線分 BC の長さを求めよ．

ただし，XY で線分 XY の長さを表すものとする．

解答

【1】　[解答：2112]

千の位, 百の位, 十の位, 一の位に現れる数字がちょうど 2 種類であるような 4 桁の整数を**良い数**とよぶこととする.

まず, 2000 以上 2099 以下の整数は千の位が 2, 百の位が 0 であるから, この範囲の良い数は 2000, 2002, 2020, 2022 のみである. これらはすべて 2022 以下であるから, 条件をみたすものはこの中にはない.

次に, 2100 以上 2199 以下の整数は千の位が 2, 百の位が 1 であるから, この範囲の良い数は 2111, 2112, 2121, 2122 のみである. ここで, 2111 は 3 の倍数ではなく, 2112 は 3 の倍数であるから, 答は **2112** である.

【2】　[解答：45]

四角形 ABCD の内接円と辺 AB, BC, CD, DA の接点をそれぞれ E, F, G, H とする. A からこの内接円に引いた接線の長さは等しいので, $\mathrm{AE} = \mathrm{AH}$ である. 同様に $\mathrm{BE} = \mathrm{BF}$, $\mathrm{CF} = \mathrm{CG}$, $\mathrm{DG} = \mathrm{DH}$ となる. したがって $\mathrm{AD} + \mathrm{BC} = \mathrm{AH} + \mathrm{DH} + \mathrm{BF} + \mathrm{CF} = \mathrm{AE} + \mathrm{BE} + \mathrm{CG} + \mathrm{DG} = \mathrm{AB} + \mathrm{DC} = 7 + 8 = 15$ である. 四角形 ABCD の内接円の中心を I とすると, $\mathrm{AD} \perp \mathrm{IH}$, $\mathrm{BC} \perp \mathrm{IF}$ である. $\mathrm{AD} \parallel \mathrm{BC}$ なので, 点 H, I, F は同一直線上にある. したがって台形 ABCD の高さは FH に等しいから, 台形 ABCD の面積は $\frac{1}{2} \cdot (\mathrm{AD} + \mathrm{BC}) \cdot \mathrm{FH} = \frac{1}{2} \cdot 15 \cdot 6 = \mathbf{45}$ である.

【3】　[解答：12 通り]

マス A, C, E からなるグループをグループ X, マス B, D, F からなるグループをグループ Y とする. このとき, それぞれのマスからはそのマスの属するグループとは異なるグループのマスのみに移動できる. A はグループ X に属するから, 1, 3, 5 番目に訪れるマスはグループ Y に属するマス, 2, 4 番目に訪れるマスはグループ X に属するマスである必要がある. また, 訪れるマスはどの 2 つも互いに異なり, A とも異なるから, 1, 3, 5 番目に訪れるマスはマス B, D, F の並べ替えであり, 2, 4 番目に訪れるマスはマス C, E の並べ替えである必要がある. 一方, 異なるグループに属するどの 2 つのマスについても, 一方から他方へ移動できるから, a_1, a_3, a_5 をマス B, D, F の並べ替え, a_2, a_4 をマス C, E の並べ替えとすると, 1 以上 5 以下の整数 i について i 番目に訪れたマスが a_i であるような移動方法が必ず存在する. よって, マス B, D, F の並べ替えが $3! = 6$ 通り, マス C, E の並べ替えが $2! = 2$ 通りであるから, 条件をみたす移動方法の数は, $6 \cdot 2 = \mathbf{12}$ 通りである.

【4】 [解答 : $\dfrac{245}{6}$]

A, B, C, D はこの順に反時計回りにあるとしてよい. 直線 AP と直線 AD, 直線 BP と直線 CD がそれぞれ直交することから, 三角形 APB を反時計回りに 90° だけ回転させると AP は AD と平行に, BP は CD と平行になる. P, A, B と D, A, C はそれぞれこの順に反時計回りにあるから, $\angle \mathrm{APB} = \angle \mathrm{ADC}$ であることがわかる. また, $\mathrm{AP} : \mathrm{BP} = 1 : 2 = \mathrm{AD} : \mathrm{CD}$ なので, 三角形 APB と三角形 ADC は相似である. よって $\mathrm{AC} = \dfrac{\mathrm{AB} \cdot \mathrm{AD}}{\mathrm{AP}} = \dfrac{35}{3}$ となる. またこの相似より, $\angle \mathrm{BAC} = \angle \mathrm{BAP} + \angle \mathrm{PAC} = \angle \mathrm{CAD} + \angle \mathrm{PAC} = \angle \mathrm{PAD} = 90^\circ$ も従う. よって, 三角形 ABC の面積は $\dfrac{1}{2} \cdot \mathrm{AB} \cdot \mathrm{AC} = \mathbf{\dfrac{245}{6}}$ である.

【5】 [解答 : 44 個]

正の整数 d が $m - k^2$, $n + 2k$ をともに割りきるとき, d は $4(m - k^2) - (n - 2k)(n + 2k) = 4m - n^2$ も割りきる. よって $4m \neq n^2$ が成り立つとき, $N = |4m - n^2|$ とおくと任意の非負整数 k について $d \leqq N$ が成り立つから, (m, n) は条件をみたさない.

一方 $4m = n^2$ が成り立つとき, n は偶数であるので正の整数 t を用いて $n = 2t$ とかけ, このとき $m = \dfrac{n^2}{4} = t^2$ となる. $k = N$, $d = t + N$ とおくと, $d > N$ が成り立ち,

$$\frac{m - k^2}{d} = \frac{t^2 - N^2}{t + N} = t - N, \quad \frac{n + 2k}{d} = \frac{2t + 2N}{t + N} = 2$$

はともに整数である. よって, このような組 (m, n) は条件をみたすことがわかる.

以上より, 条件をみたす組 (m, n) はある正の整数 t を用いて $(t^2, 2t)$ と表せ

る 1 以上 2022 以下の整数の組すべてとわかる. $1 \leqq t^2 \leqq 2022$ より t は 1 以上 44 以下の整数であり, このとき t^2, $2t$ はともに 1 以上 2022 以下の整数となる. よって答は **44** 個である.

【6】　[解答 : 68 通り]

下図のように, 各タイルの名前を定める.

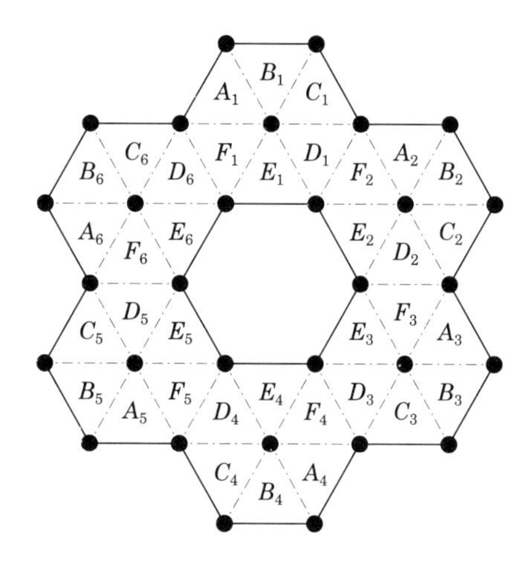

任意の 1 以上 6 以下の整数 i に対し, A_i と B_i, B_i と C_i の色はそれぞれ異なることに注意する.

任意の 1 以上 6 以下の整数 i に対し, D_i と E_i, E_i と F_i の色がそれぞれ異なるとする. いま, 1 以上 6 以下の整数 i それぞれに対し, $A_i, B_i, \cdots, F_i$ に囲まれた良い点に注目することで, C_i と D_i, F_i と A_i の色はそれぞれ異なるといえる. 逆に, これらをみたす塗り方はすべて条件をみたすことがわかる. このとき, 1 以上 6 以下の整数 i それぞれに対し, $A_i, B_i, \cdots, F_i$ からなる六角形の塗り方としてありうるものはそれぞれ 2 通りずつあり, それぞれを独立に定められるから, 条件をみたす塗り方は $2^6 = 64$ 通り存在する.

以下, ある j について D_j と E_j または E_j と F_j の色が同じ場合を考える. まず D_1 と E_1 が同じ色である場合について考える. 対称性より B_1 が赤色であるとしてよい. 上と同様にして, D_1 と E_1 も赤色である. このとき, E_2 と F_2 はともに青色であるから, A_2 が赤色, B_2 が青色, C_2 と D_2 が赤色と定まる. さらに,

A_3 と F_3 はともに青色となるから, B_3 が赤色, C_3 が青色, D_3 と E_3 が赤色と定まる. 同様にして, 全体の色が下図のように矛盾なく一意に定まる. ただし, 斜線部が赤色のタイルに対応するものとする.

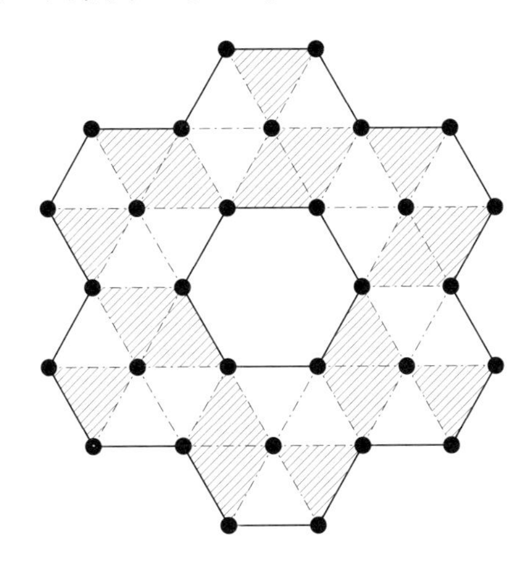

E_1 と F_1 が同じ色である場合も同様に, B_1 の色に応じて全体の色が矛盾なく一意に定まるから, 条件をみたす塗り方は $2 \cdot 2 = 4$ 通り存在する. 1 でない j について D_j と E_j または E_j と F_j が同じ色である場合も, 同様に議論することで D_1 と E_1 または E_1 と F_1 が同じ色である場合に帰着することができるので, この 4 通りのいずれかに一致することがわかる.

以上より答は $64 + 4 = \mathbf{68}$ 通りである.

【7】　[解答 : $\dfrac{21\sqrt{2}}{8}$]

直線 AB 上に PD ⊥ BC なる点 P をとると, $\angle\mathrm{CDP} = \angle\mathrm{EDF} = 90^\circ$ より $\angle\mathrm{CDE} = \angle\mathrm{PDF}$ が成り立ち, また $\angle\mathrm{DCE} = \angle\mathrm{DPF} = 45^\circ$ が成り立つから, 三角形 PDF と三角形 CDE は相似比が $3:5$ の相似となる. また, $\angle\mathrm{PBD} = \angle\mathrm{BPD} = 45^\circ$ となるから $\mathrm{BD} = \mathrm{DP}$ が成り立つ. したがって $\mathrm{BD} : \mathrm{DP} : \mathrm{DC} = 3:3:5$ となるから, $\mathrm{BD} = 7\sqrt{2} \cdot \dfrac{3}{8} = \mathbf{\dfrac{21\sqrt{2}}{8}}$ である.

【8】　[解答 : 10 個]

$1 \leqq a_1 < a_2 < \cdots < a_{2022}$ より, 任意の 1 以上 2022 以下の整数 i について

$a_i \geqq i$ である．また $a_1^2 - 6^2 \geqq a_2^2 - 7^2 \geqq \cdots \geqq a_{2022}^2 - 2027^2$ は，任意の 1 以上 2021 以下の整数 i について $a_{i+1}^2 - a_i^2 \leqq (i+6)^2 - (i+5)^2 = 2i + 11$ が成り立つことと同値である．

$a_{i+1} \geqq a_i + 3$ をみたす 1 以上 2021 以下の整数 i が存在すると仮定すると，$a_{i+1}^2 - a_i^2 \geqq (a_i+3)^2 - a_i^2 = 6a_i + 9 \geqq 6i + 9 > 2i + 11$ であるから，$a_{i+1}^2 - a_i^2 \leqq 2i + 11$ に矛盾する．よって，$a_i < a_{i+1}$ とあわせて，任意の 1 以上 2021 以下の整数 i について $a_{i+1} = a_i + 1$ または $a_{i+1} = a_i + 2$ である．

$a_{i+1} = a_i + 1$ のとき，$a_{i+1}^2 - a_i^2 \leqq 2i + 11$ は $a_{i+1}^2 - a_i^2 = 2a_i + 1$ より $a_i \leqq i + 5$ と同値である．よって，条件をみたす組であって任意の 1 以上 2021 以下の整数 i について $a_{i+1} = a_i + 1$ が成り立つものは，ある 0 以上 5 以下の整数 c によって $a_i = i + c$ と表せる 6 個である．

以下，$a_{i+1} = a_i + 2$ をみたす 1 以上 2021 以下の整数 i が存在する場合を考え，そのうち最大のものを j とする．このとき $4j + 4 \leqq 4a_j + 4 = a_{j+1}^2 - a_j^2 \leqq 2j + 11$ より $j = 1, 2, 3$ が必要である．

- $j = 1$ のとき，$4a_1 + 4 = a_2^2 - a_1^2 \leqq 2 \cdot 1 + 11$ より $a_1 = 1, 2$ が必要であり，条件をみたす組は $(1, 3, 4, 5, \cdots, 2022, 2023)$，$(2, 4, 5, 6, \cdots, 2023, 2024)$ のみである．

- $j = 2$ のとき，$4a_2 + 4 = a_3^2 - a_2^2 \leqq 2 \cdot 2 + 11$ より $a_2 \geqq 2$ とあわせて $a_2 = 2$ が必要であり，条件をみたす組は $(1, 2, 4, 5, 6, \cdots, 2022, 2023)$ のみである．

- $j = 3$ のとき，$4a_3 + 4 = a_4^2 - a_3^2 \leqq 2 \cdot 3 + 11$ より $a_3 \geqq 3$ とあわせて $a_3 = 3$ が必要であり，条件をみたす組は $(1, 2, 3, 5, 6, 7, \cdots, 2022, 2023)$ のみである．

以上より，条件をみたす組は $6 + 4 = \mathbf{10}$ 個である．

【9】　[解答：504 個]

$S = \{1, 2, \cdots, 1000\}$ とする．S 上で定義され，S に値をとる全単射な関数 f であって，任意の 1 以上 999 以下の整数 i について $f(i)$ が i の倍数であるようなものの個数を求めればよい．以下 $f^k(i) = \underbrace{f(f(\cdots f}_{k\text{ 個}}(i)\cdots))$ とする．

数列 $1000, f(1000), f^2(1000), \cdots$ を考える．S が有限集合であるから，$i < j$ かつ $f^i(1000) = f^j(1000)$ をみたすような正の整数の組 (i, j) が存在する．単射性より $f^{j-i}(1000) = 1000$ であるから $f^m(1000) = 1000$ をみたす正の整数 m が存在する．そのような正の整数 m として最小のものを l とする．このとき，$f(1000), f^2(1000), \cdots, f^l(1000) = 1000$ が相異なることを示す．$f^s(1000) = f^t(1000)$ かつ $1 \leqq s < t \leqq l$ をみたす整数の組 (s, t) が存在すると仮定する．このとき，$f^s(1000) = f^t(1000) = f^s(f^{t-s}(1000))$ であるから，f の単射性より $f^{t-s}(1000) = 1000$ となるが，$0 < t - s < l$ より，これは l の最小性に矛盾する．したがって，$f(1000), f^2(1000), \cdots, f^l(1000) = 1000$ が相異なることが示された．特に，$f(1000), f^2(1000), \cdots, f^{l-1}(1000)$ は 1000 ではないため，任意の $l-1$ 以下の正の整数 i に対して $f^{i+1}(1000)$ は $f^i(1000)$ の倍数である．

いま，$1000, f(1000), \cdots, f^{l-1}(1000)$ に含まれない 1000 以下の正の整数を小さい順に $a_1, a_2, \cdots, a_k$ とすると，$f(1000), f^2(1000), \cdots, f^l(1000)$ は $1000, f(1000), \cdots, f^{l-1}(1000)$ の並べ替えであるから，f の全単射性より $f(a_1), f(a_2), \cdots, f(a_k)$ は $a_1, a_2, \cdots, a_k$ の並べ替えである．したがって，

$$f(a_1) + f(a_2) + \cdots + f(a_k) = a_1 + a_2 + \cdots + a_k \qquad (*)$$

である．また任意の k 以下の正の整数 i に対して $a_i \neq 1000$ であるから，$f(a_i)$ は a_i の倍数である．特に $f(a_i) \geqq a_i$ であるから $(*)$ とあわせると，任意の k 以下の正の整数 i に対して，$f(a_i) = a_i$ とわかる．以上より，ある正の整数の列 $d_1 < d_2 < \cdots < d_l = 1000$ であって，任意の 1 以上 $l-1$ 以下の整数 i について d_{i+1} が d_i の倍数であり，さらに

$$f(n) = \begin{cases} d_{i+1} & (n = d_i, 1 \leqq i \leqq l-1), \\ d_1 & (n = d_l), \\ n & (\text{それ以外}) \end{cases}$$

をみたすものが存在する．

逆にこのような整数列 $d_1 < d_2 < \cdots < d_l$ が存在するとき，f は問題の条件をみたす．よって，正の整数の列 $d_1 < d_2 < \cdots < d_l = 1000$ であって，任意の 1

以上 $l-1$ 以下の整数 i について d_{i+1} が d_i の倍数であるものの個数を求めればよい.

正の整数 n に対して, 正の整数の列 $d_1 < d_2 < \cdots < d_l = n$ であって, 任意の 1 以上 $l-1$ 以下の整数 i について d_{i+1} が d_i の倍数であるものの個数を c_n とする. 以下この値を求める. まず, $c_1 = 1$ である. 2 以上の整数 n に対して, $l = 1$ のときは条件をみたす数列は 1 個であり, $l \geqq 2$ のときは d_{l-1} は n 未満の n の正の約数であり, 任意の n 未満の n の正の約数 m について, $d_{l-1} = m$ となる条件をみたす整数列は c_m 個であるから

$$c_n = 1 + \sum_{m\text{ は }n\text{ 未満の }n\text{ の正の約数}} c_m$$

とわかる. これを用いると,

$$\begin{array}{llll} c_1 = 1, & c_2 = 2, & c_4 = 4, & c_8 = 8, \\ c_5 = 2, & c_{10} = 6, & c_{20} = 16, & c_{40} = 40, \\ c_{25} = 4, & c_{50} = 16, & c_{100} = 52, & c_{200} = 152, \\ c_{125} = 8, & c_{250} = 40, & c_{500} = 152, & c_{1000} = 504 \end{array}$$

とわかる. 以上より, 求める個数は $c_{1000} = \mathbf{504}$ 個である.

参考　i, j が正の整数であるとき, $c_{2^i5^j} = 2c_{2^{i-1}5^j} + 2c_{2^i5^{j-1}} - 2c_{2^{i-1}5^{i-1}}$ である.

【10】　[解答：1632 通り]

1 以上 49 以下の各奇数 n に対して, n と非負整数 k を用いて $n \cdot 2^k$ と表すことのできる 1 以上 50 以下の整数の集合を $\boldsymbol{n}$ **のグループ**とよぶことにする. このとき, 1 以上 50 以下の各整数はちょうど 1 つのグループに属している.

同じグループに属する 2 つの整数について, 一方が他方を必ず割りきる. これより, 条件をみたすように 25 個の整数を選ぶとき, 同じグループからは高々 1 つの整数しか選ぶことはできない. グループの個数はちょうど 25 個であるので, 各グループから 1 つずつ整数を選ぶ必要がある.

まず, $27, 29, \cdots, 49$ の各グループからの選び方は 1 通りしかない. これより,

27 は必ず選ばれるので, 9 のグループから選ばれる整数は 18 の倍数である. 18 は 3 と 6 の倍数なので, 3 のグループから選ばれる整数は 12 の倍数である. 12 は 1 と 2 と 4 の倍数なので, 1 のグループからは 8 の倍数を選ぶ必要がある. 39 と 45 も必ず選ばれるため, 13, 15 の各グループからはそれぞれ 26 と 30 を選ぶしかない. 以下, 他のグループからの整数の選び方を考える.

33 は必ず選ばれるので, 11 が選ばれることはない. 22 と 44 は他のグループの数の約数になることはなく, また 1, 2, 4 のいずれも選ばれないので倍数になることもない. よって 11 のグループからの選び方は他のグループからの選び方とは独立に 2 通りある.

25 と 50 は他のグループの数の約数になることはない. また 30 が必ず選ばれるので 1, 2, 5, 10 のいずれも選ばれることはなく, 25 と 50 は他のグループの数の倍数になることもない. よって 25 のグループからの選び方は他のグループからの選び方とは独立に 2 通りある.

17 と 34 は他のグループの数の約数になることはなく, また 1 と 2 のどちらも選ばれないので倍数になることもない. よって 17 のグループからの選び方は, 他のグループからの選び方とは独立に 2 通りある. 19, 23 のグループについても同様である.

7 と 21 のグループからそれぞれ選ぶ方法としてありうるものは 14 と 21, 28 と 21, 28 と 42 の 3 通りある. 14, 28, 21, 42 は他のグループの数の約数になることはない. また 1, 2, 3, 4, 6 のいずれも選ばれないので倍数になることもない. よって 7 と 21 のグループからの選び方は他のグループからの選び方とは独立に 3 通りある. 後は 1, 3, 5, 9 のグループからの選び方の個数を求めればよい.

1 のグループからの選び方で場合分けをする. 8 の倍数を選ぶ必要があることに注意する.

- 8 を選ぶとき, 3, 5, 9 の各グループからの選び方はそれぞれ 12, 20, 18 を選ぶ 1 通りある.
- 16 を選ぶとき, 5 のグループからの選び方は 20 と 40 の 2 通り, 3 と 9 のグループからそれぞれ選ぶ方法は 12 と 18, 24 と 18, 24 と 36 の 3 通りある.

- 32 を選ぶとき, 5 のグループからの選び方は 20 と 40 の 2 通り, 3 と 9 のグループからそれぞれ選ぶ方法は 12 と 18, 24 と 18, 24 と 36, 48 と 18, 48 と 36 の 5 通りある.

よって, 1, 3, 5, 9 のグループからの選び方は $1+2\cdot 3+2\cdot 5=17$ 通りである.

以上より, 答は $2^5\cdot 3\cdot 17=\mathbf{1632}$ 通りである.

【11】　[解答：5074]

$d=100$, $f(0)=0$ とすると, $S=f(0)+f(1)+\cdots+f(10^d-1)$ である. 0 以上 10^d 未満の整数 n は, 0 以上 9 以下の整数の組 $(a_0,a_1,\cdots,a_{d-1})$ を用いて,

$$n=a_0+a_1\cdot 10+\cdots+a_{d-1}\cdot 10^{d-1}$$

と一意に表される. このとき, $n>0$ ならば

$$f(n)=(-1)^{a_0+a_1+\cdots+a_{d-1}}\left(a_0+a_1\cdot 10+\cdots+a_{d-1}\cdot 10^{d-1}\right)^d \qquad (*)$$

であり, $n=0$ のときもこれは成立する. よって, S は 0 以上 9 以下の整数の組 $(a_0,a_1,\cdots,a_{d-1})$ すべてについて $(*)$ を足し合わせたものに等しい.

ここで, $\left(a_0+a_1\cdot 10+\cdots+a_{d-1}\cdot 10^{d-1}\right)^d$ は多項定理より, 和が d であるような非負整数の組 $(b_0,b_1,\cdots,b_{d-1})$ すべてについて

$$\frac{d!}{b_0!b_1!\cdots b_{d-1}!}\prod_{b_i\neq 0}(a_i\cdot 10^i)^{b_i}=\frac{d!}{b_0!b_1!\cdots b_{d-1}!}\left(\prod_{b_i\neq 0}10^{ib_i}\right)\left(\prod_{b_i\neq 0}a_i^{b_i}\right)$$

を足し合わせたものである. ただし, $b_i\neq 0$ をみたす 0 以上 $d-1$ 以下のすべての整数 i について, x_i をかけ合わせたものを $\prod_{b_i\neq 0}x_i$ と表す. $\dfrac{d!}{b_0!b_1!\cdots b_{d-1}!}\prod_{b_i\neq 0}10^{ib_i}$ の値は $(a_0,a_1,\cdots,a_{d-1})$ によらないから, それぞれの $(b_0,b_1,\cdots,b_{d-1})$ の組に対して, 0 以上 9 以下の整数の組 $(a_0,a_1,\cdots,a_{d-1})$ すべてについて

$$(-1)^{a_0+a_1+\cdots+a_{d-1}}\prod_{b_i\neq 0}a_i^{b_i}$$

を足し合わせたものを求めればよい.

ある 0 以上 $d-1$ 以下の整数 k が存在して, $b_k=0$ が成立するときを考える.

このとき, a_k を除いた $d-1$ 個の整数の組 $(a_0, a_1, \cdots, a_{k-1}, a_{k+1}, \cdots, a_{d-1})$ それぞれに対して, $\prod_{b_i \neq 0} a_i^{b_i}$ の値は a_k によらないから,

$$\begin{aligned}
&\sum_{a_k=0}^{9}\left((-1)^{a_0+a_1+\cdots+a_k+\cdots+a_{d-1}}\prod_{b_i\neq 0} a_i^{b_i}\right)\\
&=\left(\sum_{a_k=0}^{9}(-1)^{a_0+a_1+\cdots+a_k+\cdots+a_{d-1}}\right)\prod_{b_i\neq 0} a_i^{b_i}\\
&=(1\cdot 5+(-1)\cdot 5)\prod_{b_i\neq 0} a_i^{b_i}\\
&=0
\end{aligned}$$

となる.

$b_k = 0$ をみたす k が存在しないとき, つまり $b_0 = b_1 = \cdots = b_{d-1} = 1$ のとき,

$$(-1)^{a_0+a_1+\cdots+a_{d-1}}\prod_{b_i\neq 0} a_i^{b_i} = (-1)^{a_0+a_1+\cdots+a_{d-1}}\prod_{i=0}^{d-1} a_i = \prod_{i=0}^{d-1}\left((-1)^{a_i}\cdot a_i\right)$$

である. ただし, $x_0, \cdots, x_{d-1}$ の積を $\prod_{i=0}^{d-1} x_i$ で表す. 0 以上 9 以下の整数の組 $(a_0, \cdots, a_{d-1})$ すべてについてこれを足し合わせたものは $\prod_{i=0}^{d-1}\left(\sum_{a_i=0}^{9}((-1)^{a_i}\cdot a_i)\right) = (-5)^d$ となる.

$b_0 = b_1 = \cdots = b_{d-1} = 1$ のとき,

$$\frac{d!}{b_0!b_1!\cdots b_{d-1}!}\prod_{b_i\neq 0} 10^{ib_i} = d!\prod_{i=0}^{d-1} 10^i = d!\cdot 10^{\frac{d(d-1)}{2}}$$

であるから,

$$S = d!\cdot 10^{\frac{d(d-1)}{2}}\cdot(-5)^d = 100!\cdot 2^{4950}\cdot 5^{5050}$$

である. 100 以下の正の整数に 5^3 の倍数は存在しないので, 求める値は $\left[\frac{100}{5^1}\right]+$

$\left[\dfrac{100}{5^2}\right] + 5050 = \mathbf{5074}$ である.

【12】　[解答：$2\sqrt{21}$]

三角形 ABC, BHC の外接円の半径をそれぞれ R, R' とすると, 正弦定理より $\dfrac{\mathrm{BC}}{\sin\angle\mathrm{BAC}} = 2R$, $\dfrac{\mathrm{BC}}{\sin\angle\mathrm{BHC}} = 2R'$ が成り立つ. また, $\angle\mathrm{BHC} = \angle\mathrm{BAC} + \angle\mathrm{ABH} + \angle\mathrm{ACH} = \angle\mathrm{BAC} + 2(90^\circ - \angle\mathrm{BAC}) = 180^\circ - \angle\mathrm{BAC}$ であるから, $\sin\angle\mathrm{BAC} = \sin\angle\mathrm{BHC}$ が従う. ゆえに $R = R'$ である.

三角形 BHC の外接円と直線 PM の交点のうち, P でない方を Q とする. 円周角の定理より, $\angle\mathrm{PBQ} = \angle\mathrm{PBC} + \angle\mathrm{CBQ} = \angle\mathrm{PBC} + \angle\mathrm{CPQ} = \angle\mathrm{PBC} + \angle\mathrm{ABP} = \angle\mathrm{ABC}$ である. 正弦定理より $\dfrac{\mathrm{AC}}{\sin\angle\mathrm{ABC}} = 2R = 2R' = \dfrac{\mathrm{PQ}}{\sin\angle\mathrm{PBQ}}$ であるので, 以上より $\mathrm{PQ} = \mathrm{AC} = 10$ を得る. よって $\mathrm{QM} = \mathrm{PQ} - \mathrm{PM} = 7$ であるから, 三角形 BHC の外接円において方べきの定理より $\mathrm{BM} \cdot \mathrm{CM} = \mathrm{PM} \cdot \mathrm{QM} = 21$ が従う. $\mathrm{BM} = \mathrm{CM}$ より $\mathrm{BM} = \sqrt{21}$, すなわち $\mathrm{BC} = 2\mathrm{BM} = \mathbf{2\sqrt{21}}$ を得る.

第2部

日本数学オリンピック 本選

2.1　第28回 日本数学オリンピック 本選 (2018)

● 2018 年 2 月 11 日 [試験時間 4 時間，5 問]

1.　黒板に 1 以上 100 以下の整数が 1 つずつ書かれている．黒板から整数 a, b を選んで消し，新たに a^2b^2+3 と a^2+b^2+2 の最大公約数を書くという操作を繰り返し行う．黒板に書かれている整数が 1 つだけになったとき，その整数は平方数ではないことを示せ．

2.　AB < AC なる三角形 ABC の辺 AB, AC 上 (端点を含まない) に点 D, E があり，CA = CD, BA = BE をみたしている．三角形 ADE の外接円を ω とし，さらに直線 BC に関して A と対称な点を P とおく．直線 PD と ω の交点のうち D でない方を X，直線 PE と ω の交点のうち E でない方を Y とするとき，直線 BX と直線 CY が ω 上で交わることを示せ．

ただし，ST で線分 ST の長さを表すものとする．

3.　$S=\{1,2,\cdots,999\}$ とおく．f は S 上で定義され S に値をとる関数であり，任意の S の要素 n に対して

$$f^{\,n+f(n)+1}(n)=f^{\,nf(n)}(n)=n$$

が成り立つとする．このとき，$f(a)=a$ をみたす S の要素 a が存在することを示せ．

ただし，$f^k(n)$ で $\underbrace{f(f(\cdots f}_{k\text{ 個}}(n)\cdots))$ を表すものとする．

4.　n を正の奇数とする．縦横に無限に広がるマス目があるとき，以下の

条件をすべてみたすように各マスに 1, 2, 3 のいずれかの数をちょうど 1 つずつ書き込むことはできないことを示せ.

(a) 辺を共有して隣(となり)りあうマスに同じ数字は書かれていない.

(b) 縦または横に連続したどの 3×1 または 1×3 のマス目にも，上，下，左または右から順に 1, 2, 3 と書かれていない.

(c) $n \times n$ のマス目に書かれた数の総和は位置によらずすべて等しい.

5. T を正の整数とする．正の整数 2 つの組に対して定義され正の整数値をとる関数 f と整数 $C_0, C_1, \cdots, C_T$ であって，以下をみたすものをすべて求めよ：

- 任意の正の整数 n に対し，$f(k, l) = n$ なる正の整数の組 (k, l) はちょうど n 個ある.
- $t = 0, 1, \cdots, T$ と任意の正の整数の組 (k, l) について，$f(k+t, l+T-t) - f(k, l) = C_t$ が成り立つ.

解答

【1】　整数 x, y に対し，x^2y^2+3 と x^2+y^2+2 の最大公約数を $f(x,y)$ で表す．

補題　a, b を整数とする．このとき $f(a,b)$ が 3 の倍数であることと，a, b の一方のみが 3 の倍数であることは同値である．また，$f(a,b)$ は 9 の倍数でない．

補題の証明　a, b がともに 3 の倍数のとき，$a^2+b^2+2 \equiv 0+0+2 \equiv 2 \pmod 3$ より，$f(a,b)$ は 3 の倍数でない．a, b がともに 3 の倍数でないとき，$a^2b^2+3 \equiv 1\cdot 1+3 \equiv 1 \pmod 3$ より，$f(a,b)$ は 3 の倍数でない．一方，a, b のうち片方のみが 3 の倍数であるとき，対称性から a のみが 3 の倍数であるとして一般性を失わず，$a^2+b^2+2 \equiv 0+1+2 \equiv 0 \pmod 3$, $a^2b^2+3 \equiv 0\cdot b^2+3 \equiv 3 \pmod 9$ より，$f(a,b)$ は 3 の倍数であって 9 の倍数でない．よって，補題が示された．　(補題の証明終り)

操作を繰り返して最後に残った整数を M とおく．補題の前半の主張より，黒板に書かれている 3 の倍数の個数の偶奇は操作によって不変であり，最初に 3 の倍数は奇数個書かれているので，M は 3 の倍数である．一方，補題の後半の主張より，M は 9 の倍数でない．よって M は 3 でちょうど 1 回割りきれるので，平方数でない．以上より，題意が示された．

【2】　$\alpha = \angle\mathrm{BAC}$, $\beta = \angle\mathrm{CBA}$, $\gamma = \angle\mathrm{ACB}$ とおく．

$\angle\mathrm{BPC} = \alpha$, $\angle\mathrm{BDC} = 180^\circ - \angle\mathrm{ADC} = 180^\circ - \alpha$, $\angle\mathrm{BEC} = 180^\circ - \angle\mathrm{AEB} = 180^\circ - \alpha$ より，5 点 B, C, D, E, P は同一円周上にあることがわかる．

$\mathrm{AB} < \mathrm{AC}$ より $\beta > \gamma$ なので，

$$\angle\mathrm{PDE} = \angle\mathrm{PBE} = \angle\mathrm{PBC} + \angle\mathrm{CBE} = \beta + \alpha - \gamma > \alpha$$

である．よって直線 PD 上の D に関して P と反対側の部分に $\angle\mathrm{DX'E} = \alpha$ となる点 X′ がとれ，このとき $\angle\mathrm{DX'E} = \angle\mathrm{DAE} = \alpha$ より X′ は ω 上にあるので X′

と X は一致する．したがって P, D, X はこの順に並ぶ．同様にして P, Y, E はこの順に並んでいることがわかる．

円周角の定理を繰り返し用いて，

$$\angle \mathrm{AXY} = \angle \mathrm{YEC} = \angle \mathrm{PEC} = \angle \mathrm{PBC} = \beta$$

である．同様に $\angle \mathrm{AYX} = \gamma$ とわかる．よって，三角形 AXY と三角形 ABC は相似であり，$\angle \mathrm{XAB} = \alpha - \angle \mathrm{BAY} = \angle \mathrm{YAC}$ および $\mathrm{XA} : \mathrm{AB} = \mathrm{YA} : \mathrm{AC}$ より，三角形 AXB と三角形 AYC も相似である．したがって，直線 BX, CY の交点を Q とおくと，B, X, Q がこの順に並ぶとき，

$$\angle \mathrm{AYQ} = 180^\circ - \angle \mathrm{AYC} = 180^\circ - \angle \mathrm{AXB} = \angle \mathrm{AXQ}$$

であるので，円周角の定理の逆から，Q は三角形 AXY の外接円，すなわち ω 上にあることがいえる．B, Q, X がこの順に並ぶときは，最後が $180^\circ - \angle \mathrm{AXB} = 180^\circ - \angle \mathrm{AXQ}$ となり，同様に Q は ω 上にある．$\mathrm{Q} = \mathrm{X}$ のときも，明らかに Q は ω 上にあるので，いずれの場合についても，題意が示された．

【3】 簡単のため f^0 で S 上の恒等写像を表す．つまり，任意の $n \in S$ に対して $f^0(n) = n$ である．

与えられた条件から，各 $n \in S$ に対し，$f^l(n) = n$ なる正の整数 l が存在するが，はじめに，このことのみから従う事実を補題としてまとめておく．$f^l(n) = n$ なる正の整数 l のうち最小のものを $l(n)$ で表す．

補題 1 $n \in S$ とする．$i, j \geqq 0$ に対し，$f^i(n) = f^j(n)$ と $i \equiv j \pmod{l(n)}$ は同値である．

補題 1 の証明 $l = l(n)$ とおく．$i \equiv j \pmod{l}$ のとき $f^i(n) = f^j(n)$ であることを示す．一般性を失わず，$i \geqq j$ としてよい．$f^{k+l}(n) = f^k(f^l(n)) = f^k(n)$ $(k \geqq 0)$ より，$t \geqq 0$ に対し $f^{k+tl}(n) = f^k(n)$ であることが帰納的にわかる．$k = j$ とし，$i = j + tl$ なる t をとればよい．

逆に，$f^i(n) = f^j(n)$ のとき $i \equiv j \pmod{l}$ であることを示す．$i = tl + i'$, $j = sl + j'$ $(t, s \geqq 0,\ 0 \leqq i', j' < l)$ とおくことができる．一般性を失わず，$i' \geqq j'$ としてよい．先に示したことから $f^i(n) = f^{i'}(n)$, $f^j(n) = f^{j'}(n)$ であり，

よって，$f^{i'}(n)=f^{j'}(n)$ である．$f^{i'-j'}(n)=f^{i'+(l-j')}(n)=f^{l-j'}(f^{i'}(n))=f^{l-j'}(f^{j'}(n))=f^{l}(n)=n$ であるが，$0\leqq i'-j'<l$ なので l の定義から，$i'-j'=0$ となる．これは $i\equiv j \pmod{l}$ を意味する．　　　　(補題 1 の証明終り)

$C(n)=\{f^k(n)\mid k\geqq 0\}$ $(n\in S)$ とおく．このような形で表される S の部分集合を**サイクル**とよぶ．補題 1 より，$C(n)$ の大きさ (要素の個数) は $l(n)$ である．また，$C(n)$ の大きさが 1 であることと $f(n)=n$ は同値である．

補題 2　各 $n\in S$ はちょうど 1 つのサイクルに属す．

補題 2 の証明 n が属すサイクルとして $C(n)$ がとれるので，$n\in C(m)$ と仮定して $C(m)=C(n)$ を示せばよい．仮定から，$n=f^i(m)$ なる $0\leqq i<l(m)$ があり，$C(m)=\{f^k(n)\mid k\geqq i\}\subset C(n)$ となる．$j=l(m)-i$ とおくと，$f^j(n)=f^j(f^i(m))=f^{l(m)}(m)=m$ であり，同様に $C(n)\subset C(m)$ が得られる．よって，$C(m)=C(n)$ である．　　　　(補題 2 の証明終り)

補題 1 と問題で与えられた条件から，任意の $n\in S$ に対して

$$n+f(n)+1\equiv nf(n)\equiv 0 \pmod{l(n)} \qquad (*)$$

である．$n\in S$ を 1 つ固定し，$l=l(n)$, $a_i=f^i(n)$ $(i\geqq 0)$ とおく．補題 1 より $l(a_i)=l$ である．$l\geqq 2$ と仮定し，l の素因数の 1 つを p とおく．$(*)$ を $n=a_i$ に適用して，$a_i+a_{i+1}+1\equiv a_ia_{i+1}\equiv 0 \pmod{l}$ であり，特に，

$$a_i+a_{i+1}\equiv -1 \pmod{p}, \qquad a_ia_{i+1}\equiv 0 \pmod{p}.$$

後者の式から $a_i\equiv 0 \pmod{p}$ または $a_{i+1}\equiv 0 \pmod{p}$ であり，これと前者の式から，

$$a_i\equiv 0,\ a_{i+1}\equiv -1 \pmod{p} \quad \text{または} \quad a_i\equiv -1,\ a_{i+1}\equiv 0 \pmod{p}$$

が各 i に対して成り立つ．したがって，帰納的に

- $a_0\equiv 0, a_1\equiv -1, a_2\equiv 0, a_3\equiv -1, \cdots \pmod{p}$,
- $a_0\equiv -1, a_1\equiv 0, a_2\equiv -1, a_3\equiv 0, \cdots \pmod{p}$

のどちらかが成り立ち，いずれにせよ，i が奇数のとき $a_i\not\equiv a_0 \pmod{p}$ であ

る．l が奇数の場合，$a_l \not\equiv a_0 \pmod p$ となるが，これは $a_0 = a_l$ に反する．よって，l は偶数でなければならない．

どのサイクルの大きさも 1 または偶数であることが示された．一方で，補題 2 よりすべてのサイクルの大きさの和は S の要素の個数 999，すなわち奇数である．したがって，大きさが 1 のサイクル $C(a)$ が存在し，先に述べたとおり，この a は $f(a) = a$ をみたす．

【4】　問題文の条件 (a)，(b)，(c) のすべてをみたす書き込み方が存在したと仮定して矛盾を導く．あるマスを $(0, 0)$ とし，整数 x, y に対し，そのマスから右に x マス，上に y マス進んだ先のマスを (x, y) で表す．また，(x, y) に書かれた数を $f(x, y)$ で表す．

まず，$f(x, y) = 2$ のとき，$f(x-1, y) = f(x, y-1) = f(x, y+1) = f(x+1, y)$ が成り立つことを示す．(a)，(b) より $f(x-1, y) = f(x+1, y)$, $f(x, y-1) = f(x, y+1)$ なので，$f(x, y+1) \neq f(x+1, y)$ のとき矛盾することを示せば十分である．対称性より一般性を失うことなく $(x, y) = (0, 0)$, $f(0, 1) = 3$, $f(1, 0) = 1$ としてよい．(a) より $f(1, 1) = 2$ と定まる．ここで，以下の補題を示す．

補題　整数 s, t が $f(s, t) = 2$, $f(s, t+1) = 3$, $f(s+1, t) = 1$, $f(s+1, t+1) = 2$ をみたすとき，

(i) $f(s+2, t) = 2$, $f(s+2, t+1) = 3$, $f(s+3, t) = 1$, $f(s+3, t+1) = 2$ が成り立つ．

(ii) $f(s, t+2) = 2$, $f(s, t+3) = 3$, $f(s+1, t+2) = 1$, $f(s+1, t+3) = 2$ が成り立つ．

補題の証明

(i) (a)，(b) より $f(s+2, t+1) = 3$，(a) より $f(s+2, t) = 2$，(a)，(b) より $f(s+3, t) = 1$，(a) より $f(s+3, t+1) = 2$ と順に定まる．

(ii) (a)，(b) より $f(s+1, t+2) = 1$，(a) より $f(s, t+2) = 2$，(a)，(b) より $f(s, t+3) = 3$，(a) より $f(s+1, t+3) = 2$ と順に定まる．

(補題の証明終り)

任意の非負整数 x, y に対し，$x = 2\alpha + i,\ y = 2\beta + j$ をみたす非負整数 α, β と，$i, j \in \{0, 1\}$ をとれる．このとき，補題の (i) を $(s,t) = (0,0), (2,0), \cdots, (2\alpha - 2, 0)$ に，補題の (ii) を $(s,t) = (2\alpha, 0), (2\alpha, 2), \cdots, (2\alpha, 2\beta - 2)$ に順に適用することで，$f(i,j) = f(2\alpha + i, 2\beta + j) = f(x,y)$ を得る．

したがって，n は奇数であるため

$$\sum_{k=0}^{n-1}\sum_{l=0}^{n-1} f(k,l) - \sum_{k=1}^{n}\sum_{l=0}^{n-1} f(k,l) = \sum_{l=0}^{n-1} f(0,l) - \sum_{l=0}^{n-1} f(n,l)$$

$$= \left(\frac{n+1}{2}\cdot 2 + \frac{n-1}{2}\cdot 3\right) - \left(\frac{n+1}{2}\cdot 1 + \frac{n-1}{2}\cdot 2\right) = n$$

であるが，これは (c) より

$$\sum_{k=0}^{n-1}\sum_{l=0}^{n-1} f(k,l) = \sum_{k=1}^{n}\sum_{l=0}^{n-1} f(k,l)$$

であることと矛盾する．以上より $f(x,y) = 2$ のとき，$f(x-1,y) = f(x,y-1) = f(x,y+1) = f(x+1,y)$ が成り立つことが示された．

これと (a) より，任意のマス (x,y) について，

(+) $f(x-1,y),\ f(x,y-1),\ f(x,y+1),\ f(x+1,y)$ はいずれも $f(x,y)$ より小さい，

(−) $f(x-1,y),\ f(x,y-1),\ f(x,y+1),\ f(x+1,y)$ はいずれも $f(x,y)$ より大きい

のいずれかが成り立つことがわかる．(+) をみたすとき $f(x,y) \geqq 2$, (−) をみたすとき $f(x,y) \leqq 2$ である．(+) をみたすマスどうし，(−) をみたすマスどうしは隣りあわないため，(+) をみたすマスと (−) をみたすマスは交互に存在することがわかる．すなわち，(x,y) が (+) をみたすと仮定すると，(x',y') は $(x'-x)+(y'-y)$ が偶数のとき (+) を，奇数のとき (−) をみたす．

ここで，

$$\sum_{k=x}^{x+n-1}\sum_{l=y}^{y+n-1} f(k,l) - \sum_{k=x+1}^{x+n}\sum_{l=y}^{y+n-1} f(k,l) = \sum_{l=y}^{y+n-1} f(x,l) - \sum_{l=y}^{y+n-1} f(x+n,l),$$

$$\sum_{k=x}^{x+n-1}\sum_{l=y+1}^{y+n} f(k,l) - \sum_{k=x+1}^{x+n}\sum_{l=y+1}^{y+n} f(k,l) = \sum_{l=y+1}^{y+n} f(x,l) - \sum_{l=y+1}^{y+n} f(x+n,l)$$

であるが，(c) よりこの 2 式の左辺は 0 である．右辺どうしの差をとって

$$f(x,y)+f(x+n,y+n)=f(x,y+n)+f(x+n,y) \qquad (*)$$

を得る．(x,y) が $(+)$ をみたすとき $(x+n,y+n)$ も $(+)$ をみたし，n は奇数なので $(x,y+n)$, $(x+n,y)$ は $(-)$ をみたす．このとき $f(x,y), f(x+n,y+n) \geqq 2$, $f(x,y+n), f(x+n,y) \leqq 2$ であったので，$(*)$ より $f(x,y)=f(x+n,y+n)=f(x,y+n)=f(x+n,y)=2$ が成り立つ．(x,y) が $(-)$ をみたすときも，$f(x,y), f(x+n,y+n) \leqq 2$, $f(x,y+n), f(x+n,y) \geqq 2$ なので，同様に $(*)$ より $f(x,y)=f(x+n,y+n)=f(x,y+n)=f(x+n,y)=2$ が成り立つ．さらに，$(*)$ は x を $x+1$ に置き換えても成り立つので，同様に $f(x+1,y)=f(x+n+1,y+n)=f(x+1,y+n)=f(x+n+1,y)=2$ を得る．したがって，$f(x,y)=f(x+1,y)=2$ であるが，これは (a) に矛盾する．

以上より，(a)，(b)，(c) をすべてみたす書き込み方が存在しないことが示された．

【5】 $f(k,l)=k+l-1$, $C_0=C_1=\cdots=C_T=T$ が求める解であることを示す．これが条件をみたすことは明らかである．

$a=C_T$, $b=C_0$ とおく．$a \leqq 0$ であったとすると，

$$f(1,1) \geqq f(T+1,1) \geqq f(2T+1,1) \geqq \cdots$$

となる．条件より f は正の整数値をとるので，ある正の整数 n に対して $f(mT+1,1)=n$ なる正の整数 m が無数に存在することになり，条件に反する．よって $a>0$ であり，同様にして $b>0$ であることがわかる．

正の整数の組 (k,l) に対し，$g(k,l)=f(k,l)-\frac{a}{T}k-\frac{b}{T}l$ とおくと，$g(k+T,l)=g(k,l)$, $g(k,l+T)=g(k,l)$ である．したがって，正の整数の組 (k_0,l_0) を $1 \leqq k_0 \leqq T$, $1 \leqq l_0 \leqq T$ であって $k-k_0$, $l-l_0$ がそれぞれ T の倍数になるようにとると，$g(k,l)=g(k_0,l_0)$ が成立する．よって，R を $1 \leqq p \leqq T, 1 \leqq q \leqq T$ をみたす正の整数の組 (p,q) についての $|g(p,q)|$ の最大値より大きい整数とすると，$|g(k,l)|=|g(k_0,l_0)| \leqq R$ であり，

$$\frac{a}{T}k+\frac{b}{T}l-R \leqq f(k,l) \leqq \frac{a}{T}k+\frac{b}{T}l+R \qquad (*)$$

が成立する．

いま，正の整数 n に対して $p(n)$ で $\frac{a}{T}k+\frac{b}{T}l \leqq abn$ なる正の整数の組 (k,l) の個数を表すものとする．$p(n)$ は座標平面上で $(0,0)$, $(bnT,0)$, $(0,anT)$ を頂点にもつ三角形の内部または $(0,anT)$ と $(bnT,0)$ を結ぶ線分上の端点以外にある格子点の個数に等しい．したがって，$2p(n)$ は $(0,0)$, $(bnT,0)$, (bnT,anT), $(0,anT)$ を頂点にもつ長方形の内部に含まれる格子点の個数と，$(0,anT)$ と $(bnT,0)$ を結ぶ線分上の端点以外の格子点の個数の和に等しいため，

$$\frac{(anT-1)(bnT-1)}{2} \leqq p(n) \leqq \frac{(anT-1)(bnT-1)+(anT-1)}{2} \leqq \frac{abn^2T^2}{2}$$

が成立する．

$abn-R>0$ となるとき，$f(k,l) \leqq abn-R$ なる正の整数の組 (k,l) の個数は条件より $\frac{(abn-R)(abn-R+1)}{2}$ に等しく，そのような (k,l) については $(*)$ より $\frac{a}{T}k+\frac{b}{T}l \leqq abn$ が成立するので，

$$\frac{(abn-R)(abn-R+1)}{2} \leqq p(n) \leqq \frac{abn^2T^2}{2}$$

を得る．この不等式の両辺を n についての多項式としてみたとき，いずれも2次式であり，左辺の n^2 の係数は $\frac{a^2b^2}{2}$，右辺の n^2 の係数は $\frac{abT^2}{2}$ である．n はいくらでも大きくとれるので $\frac{a^2b^2}{2} \leqq \frac{abT^2}{2}$，すなわち $ab \leqq T^2$ である．

また，$\frac{a}{T}k+\frac{b}{T}l \leqq abn$ が成立するような (k,l) については $(*)$ より $f(k,l) \leqq abn+R$ であり，$f(k,l) \leqq abn+R$ なる正の整数の組 (k,l) の個数は条件より $\frac{(abn+R)(abn+R+1)}{2}$ であるので，

$$\frac{(anT-1)(bnT-1)}{2} \leqq p(n) \leqq \frac{(abn+R)(abn+R+1)}{2}$$

を得る．よって前述の議論と同様に $\frac{abT^2}{2} \leqq \frac{a^2b^2}{2}$，すなわち $T^2 \leqq ab$ である．以上の評価をあわせて，$ab=T^2$ であることが示された．

いま，任意にとった正の整数 k, l について，

$$
\begin{aligned}
f(k+1,l)-f(k,l+1)& \\
&=(f(k+1,l)-f(k+T,l+1))+(f(k+T,l+1)-f(k,l+1)) \\
&=-C_{T-1}+C_T
\end{aligned}
$$

が成立するので，$m=-C_{T-1}+C_T$ とすると，

$$
\begin{aligned}
a-b&=f(T+1,1)-f(1,T+1) \\
&=(f(T+1,1)-f(T,2))+(f(T,2)-f(T-1,3))+\cdots \\
&\quad+(f(2,T)-f(1,T+1)) \\
&=Tm
\end{aligned}
$$

となる．$ab=T^2$ とあわせて $b(b+Tm)=T^2$ を得る．これを T の 2 次方程式とみなすと，T は整数なので $b^2(m^2+4)$ は平方数である．よって，ある正の整数 m' が存在し，$(m')^2=m^2+4$，すなわち $(m'-m)(m'+m)=4$ となるので，$m=0,\ m'=2$ であるとわかる．よって $f(k+1,l)=f(k,l+1)$ がつねに成立し，$f(k,l)$ は $k+l$ の値のみに依存することがわかる．

ここで，任意の正の整数 i に対して

$$f(i,1)=f(i-1,2)=\cdots=f(1,i)$$

であり，i 個の値が等しいから条件よりこれらはすべて i 以上である．よって，正の整数 n について $f(k,l)\leqq n$ ならば $k+l\leqq n+1$ が成立する．$k+l\leqq n+1$ なる (k,l) の個数は $\dfrac{n(n+1)}{2}$ であり，また条件より $f(k,l)\leqq n$ なる (k,l) の個数も $\dfrac{n(n+1)}{2}$ であるから，両者は一致する．したがって，$f(k,l)\leqq n$ であることと $k+l\leqq n+1$ であることは同値である．$n=1$ の場合から $f(1,1)=1$ は明らかで，また $n\geqq 2$ について，n の場合と $n-1$ の場合を比べれば $f(k,l)=k+l-1$ が任意の (k,l) についてわかる．またこのとき $C_0=C_1=\cdots=C_T=T$ であり，はじめに挙げたものが唯一の解であることが示された．

2.2　第29回 日本数学オリンピック 本選 (2019)

● 2019年2月11日 [試験時間4時間，5問]

1.　$a^2+b+3=(b^2-c^2)^2$ をみたす正の整数の組 (a,b,c) をすべて求めよ．

2.　n を3以上の奇数とする．$n\times n$ のマス目を使ってゲームを行う．ゲームは n^2 ターンからなり，各ターンでは以下の操作を順に行う．

- 整数の書き込まれていないマスを1つ選び，1以上 n^2 以下の整数を1つ書き込む．ゲームを通してどの整数も1回しか書き込めない．
- そのマスを含む行，列それぞれについて，書き込まれている整数の和が n の倍数であれば1点 (両方とも n の倍数であれば2点) を得る．

ゲームが終了するまでに得られる点数の総和としてありうる最大の値を求めよ．

3.　正の実数に対して定義され正の実数値をとる関数 f であって，任意の正の実数 x,y に対して

$$f\left(\frac{f(y)}{f(x)}+1\right)=f\left(x+\frac{y}{x}+1\right)-f(x)$$

が成り立つようなものをすべて求めよ．

4.　三角形ABCの内心をI，内接円を ω とする．また，辺BCの中点をMとする．点Aを通り直線BCに垂直な直線と，点Mを通り直線AIに垂直な直線の交点をKとするとき，線分AKを直径とする円は ω に接することを示せ．

5. 正の整数からなる集合 S について，どの相異(あい)なる S の要素 x, y, z についてもそれらのうち少なくとも 1 つが $x+y+z$ の約数であるとき，S は**美しい集合**であるという．以下の条件をみたす整数 N が存在することを示し，そのような N のうち最小のものを求めよ．

> 任意の美しい集合 S について，2 以上の整数 n_S であって，n_S の倍数でない S の要素の個数が N 以下であるようなものが存在する．

解答

【1】　$N=|b^2-c^2|$ とおく．$N^2=a^2+b+3 \geqq 1+1+3=5$ なので $N \geqq 3$ である．特に $b \neq c$ が成立するので，

$$N=|b+c||b-c| \geqq (b+1)\cdot 1=b+1$$

であり，$b \leqq N-1$ が成立する．$a^2<N^2$ より $a \leqq N-1$ であるので，

$$0=N^2-(a^2+b+3) \geqq N^2-(N-1)^2-b-3=2N-b-4 \geqq N-3 \quad (*)$$

であり，$N \leqq 3$ を得る．最初に示した $N \geqq 3$ より $N=3$ が成立する．このとき，不等式 $(*)$ の等号が成立するので $a=N-1=2, b=N-1=2$ である．よって，$(c^2-4)^2=9$ であるので $c^2=1,7$ であり，c は正の整数であるから $c=1$ が成立する．以上より，答は $(a,b,c)=(2,2,1)$ である．

【2】　マスに書き込まれた整数について，点数に関係するのは n で割った余りのみであるから，0 以上 $n-1$ 以下の整数を n 回ずつ書き込むとしてもよい．

求める値が $n(n+1)$ であることを示す．まず，ゲームが終了するまでに得られる点数の総和が $n(n+1)$ となる書き込み方を示す．上から i 行目，左から j 列目のマスに $i+j$ を n で割った余りを書き込むことにし，0 を n 個，1 を n 個，$n-1$ を n 個，2 を n 個，$n-2$ を n 個，$\cdots$ の順に書き込むと，$0, n-1, n-2, \ldots, \dfrac{n+1}{2}$ を書き込むたびに 2 点を得るので計 $n(n+1)$ 点を得られる．

次に，ゲームが終了するまでに得られる点数の総和は $n(n+1)$ 以下であることを示す．$A_0=B_0=0$ とし，1 以上 n^2 以下の整数 i に対し，i ターン目に整数を書き込んだとき，その行に書き込まれている整数の和が n の倍数ならば $A_i=A_{i-1}+1$, そうでなければ $A_i=A_{i-1}$ とする．列についても同様にして B_i を定める．このときゲームが終了するまでに得られる点数の総和は $A_{n^2}+B_{n^2}$ となる．

A_{n^2} の最大値について考える．0 以上 n^2 以下の整数 i に対し，i ターン目終

了時に和が n の倍数でないような行の個数を C_i とする．ただし $C_0=0$ とする．このとき $A_i+\frac{1}{2}C_i$ は $A_{i-1}+\frac{1}{2}C_{i-1}$ と比べて，i ターン目に 0 を書き込むとき最大 1，そうでないとき最大 $\frac{1}{2}$ 増加することがわかる．0 は n 回，0 以外は $n^2-n=n(n-1)$ 回書き込まれるので $A_{n^2}+\frac{1}{2}C_{n^2}\leqq n+\frac{n(n-1)}{2}=\frac{n(n+1)}{2}$ が成り立つ．C_{n^2} は 0 以上の整数であるため $A_{n^2}\leqq\frac{n(n+1)}{2}$ が成り立つ．

同様に $B_{n^2}\leqq\frac{n(n+1)}{2}$ も成り立つため，ゲームが終了するまでに得られる点数の総和は $n(n+1)$ 以下であることが示された．

【3】　与式へ $y=x$ を代入して，$f(x+2)-f(x)=f(2)>0$ を得る．

f が単射であることを示す．$y_1>y_2>0,\ f(y_1)=f(y_2)$ と仮定して矛盾を導く．与式へ $x=\frac{1}{2}(y_1-y_2)>0$ を代入し，さらに，$y=y_1,\ y=y_2$ をそれぞれ代入した 2 式を比べると，右辺の第 1 項以外の値は等しくなる．一方で，右辺の第 1 項については $f(x+2)-f(x)>0$ および

$$\left(\frac{1}{2}(y_1-y_2)+\frac{y_1}{\frac{1}{2}(y_1-y_2)}+1\right)-\left(\frac{1}{2}(y_1-y_2)+\frac{y_2}{\frac{1}{2}(y_1-y_2)}+1\right)=2$$

より 2 式で値が異なる．したがって 2 式は矛盾するから，f は単射である．

与式へ $x=2$ を代入して，

$$f\left(\frac{f(y)}{f(2)}+1\right)=f\left(\frac{y}{2}+3\right)-f(2)=f\left(\frac{y}{2}+1\right)$$

を得る．これと f が単射であることから $\frac{f(y)}{f(2)}+1=\frac{y}{2}+1$ が成り立ち $f(y)=\frac{f(2)}{2}y$ となる．よって，f は正の実数定数 a を用いて $f(x)=ax$ と表される．任意の正の実数 a について，$f(x)=ax$ は与式をみたすから，これが答である．

別解　f が単射であることを別の方法で示す．

x_1,x_2 を $x_2-x_1>1$ となる正の実数とする．与式へ $x=x_1,\ y=x_1(x_2-x_1-1)$ を代入すると，左辺は正の実数，右辺は $f(x_2)-f(x_1)$ となるから，$f(x_2)-f(x_1)>0$ である．特に，任意の正の実数 x_1,x_2 について，$f(x_1)=f(x_2)$ なら

ば $|x_1 - x_2| \leqq 1$ である．

正の実数 a, b について，$a \neq b$, $f(a) = f(b)$ とする．与式へ $x = a$, $x = b$ をそれぞれ代入した式を比較すると，$f\left(a + \frac{y}{a} + 1\right) = f\left(b + \frac{y}{b} + 1\right)$ となるが，y を十分大きくすれば $\left|\left(a + \frac{y}{a} + 1\right) - \left(b + \frac{y}{b} + 1\right)\right| = \left|y\left(\frac{1}{a} - \frac{1}{b}\right) + a - b\right| > 1$ となり矛盾する．したがって，f は単射である．

【4】　XY で線分 XY の長さを表すものとする．AB = AC のとき，点 K と点 M は一致するから 2 つの円は M で接する．以下，AB ≠ AC の場合を考える．

三角形 ABC の ∠A 内の傍接円を Ω とする．ω と辺 BC の接点を D とし，線分 DD′ が ω の直径となるように点 D′ をとる．また，Ω と辺 BC の接点を E とし，線分 EE′ が Ω の直径となるように点 E′ をとる．直線 AD′ と ω の D′ 以外の交点を F，直線 AE′ と Ω の E′ 以外の交点を G とする．

D′ を通る ω の接線と直線 AB, AC の交点をそれぞれ B′, C′ とすると，直線 BC と B′C′ が平行であることから三角形 ABC と三角形 AB′C′ の相似がわかる．点 E は三角形 ABC の ∠A 内の傍接円と辺 BC の接点で，点 D′ は三角形 AB′C′ の ∠A 内の傍接円と辺 B′C′ の接点であるから三角形 ABC と三角形 AB′C′ の相似において E と D′ は対応する．したがって，3 点 A, D′, E は同一直線上にある．線分 DD′ が ω の直径であることから ∠DFD′ = 90° なので，∠DFE = 90° とわかる．同様に，3 点 A, D, E′ も同一直線上にあって，∠DGE = 90° となる．よって，直線 DF と EG の交点を K′ とすると，K′ は三角形 ADE の垂心なので，直線 AK′ は BC に垂直であるとわかる．

ここで，$\mathrm{BD} = \frac{1}{2}(\mathrm{AB} + \mathrm{BC} - \mathrm{CA}) = \mathrm{CE}$ となるので，M は線分 DE の中点とわかる．したがって，M における 2 円 ω, Ω の方べきの値は等しい．また，∠DFE = ∠DGE = 90° より 4 点 D, E, F, G は同一円周上にある．よって，方べきの定理より K′D · K′F = K′E · K′G が成り立つ．したがって，K′ における 2 円 ω, Ω の方べきの値も等しい．よって，MK′ は ω と Ω の根軸とわかるので，Ω の中心を $\mathrm{I_A}$ とすると MK′ は $\mathrm{II_A}$ に垂直といえる．3 点 A, I, $\mathrm{I_A}$ は同一直線上にあるので，直線 MK′ は AI に垂直であるとわかる．

以上より，点 K′ は K に一致するといえるので，3 点 K, D, F は同一直線上にあるとわかる．また，直線 AK と DD$'$ はともに BC に垂直であり，これらは平行であるので，三角形 FKA と三角形 FDD$'$ は相似である．$\angle \mathrm{AFK} = 90^\circ$ より線分 AK を直径とする円は三角形 FKA の外接円であり，ω は三角形 FDD$'$ の外接円であるから三角形 FKA と三角形 FDD$'$ の相似においてこれらの円は対応する．よって 2 つの円は点 F で接することがわかる．

【5】　N の最小値が 6 であることを示す．美しい集合のうち，どの異なる 2 つの要素も互いに素であるようなものを**とても美しい集合**とよぶ．また，以下では整数 x, y について x が y で割りきれることを $y \mid x$ と書く．

まず，N が 5 以下の整数のとき条件をみたさないことを示す．a_1, a_2 を互いに素な 3 以上の奇数とする．中国剰余定理より，3 以上の奇数 a_3 を

$$a_3 \equiv \begin{cases} a_2 & \pmod{a_1} \\ -a_1 & \pmod{a_2} \end{cases}$$

をみたすように定めることができる．このとき，a_1 と a_2 は互いに素なので，a_3 と a_1, a_3 と a_2 も互いに素である．同様にして，3 以上の奇数 a_4, a_5 を順に

$$a_4 \equiv \begin{cases} -a_2 & \pmod{a_1} \\ -a_1 & \pmod{a_2} \\ -a_2 & \pmod{a_3} \end{cases}, \qquad a_5 \equiv \begin{cases} -a_2 & \pmod{a_1} \\ a_1 & \pmod{a_2} \\ a_2 & \pmod{a_3} \\ -a_1 & \pmod{a_4} \end{cases}$$

をみたすように定めると，$a_1, \cdots, a_5$ のうちどの 2 つも互いに素となる．さらに，これらはいずれも 3 以上なので相異なる．ここで，

$$S = \{1, 2, a_1, a_2, a_3, a_4, a_5\}$$

とすると，S は美しい集合となることが確かめられる．また，S のどの異なる 2 つの要素も互いに素であるから，どのように n_S をとってもその倍数は高々 1 つしか含まれない．したがって $N \leqq 5$ のとき条件をみたさない．

次に，$N = 6$ が条件をみたすことを示す．まず，次の 3 つの補題を示す．

補題1　正の整数 x, y, z が $x < z, y < z, z \mid x+y+z$ をみたすとき，$x+y=z$ である．

補題1の証明 $z \mid x+y$ であり，$0 < \dfrac{x+y}{z} < 2$ なので，$\dfrac{x+y}{z} = 1$ である．
(補題1の証明終り)

補題2　$x < z, y < z$ となる正の奇数 x, y, z が，$z \mid x+y+z$ をみたすことはない．

補題2の証明 補題1より $z = x+y$ となるが，x, y, z はすべて奇数であることと矛盾する．　(補題2の証明終り)

補題3　S を1も偶数も含まないとても美しい集合とする．x, y を $x < y$ をみたす S の要素とするとき，x よりも小さい S の要素 z であって，$x+y$ を割りきらないものは高々1個である．

補題3の証明 z を x よりも小さい S の要素とするとき，x, y, z は $z < x < y$ をみたす正の奇数であるから，補題2より $y \mid x+y+z$ とならない．x, y, z は相異なる S の要素であるから，$x \mid x+y+z$ または $z \mid x+y+z$ となる．

x よりも小さい S の要素 z であって，$x+y$ を割りきらないものが2個以上あると仮定する．このような z について，$z \mid x+y+z$ とならないから，$x \mid x+y+z$ である．そのうち2つを選んで小さい方から z_1, z_2 とすると，$z_2 - z_1 = (z_2+y) - (z_1+y)$ は x で割りきれるが，この値は1以上 z_2 未満で，$z_2 < x$ なので矛盾する．したがって補題3が示された．　(補題3の証明終り)

ここで，とても美しい集合の要素の個数が高々7であることを示す．偶数は高々1つしか含まれないので，1も偶数も含まれないようなとても美しい集合の要素が5個以下であることを示せばよい．要素が6個あると仮定し，小さい方から $x_1, x_2, \cdots, x_6$ とする．また，$y_4 = x_5 + x_6, y_5 = x_4 + x_6, y_6 = x_4 + x_5$ とおく．以下，$k = 1, 2, 3$ とする．ある k について x_k が y_4, y_5, y_6 を3つとも割りきると仮定すると，x_k は $2x_4 = y_5 + y_6 - y_4$ を割りきるので，x_k が x_4 と互いに素な3以上の奇数であることに矛盾する．また，補題3より，$l = 4, 5, 6$ について，x_k が y_l を割りきるような k は2個以上ある．したがって，x_k が y_l

を割りきるような (k,l) の組はちょうど 6 個であり，各 y_l についてそれを割りきる x_k の個数はちょうど 2 個ずつであることがわかる．一方，補題 3 より y_4 は x_1, x_2, x_3, x_4 のうち 3 つ以上で割りきれるので，x_4 で割りきれることがわかる．x_k のうち y_5 を割りきらないものを x_i, y_6 を割りきらないものを x_j とすると，補題 2 より $x_4 \mid x_5 + x_j$, $x_4 \mid x_6 + x_i$ なので，$x_i + x_j = (x_5 + x_j) + (x_6 + x_i) - y_4$ も x_4 で割りきれるが，これは補題 2 に矛盾するので示された．

S を美しい集合とする．先の議論から，S がとても美しい集合の場合は要素が 7 個以下であり，$n_S = 2$ とすると，n_S の倍数でない要素は 6 個以下しかないとわかる．S がとても美しい集合でないとする．正の整数 n について，S が n 個以上の要素をもつとき，S の要素のうち小さい方から n 番目までの要素からなる集合を S_n とかく．S_n がとても美しい集合ではないような最小の n をとる．S_n の要素の個数は 8 以下である．このとき，ある素数 p が存在して，S_n の要素のうち 2 つを割りきるのでこれらの要素を a, b とする．m が S_n に含まれない S の要素であるとき，a, b, m について美しい集合の条件を考える．$a \mid a+b+m$ または $b \mid a+b+m$ のときは $p \mid a+b+m$ なので，$p \mid m$ となる．また，$m \mid a+b+m$ のときも補題 1 より $m = a+b$ であるから $p \mid m$ となる．よって，$n_S = p$ とすると，n_S の倍数でない S の要素は，a, b 以外の S_n の要素のみで，これらは 6 個以下しかない．

以上より，$N = 6$ は条件をみたし，これが条件をみたす最小の整数である．

2.3　第30回 日本数学オリンピック 本選 (2020)

● 2020 年 2 月 11 日 [試験時間 4 時間，5 問]

1.　$\dfrac{n^2+1}{2m}$ と $\sqrt{2^{n-1}+m+4}$ がともに整数となるような正の整数の組 (m,n) をすべて求めよ．

2.　$\mathrm{BC} < \mathrm{AB}$, $\mathrm{BC} < \mathrm{AC}$ なる三角形 ABC の辺 AB, AC 上にそれぞれ点 D, E があり，$\mathrm{BD} = \mathrm{CE} = \mathrm{BC}$ をみたしている．直線 BE と直線 CD の交点を P とする．三角形 ABE の外接円と三角形 ACD の外接円の交点のうち A でない方を Q としたとき，直線 PQ と直線 BC は垂直に交わることを示せ．ただし，XY で線分 XY の長さを表すものとする．

3.　正の整数に対して定義され正の整数値をとる関数 f であって，任意の正の整数 m, n に対して

$$m^2 + f(n)^2 + (m - f(n))^2 \geqq f(m)^2 + n^2$$

をみたすものをすべて求めよ．

4.　n を 2 以上の整数とする．円周上に相異(あい)なる $3n$ 個の点があり，これらを**特別な点**とよぶことにする．A 君と B 君が以下の操作を n 回行う．

> まず，A 君が線分で直接結ばれていない 2 つの特別な点を選んで線分で結ぶ．次に，B 君が駒の置かれていない特別な点を 1 つ選んで駒を置く．

A 君は B 君の駒の置き方にかかわらず，n 回の操作が終わったときに駒の置かれている特別な点と駒の置かれていない特別な点を結ぶ線分の数を $\frac{n-1}{6}$ 以上にできることを示せ.

5. ある正の実数 c に対して以下が成立するような，正の整数からなる数列 $a_1, a_2, \cdots$ をすべて求めよ.

任意の正の整数 m, n に対して $\gcd(a_m+n, a_n+m) > c(m+n)$ となる.

ただし，正の整数 x, y に対し，x と y の最大公約数を $\gcd(x, y)$ で表す.

解答

【1】　n^2+1 は $2m$ で割りきれるので偶数である．よって n は奇数であるので，正の整数 l で $n=2l-1$ をみたすものをとることができる．また $\sqrt{2^{n-1}+m+4}$ を k とおくと

$$k^2 = 2^{n-1}+m+4 = 2^{2l-2}+m+4 > 2^{2l-2}$$

が成り立つ．よって $k > 2^{l-1}$ とわかり，k が整数であることから $k \geqq 2^{l-1}+1$ がいえる．このとき k のとり方から

$$m = k^2 - 2^{n-1} - 4 \geqq (2^{l-1}+1)^2 - 2^{2l-2} - 4 = 2^l - 3$$

であり，また $\dfrac{n^2+1}{2m}$ が正の整数であることから $m \leqq \dfrac{n^2+1}{2} = 2l(l-1)+1$ を得る．よってこれらをまとめて

$$2l(l-1)+4 \geqq m+3 \geqq 2^l \qquad (*)$$

であることがわかる．ここで次の補題が成り立つ．

補題　任意の 7 以上の整数 a に対して $2a(a-1)+4 < 2^a$ である．

補題の証明　$2\cdot 7\cdot(7-1)+4 = 88$, $2^7 = 128$ より $a=7$ のときはよい．s を 7 以上の整数として $a=s$ のとき上の式が成り立つと仮定すると，

$$2(2s(s-1)+4) - (2s(s+1)+4) = 2s^2 - 6s + 4 = 2(s-1)(s-2) > 0$$

より $2s(s+1)+4 < 2(2s(s-1)+4) < 2^{s+1}$ とわかるので $a=s+1$ のときも上の式が成り立つ．よって帰納法より任意の 7 以上の整数 a について上の式が成り立つことがわかる．　(補題の証明終り)

この補題より $(*)$ をみたす l は 6 以下である．$\dfrac{n^2+1}{2m} = \dfrac{2l(l-1)+1}{m}$ が整数であるので，m は $2l(l-1)+1$ を割りきることに注意する．

- $l=1$ のとき $(*)$ より $m=1$ とわかるが，$2^{2l-2}+m+4=6$ は平方数で

ないのでこれは条件をみたさない．

- $l=2$ のとき m は $2l(l-1)+1=5$ を割りきるので $m=1,5$ とわかる．$m=1$ のとき $2^{2l-2}+m+4=9$ であり，$m=5$ のとき $2^{2l-2}+m+4=13$ となるので $m=1$ は条件をみたす．
- $l=3$ のとき $(*)$ より $5 \leqq m \leqq 13$ とわかる．m は $2l(l-1)+1=13$ を割りきるので $m=13$ だが，このとき $2^{2l-2}+m+4=33$ は平方数でないので条件をみたさない．
- $l=4$ のとき $(*)$ より $13 \leqq m \leqq 25$ とわかる．m は $2l(l-1)+1=25$ を割りきるので $m=25$ だが，このとき $2^{2l-2}+m+4=93$ は平方数でないので条件をみたさない．
- $l=5$ のとき $(*)$ より $29 \leqq m \leqq 41$ とわかる．m は $2l(l-1)+1=41$ を割りきるので $m=41$ だが，このとき $2^{2l-2}+m+4=301$ は平方数でないので条件をみたさない．
- $l=6$ のとき $(*)$ より $m=61$ とわかる．このとき $2^{2l-2}+m+4=1089=33^2$ は平方数であり，m は $2l(l-1)+1=61$ を割りきるので $m=61$ は条件をみたす．

以上より条件をみたす正の整数の組は $(m,n)=(1,3),(61,11)$ の 2 個である．

【2】　4 点 A, D, Q, C が同一円周上にあることから $\angle\mathrm{BDQ}=\angle\mathrm{ECQ}$ であり，同様に $\angle\mathrm{DBQ}=\angle\mathrm{CEQ}$ である．これらと $\mathrm{BD}=\mathrm{EC}$ から，三角形 BDQ と三角形 ECQ は合同であることがわかる．よって $\mathrm{QD}=\mathrm{QC}$ となり，これと $\mathrm{BD}=\mathrm{BC}$ から直線 BQ は線分 CD の垂直二等分線となることがわかる．特に直線 BQ は直線 CP と垂直であり，同様に直線 CQ は直線 BP と垂直である．ゆえに Q は三角形 BCP の垂心であり，直線 PQ と直線 BC が垂直に交わることが示された．

【3】　まず，すべての正の整数 k に対して $f(k) \geqq k$ が成り立つことを k に関する帰納法で示す．$k=1$ の場合は明らかに成り立つ．ℓ を正の整数とし，$k=\ell$ で成り立つと仮定すると，与式で $m=\ell,\ n=\ell+1$ とすることで

$$\ell^2+f(\ell+1)^2+(\ell-f(\ell+1))^2 \geqq f(\ell)^2+(\ell+1)^2 \geqq \ell^2+(\ell+1)^2$$

を得る．よって $f(\ell+1)^2+(\ell-f(\ell+1))^2 \geqq (\ell+1)^2$ である．この両辺から ℓ^2 を引くと

$$2f(\ell+1)(f(\ell+1)-\ell) \geqq (\ell+1)^2-\ell^2 > 0$$

となり，$f(\ell+1)>\ell$ を得る．$f(\ell+1)$ は整数なので，$f(\ell+1) \geqq \ell+1$ が従う．以上より，$f(k) \geqq k$ がすべての正の整数 k に対して成り立つ．

次に，n を正の整数とし，与式で $m=f(n)$ とすると，$2f(n)^2 \geqq f(f(n))^2+n^2$ が任意の正の整数 n に対して成り立つことがわかる．正の整数 s をとり，数列 $a_0, a_1, a_2, \cdots$ を

$$a_0=s, \qquad a_{k+1}=f(a_k) \quad (k=0,1,\cdots)$$

により定めると，上式より $2a_{k+1}^2 \geqq a_{k+2}^2+a_k^2$ がすべての非負整数 k で成り立つ．このとき，非負整数 k に対して，$a_{k+1}-a_k=f(a_k)-a_k \geqq 0$ かつ $a_{k+1}-a_k$ は整数なので，$a_{k+1}-a_k$ が最小となるような k がとれる．$a_{k+1}>a_k$ が成り立っているとすると，$a_{k+2}=f(a_{k+1}) \geqq a_{k+1}$ とあわせて

$$a_{k+2}-a_{k+1}=\frac{a_{k+2}^2-a_{k+1}^2}{a_{k+2}+a_{k+1}} < \frac{a_{k+1}^2-a_k^2}{a_{k+1}+a_k}=a_{k+1}-a_k$$

となり k のとり方に矛盾する．したがって $a_{k+1}=a_k$ でなければならない．これは $f(\ell)=\ell$ となる正の整数 ℓ が存在することを意味する．このとき，$n=\ell$, $m=\ell+1$ を与式に代入すると，

$$(\ell+1)^2+\ell^2+1^2 \geqq f(\ell+1)^2+\ell^2$$

となり，$f(\ell+1)^2 \leqq (\ell+1)^2+1 < (\ell+2)^2$ を得る．よって $f(\ell+1)=\ell+1$ であり，帰納的にすべての ℓ 以上の整数 k に対して $f(k)=k$ であることがわかる．また，ある2以上の整数 ℓ に対して $f(\ell)=\ell$ が成り立っているとき，与式で $n=\ell, m=\ell-1$ とすると，

$$(\ell-1)^2+\ell^2+1^2 \geqq f(\ell-1)^2+\ell^2$$

となり，$f(\ell-1)^2 \leqq (\ell-1)^2+1 < \ell^2$ を得る．したがって $f(\ell-1)=\ell-1$ であり，この場合も帰納的にすべての ℓ 以下の正の整数 k に対して $f(k)=k$ と

なる.

逆に $f(n)=n$ がすべての正の整数 n について成り立っているとき与式は成り立つので，これが解である.

【4】　$n=6m+2+k$ をみたすような非負整数 m と 0 以上 5 以下の整数 k をとる．A 君は以下のように線分を引くことで，駒の置かれている特別な点と駒の置かれていない特別な点を結ぶ線分の数を $\left\lceil \frac{n-1}{6} \right\rceil = \left\lceil \frac{6m+1+k}{6} \right\rceil = m+1$ 以上にできる．(ただし，実数 r に対して r 以上の最小の整数を $\lceil r \rceil$ で表す．)

はじめの k 回はどのように線分を引いてもよい．k 回目の操作が終了した後，いずれの線分の端点にもなっておらず駒も置かれていない特別な点が $3n-3k=3(6m+2)$ 個以上あるから，そのうちの $3(6m+2)$ 個を選ぶ．これらを**良い点**とよぶことにする．

次の $4m+1$ 回の操作では，いずれの線分の端点にもなっていない良い点を 2 つ選んで線分で結ぶ．これらの線分を**良い線分**とよぶことにする．また，$4m+1+k$ 回目の操作が終わったときに駒の置かれている特別な点の集合を X，駒の置かれていない特別な点の集合を Y とする．良い線分のうち，両端が X に属するものの数を a，そうでないものの数を b とする．このとき，$a+b=4m+1$ である．また，駒の置かれている良い点は $4m+1$ 個以下であるから，$a \leqq \frac{4m+1}{2}$ であり，a は整数であるから $a \leqq 2m$ である．したがって，$b \geqq 2m+1$ であるから，少なくとも一方の端点が Y に属するような $2m+1$ 本の良い線分 $e_1, e_2, \cdots, e_{2m+1}$ を選ぶことができる．以下では i を 1 以上 $2m+1$ 以下の整数とする．e_i の端点のうち Y に属するものを 1 つ選び v_i とし，もう一方の端点を u_i とする．また，X に属する特別な点を 1 つ選んで x とする．さらに，Y に属する特別な点のうち，いずれの線分の端点にもなっていないものが $3n-3(k+4m+1)=3(2m+1)$ 個以上あるから，そのうちの $2m+1$ 個を選んで，$y_1, y_2, \cdots, y_{2m+1}$ とする．このとき，$u_1, u_2, \cdots, u_{2m+1}, v_1, v_2, \cdots, v_{2m+1}, y_1, y_2, \cdots, y_{2m+1}$ は相異なる特別な点である．$k+4m+1+i$ 回目の操作では次のように線分を引く．

> u_i が X に属するとき，v_i と y_i を線分で結ぶ．u_i が Y に属するとき，v_i と x を線分で結ぶ．

さて，A 君がこのように線分を引いたとき，B 君の駒の置き方にかかわらず駒の置かれている特別な点と駒の置かれていない特別な点を結ぶ線分の数が $m+1$ 以上であることを示す．$k+4m+1+i$ 回目に引いた線分を f_i とする．また，u_i が X に属するとき $w_i=y_i$ とし，u_i が Y に属するとき $w_i=u_i$ とする．e_i と f_i がともに，駒の置かれている特別な点と駒の置かれていない特別な点を結ぶ線分でないようにするには v_i と w_i の両方に駒が置かれなければならない．一方で，n 回目の操作が終わったとき，駒の置かれている Y に属する特別な点は $2m+1$ 個以下であり，$v_1, v_2, \cdots, v_{2m+1}, w_1, w_2, \cdots, w_{2m+1}$ は相異なる Y に属する特別な点であるから，v_i と w_i のいずれかには駒が置かれていないような i が $m+1$ 個以上存在する．したがって，駒の置かれている特別な点と駒の置かれていない特別な点を結ぶ線分は $m+1$ 本以上存在する．

【5】　ある非負整数 d に対して $a_n=n+d$ となる数列 $a_1, a_2, \cdots$ は条件をみたす．実際 $\gcd(a_m+n, a_n+m)=n+m+d>\dfrac{n+m}{2}$ なので，$c=\dfrac{1}{2}$ とすれば条件をみたす．以下，数列 $a_1, a_2, \cdots$ がある非負整数 d を用いて $a_n=n+d$ と書けることを示す．

まず，任意の正の整数 n に対して $|a_{n+1}-a_n| \leqq c^{-2}$ となることを示す．n を正の整数として $d=a_{n+1}-a_n$ とする．まず $d>0$ の場合を考える．$k>\dfrac{a_n}{d}$ なる正の整数 k をとり，n と $kd-a_n$ に対して与式を用いると $\gcd(kd, a_{kd-a_n}+n)>c(kd-a_n+n)$ となる．さらに $n+1$ と $kd-a_n$ に対して与式を用いると，$d=a_{n+1}-a_n$ より $\gcd((k+1)d, a_{kd-a_n}+n+1)>c(kd-a_n+n+1)$ となる．ここで次の補題を示す．

補題　a, b, s, t を正の整数とする．s と t が互いに素のとき $\gcd(a,s)\gcd(b,t) \leqq \mathrm{lcm}(a,b)$ である．ただし，正の整数 x, y に対し，x と y の最小公倍数を $\mathrm{lcm}(x,y)$ で表す．

補題の証明　素数 p および正の整数 N に対し，N が p^k で割りきれるような最大の非負整数 k を $\mathrm{ord}_p N$ で表すとき，任意の素数 p に対して $\mathrm{ord}_p(\gcd(a,s)\gcd(b,t)) \leqq \mathrm{ord}_p \mathrm{lcm}(a,b)$ を示せばよい．s, t が互いに素であることから対称性より s が p で割りきれないとしてよく，$\mathrm{ord}_p s=0$ となる．このとき正の整数

M, N に対して M が N を割りきるならば $\mathrm{ord}_p M \leqq \mathrm{ord}_p N$ であることを用いると,

$$\begin{aligned}\mathrm{ord}_p(\gcd(a,s)\gcd(b,t)) &= \mathrm{ord}_p \gcd(a,s) + \mathrm{ord}_p \gcd(b,t) \\ &\leqq \mathrm{ord}_p s + \mathrm{ord}_p b \leqq \mathrm{ord}_p \mathrm{lcm}(a,b)\end{aligned}$$

とわかる. (補題の証明終り)

補題より $\gcd(kd, a_{kd-a_n}+n)\gcd((k+1)d, a_{kd-a_n}+n+1) \leqq \mathrm{lcm}(kd,(k+1)d) \leqq k(k+1)d$ とわかる. したがって, $k(k+1)d > c^2(kd-a_n+n)(kd-a_n+n+1)$ が十分大きい任意の整数 k に対して成り立つ. 左辺, 右辺ともに k の 2 次式であり, それぞれの 2 次の係数が d, c^2d^2 であるから, $d \geqq c^2d^2$ つまり $d \leqq c^{-2}$ となる. $d<0$ の場合も同様にして $-d \leqq c^{-2}$ が成り立つので $|d| \leqq c^{-2}$ が示された.

ここで n と $n+1$ に対して与式を用いると $\gcd(a_n+n+1, a_{n+1}+n) > c(2n+1)$ である. いま $a_n+n+1 \neq a_{n+1}+n$ とすると, $\gcd(a_n+n+1, a_{n+1}+n) \leqq |a_{n+1}-a_n-1| \leqq c^{-2}+1$ であるから $c^{-2}+1 > c(2n+1)$ である. よって $c^{-2}+1 \leqq c(2n+1)$ なる正の整数 n に対しては $a_n+n+1 = a_{n+1}+n$ となる. つまり十分大きい正の整数 n に対して $a_{n+1} = a_n+1$ となるから, $n \geqq N$ ならば $a_n = n+d$ となる正の整数 N と整数 d が存在する. いま $a_m \neq m+d$ となる正の整数 m が存在したとする. n を N 以上の整数として与えられた式を用いると, $c(m+n) < \gcd(a_m+n, m+n+d) \leqq |a_m-m-d|$ となり n を十分大きくとることで矛盾する. したがって, 任意の正の整数 m に対して $a_m = m+d$ となる. $a_1 \geqq 1$ より d は非負であるので, 求める数列は非負整数 d を用いて $a_n = n+d$ と書けることが示された.

2.4　第31回 日本数学オリンピック 本選 (2021)

● 2021 年 2 月 11 日 [試験時間 4 時間，5 問]

1.　正の整数に対して定義され正の整数値をとる関数 f であって，正の整数 m, n に対する次の 2 つの命題が同値となるようなものをすべて求めよ．

- n は m を割りきる．
- $f(n)$ は $f(m)-n$ を割りきる．

2.　n を 2 以上の整数とする．縦 n マス横 2021 マスのマス目を使って太郎君と次郎君が次のようなゲームをする．まず，太郎君がそれぞれのマスを白または黒で塗る．その後，次郎君は 1 番上の行のマス 1 つに駒を置き，1 番下の行のマス 1 つをゴールとして指定する．そして，太郎君が以下の操作を $n-1$ 回繰り返す．

> 駒のあるマスが白く塗られているとき，駒を 1 つ下のマスに動かす．そうでないとき，駒を左右に隣(とな)りあうマスに動かした後 1 つ下のマスに動かす．

次郎君の行動にかかわらず，太郎君が必ず駒をゴールへ移動させることができるような n としてありうる最小の値を求めよ．

3.　鋭角三角形 ABC の辺 AB, AC 上にそれぞれ点 D, E があり，BD $=$ CE をみたしている．また，線分 DE 上に点 P が，三角形 ABC の外接円の A を含まない方の弧 BC 上に点 Q があり，BP : PC $=$ EQ : QD をみたしている．ただし，点 A, B, C, D, E, P, Q は相異(あい)なるものとする．このとき $\angle \mathrm{BPC} = \angle \mathrm{BAC} + \angle \mathrm{EQD}$ が成り立つことを示せ．

なお，XY で線分 XY の長さを表すものとする．

4. 2021 個の整数 $a_1, a_2, \cdots, a_{2021}$ が，任意の 1 以上 2016 以下の整数 n に対して

$$a_{n+5} + a_n > a_{n+2} + a_{n+3}$$

をみたしている．$a_1, a_2, \cdots, a_{2021}$ の最大値と最小値の差としてありうる最小の値を求めよ．

5. n を正の整数とする．次の条件をみたす 1 以上 $2n^2$ 以下の整数 k をすべて求めよ．

> $2n \times 2n$ のマス目がある．k 個の相異なるマスを選び，選んだマスを黒色に，その他のマスを白色に塗る．このとき，白色のマスと黒色のマスをともに含むような 2×2 のマス目の個数としてありうる最小の値は $2n - 1$ である．

解答

【1】　k を正の整数とすると，k は k を割りきるので，条件より $f(k)$ は $f(k)-k$ を割りきる．よって $f(k)$ は k を割りきる．

すべての正の整数 k に対して $f(k)=k$ が成り立つことを k に関する帰納法で示す．$k=1$ の場合は明らかに成り立つ．l を正の整数とし，$k \leqq l$ なる k で成り立つと仮定し，$k=l+1$ のときを示す．$f(l+1) \leqq l$ として矛盾を導く．$f(l+1)$ は $f(l+1)-(l+1)$ を割りきり，また，帰納法の仮定より $f(f(l+1))=f(l+1)$ となるので，$f(l+1)$ は $f(f(l+1))-(l+1)$ を割りきる．一方，$l+1$ は $f(l+1)$ を割りきらないので，$n=l+1, m=f(l+1)$ のときの 2 つの命題の同値性に矛盾する．よって $f(l+1) \geqq l+1$ であり，$f(l+1)$ は $l+1$ の約数なので $f(l+1)=l+1$ が従う．以上より，すべての正の整数 k に対して $f(k)=k$ であることがわかる．

逆に $f(n)=n$ がすべての正の整数 n について成り立っているとき条件をみたすので，これが解である．

【2】　答は $n=2022$ である．

まず，$n \geqq 2022$ であることを示す．(i,j) で上から i 行目，左から j 列目にあるマスを表すことにする．(i,j) にある駒が 1 回の操作で (i',j') に動かされるとき，$i'=i+1, |j'-j| \leqq 1$ となる．ゆえに，(a,b) にある駒を何回かの操作で (c,d) に移動させるには $a \leqq c$ かつ $|d-b| \leqq c-a$ となる必要がある．よって，次郎君が $(1,1)$ に駒を置き，$(n,2021)$ をゴールとして指定したときを考えると，$|2021-1| \leqq n-1$ より，$n \geqq 2021$ が成り立つ．

$n=2021$ のとき，次郎君が $(1,1)$ に駒を置き，$(2021,2021)$ をゴールとして指定したならば，$1 \leqq k \leqq 2020$ なる k について (k,k) から $(k+1,k+1)$ へと駒を動かす必要があるから，太郎君は (k,k) をすべて黒で塗っていなければならない．このとき，$1 \leqq k \leqq 2020$ なる k について $(1,1)$ から $(k+1,k)$ へ駒を移動

させられないことを帰納法によって示す．$k=1$ のときは $(1,1)$ が黒であるからよい．$k \geqq 2$ のとき，$(k+1,k)$ へは，$(k,k-1)$, (k,k), $(k,k+1)$ からしか動かせないことに注意する．ここで，$|(k+1)-1|>k-1$ より $(1,1)$ から $(k,k+1)$ へは移動させられない．また，帰納法の仮定より $(k,k-1)$ へも移動させられない．そして，いま (k,k) は黒で塗られているから，そこからも $(k+1,k)$ へは動かせない．よって帰納法より，$(1,1)$ から $(2021,2020)$ へ駒を移動させられず，$n \geqq 2022$ がわかる．

逆に $n=2022$ のとき可能なことを示す．まず，太郎君は $i \geqq 4$ をみたす (i,j) をすべて黒く塗る．このとき，3 以上 2019 以下の奇数 a と 1 以上 2021 以下の奇数 b について，$(4,a)$ から $(2022,b)$ へ駒を移動させることが可能であり，同様に，2 以上 2020 以下の偶数 a, b について，$(4,a)$ から $(2022,b)$ へ駒を移動させることが可能である．

次に，$1 \leqq i \leqq 3$ をみたす (i,j) については，$0 \leqq k \leqq 336$ なる k に対して，$(1,3k+1)$, $(1,2021-3k)$, $(1,3k+3)$, $(1,2019-3k)$, $(2,3k+2)$, $(2,2020-3k)$, $(3,3k+1)$, $(3,2021-3k)$ と表せるマスを黒く塗り，それ以外を白く塗る．ただし，$k=336$ について $(1,3k+3)$ と $(1,2019-3k)$ は同じマスである．このとき太郎君が必ず駒をゴールに移動させられることを示す．マス目の塗り方は左右対称だから，$1 \leqq a \leqq 1011$ なる a について $(1,a)$ から 2022 行目の任意のマスに駒を移動させられることを示せばよい．$0 \leqq k \leqq 336$ なる k について，$(1,3k+1)$, $(1,3k+2)$, $(1,3k+3)$ のいずれからも $(2,3k+2)$ へと駒を動かせ，それぞれ $(3,3k+1)$, $(3,3k+3)$ を経由して $(4,3k+2)$, $(4,3k+3)$ のどちらへも移動させられる．よって，先の事実とあわせれば，$(1,a)$ から 2022 行目の任意のマスに駒を移動させられることがわかる．以上より，$n=2022$ のとき可能なことが示された．

【3】 直線 QD, QE と三角形 ABC の外接円の交点のうち，Q でない方をそれぞれ F, G とする．さらに，直線 BG と CF の交点を R とする．このとき，同一円周上にある 6 点 A, B, G, Q, F, C についてパスカルの定理を用いることで，D, E, R が同一直線上にあることがわかる．先の 6 点は A, F, B, Q, C, G の順に同一円周上にあるので，特に R は線分 DE 上にある．ここで $\mathrm{P}=\mathrm{R}$ を示す．

まず $\mathrm{BP}:\mathrm{PC}=\mathrm{BR}:\mathrm{RC}$ であることを示す．三角形 BRC に正弦定理を用いることで

$$\mathrm{BR}:\mathrm{RC}=\sin\angle\mathrm{RCB}:\sin\angle\mathrm{CBR}=\sin\angle\mathrm{DQB}:\sin\angle\mathrm{CQE}$$

を得る．一方で，三角形 DQB と三角形 CQE に正弦定理を用いることで

$$\mathrm{BP}:\mathrm{PC}=\mathrm{QE}:\mathrm{QD}=\mathrm{CE}\cdot\frac{\sin\angle\mathrm{ECQ}}{\sin\angle\mathrm{CQE}}:\mathrm{BD}\cdot\frac{\sin\angle\mathrm{QBD}}{\sin\angle\mathrm{DQB}}$$

を得る．$\angle\mathrm{ECQ}+\angle\mathrm{QBD}=180^\circ$ および $\mathrm{BD}=\mathrm{CE}$ より

$$\mathrm{BP}:\mathrm{PC}=\sin\angle\mathrm{DQB}:\sin\angle\mathrm{CQE}=\mathrm{BR}:\mathrm{RC}$$

となるので示された．

ここで，P と R が異なる点であると仮定して矛盾を導く．D, P, R, E がこの順に並んでいるとき

$$\angle\mathrm{CBR}<\angle\mathrm{CBP}<\angle\mathrm{CBA}<90^\circ,$$

$$\angle\mathrm{PCB}<\angle\mathrm{RCB}<\angle\mathrm{ACB}<90^\circ$$

となるので $\sin\angle\mathrm{CBR}<\sin\angle\mathrm{CBP}$, $\sin\angle\mathrm{PCB}<\sin\angle\mathrm{RCB}$ である．よって，正弦定理より

$$\frac{\mathrm{PC}}{\mathrm{BP}}=\frac{\sin\angle\mathrm{CBP}}{\sin\angle\mathrm{PCB}}>\frac{\sin\angle\mathrm{CBR}}{\sin\angle\mathrm{RCB}}=\frac{\mathrm{RC}}{\mathrm{BR}}$$

となり $\mathrm{BP}:\mathrm{PC}=\mathrm{BR}:\mathrm{RC}$ に矛盾する．同様にして，D, R, P, E がこの順に並んでいる場合も矛盾する．よって，背理法により $\mathrm{P}=\mathrm{R}$ が示された．

以上より

$$\angle\mathrm{BPC}=\angle\mathrm{BRC}=180^\circ-\angle\mathrm{RCB}-\angle\mathrm{CBR}=180^\circ-\angle\mathrm{DQB}-\angle\mathrm{CQE}$$

となり，これと

$$\angle\mathrm{DQB}+\angle\mathrm{CQE}=\angle\mathrm{CQB}-\angle\mathrm{EQD}=180^\circ-\angle\mathrm{BAC}-\angle\mathrm{EQD}$$

から $\angle\mathrm{BPC}=\angle\mathrm{BAC}+\angle\mathrm{EQD}$ である．よって示された．

【4】 85008 がありうる最小の値である．

まず，最大値と最小値の差が 85008 以上であることを示す．$a_1, a_2, \cdots, a_{2021}$ を条件をみたす 2021 個の整数とする．n を 1 以上 2016 以下の整数とすると，条件から $a_{n+5} - a_{n+3} > a_{n+2} - a_n$ となり，両辺が整数なので

$$a_{n+5} - a_{n+3} \geqq a_{n+2} - a_n + 1$$

が成り立つ．m を 1 以上 1006 以下の整数として，506 個の整数 $n = m, m+2, \cdots, m+1010$ に対してこの式を辺々足し合わせることで，$a_{m+1015} - a_{m+3} \geqq a_{m+1012} - a_m + 506$ がわかり，変形して

$$a_{m+1015} - a_{m+1012} \geqq a_{m+3} - a_m + 506$$

を得る．さらに，336 個の整数 $m = 1, 4, \cdots, 1006$ に対してこの式を辺々足し合わせることで $a_{2021} - a_{1013} \geqq a_{1009} - a_1 + 170016$ がわかり，変形して $(a_{2021} - a_{1013}) + (a_1 - a_{1009}) \geqq 170016$ を得る．よって，$a_{2021} - a_{1013}$ と $a_1 - a_{1009}$ のうち少なくとも一方は $\dfrac{170016}{2} = 85008$ 以上であり，特に最大値と最小値の差は 85008 以上である．

次に，条件をみたし最大値と最小値の差が 85008 となるような 2021 個の整数 $a_1, a_2, \cdots, a_{2021}$ が存在することを示す．1 以上 2021 以下の整数 n を 336 以下の非負整数 q と 5 以下の非負整数 r を用いて $n = 6q + r$ と表し，整数 a_n を

$$\begin{cases} 3(q-168)(q-169)+1 & (r=0), \\ (q-168)(3q+r-507) & (1 \leqq r \leqq 5) \end{cases}$$

と定める．n が 2020 以下のとき $a_{n+1} - a_n$ は

$$(q-168)(3q+1-507) - (3(q-168)(q-169)+1) = q-169 \quad (r=0),$$

$$(q-168)(3q+(r+1)-507) - (q-168)(3q+r-507) = q-168$$

$$(1 \leqq r \leqq 4),$$

$$3((q+1)-168)((q+1)-169)+1-(q-168)(3q+5-507) = q-167$$

$$(r=5)$$

であるから

$$a_1 \geqq a_2 \geqq \cdots \geqq a_{1010} \geqq a_{1011} \leqq a_{1012} \leqq \cdots \leqq a_{2020} \leqq a_{2021}$$

を得る．よって $a_1, a_2, \cdots, a_{2021}$ の最小値は $a_{1011} = 0$ で最大値は $a_1 = a_{2021} = 85008$ であり，その差は 85008 である．また，この 2021 個の整数 $a_1, a_2, \cdots, a_{2021}$ は条件をみたす．実際，n が 2019 以下のとき $a_{n+2} - a_n = (a_{n+2} - a_{n+1}) + (a_{n+1} - a_n)$ は

$$\begin{cases} 2q - 337 & (r = 0), \\ 2q - 336 & (1 \leqq r \leqq 3), \\ 2q - 335 & (4 \leqq r \leqq 5) \end{cases}$$

であり，さらに n が 2016 以下であれば $(a_{n+5} + a_n) - (a_{n+2} + a_{n+3}) = (a_{(n+3)+2} - a_{n+3}) - (a_{n+2} - a_n)$ は

$$\begin{cases} (2q - 336) - (2q - 337) = 1 & (r = 0), \\ (2q - 335) - (2q - 336) = 1 & (r = 1, 2), \\ (2(q+1) - 337) - (2q - 336) = 1 & (r = 3), \\ (2(q+1) - 336) - (2q - 335) = 1 & (r = 4, 5) \end{cases}$$

というように正の値となり，条件をみたしている．

以上より答は 85008 である．

【5】　上から i 行目，左から j 列目にあるマスを (i, j) と表し，(i, j), $(i+1, j)$, $(i, j+1)$, $(i+1, j+1)$ からなる 2×2 のマス目を $[i, j]$ と表すことにする．また，あるマスの集合が白色のマスと黒色のマスをともに含むとき，そのマスの集合が**混色**であるとよぶことにする．

まず $1 \leqq k \leqq n^2$ の場合を考える．$k = an + b$ となるような 0 以上 $n-1$ 以下の整数 a と 1 以上 n 以下の整数 b をとる．$1 \leqq i \leqq a$ かつ $1 \leqq j \leqq n$，もしくは $i = a + 1$ かつ $1 \leqq j \leqq b$ であるようなマス (i, j) を黒色で塗り，その他のマスを白色で塗る．このとき，$[i, j]$ が混色となるのは $1 \leqq i \leqq a$ かつ $j = n$，も

しくは $i=a$ かつ $b \leqq j < n$，もしくは $i=a+1$ かつ $1 \leqq j \leqq b$ となるときなので，混色である 2×2 のマス目は $a=0$ のとき b 個，$a \geqq 1$ のとき $n+a$ 個存在する．よって，$k \leqq n^2-n$ のときは条件をみたさず，$n^2-n+1 \leqq k \leqq n^2$ のときは混色である 2×2 のマス目の個数を $2n-1$ にすることができる．

次に $n^2-n+1 \leqq k \leqq 2n^2$ の場合を考える．このとき，混色である 2×2 のマス目が必ず $2n-1$ 個以上存在することを示す．まず，どの行も混色である場合を考える．このとき，任意の $1 \leqq i < 2n$ について，(i,j) と $(i,j+1)$ の色が異なるような $1 \leqq j < 2n$ が存在し，この j について $[i,j]$ は混色となる．よって，混色である 2×2 のマス目は $2n-1$ 個以上存在することが示された．同様にして，どの列も混色である場合も示せる．よって，ある行とある列があって，その行またはその列に含まれるマスの色がすべて同じ場合に示せば十分である．ここで，次の補題を示す．

補題　R, C を 1 以上の整数とする．$R\times C$ のマス目の各マスが白と黒のいずれか一方の色で塗られている．1 番上の行にあるマスと 1 番左の列にあるマスの色がすべて同じで，さらにその色と異なる色のマスが m 個あるとき，混色である 2×2 のマス目の個数は $2\sqrt{m}-1$ 以上である．

補題の証明　$m=0$ の場合は明らかなので，$m \geqq 1$ としてよい．混色である行の個数を a，混色である列の個数を b とするとき，混色である 2×2 のマス目が $a+b-1$ 個以上あることを示す．1 番左上のマスと異なる色のマスが属する行および列は必ず混色であるから，$ab \geqq m$ が成り立つ．相加・相乗平均の不等式から $a+b \geqq 2\sqrt{ab} \geqq 2\sqrt{m}$ なので，これが示せれば十分である．

ここで，混色である 2×2 のマス目を頂点とし，次のように辺を張ったグラフ G を考える．(以下で用いるグラフ理論の用語については本解答末尾を参照のこと.)

> 各整数 $1 < i < R$ について，上から i 行目が混色であるならば，(i,j) と $(i,j+1)$ の色が異なるような $1 \leqq j < C$ を 1 つとり，$[i-1,j]$ と $[i,j]$ の間に辺を張る．同様に，各整数 $1 < j < C$ について，左から j 列目が混色であるならば，(i,j) と $(i+1,j)$ の色が異なるような $1 \leqq i < R$ を 1 つとり，$[i,j-1]$ と $[i,j]$ の間に辺を張る．

このとき，G はサイクルを含まないことを示す．G の辺を1つ任意にとる．一般性を失わずに，$1 < i < R$ と $1 \leqq j < C$ を用いて，この辺が $[i-1, j]$ と $[i, j]$ を結んでいるとしてよい．このとき，G の辺の張り方より，この辺以外に，上から1行目から i 行目までに含まれる 2×2 のマス目と上から i 行目から R 行目までに含まれる 2×2 のマス目を結ぶような辺は存在しないから，G はサイクルを含まない．

いま $m \geqq 1$ より G は1つ以上の頂点をもつ．G がサイクルをもたないことより G の各連結成分は木であり，その頂点数はその辺数よりもちょうど1多い．したがって，G の頂点数を V，辺数を E，連結成分数を C とすると，$V = E + C$ となる．辺の張り方より $E \geqq (a-1) + (b-1)$ であり，$C \geqq 1$ とあわせて $V \geqq a + b - 1$ を得る．よって示された．　(補題の証明終り)

1以上 $2n$ 以下の整数 i, j を，上から i 行目にあるマスと左から j 列目にあるマスの色がすべて同じであるようにとる．その色とは異なる色のマスであって，

- 上から1行目から i 行目まで，かつ左から1列目から j 列目までにあるマスの個数を a
- 上から1行目から i 行目まで，かつ左から j 列目から $2n$ 列目までにあるマスの個数を b
- 上から i 行目から $2n$ 行目まで，かつ左から1列目から j 列目までにあるマスの個数を c
- 上から i 行目から $2n$ 行目まで，かつ左から j 列目から $2n$ 列目までにあるマスの個数を d

とする．$f(m)$ を0と $2\sqrt{m} - 1$ のうち大きい方とすると，混色である 2×2 のマス目の個数は補題より $f(a) + f(b) + f(c) + f(d)$ 以上である．$m \geqq 1$ に対して $g(m) = \dfrac{f(m)}{m}$ とおき，さらに $g(0) = g(1) = 1$ とおく．このとき，f は広義単調増加であり，$f(m) = mg(m)$ が任意の $m \geqq 0$ で成り立っている．また，任意の $1 \leqq l \leqq m$ に対して

$$
\begin{aligned}
g(m)-g(l) &= \frac{2\sqrt{m}-1}{m}-\frac{2\sqrt{l}-1}{l} \\
&= \left(\frac{2}{\sqrt{m}}-\frac{2}{\sqrt{l}}\right)-\left(\frac{1}{m}-\frac{1}{l}\right) \\
&= \left(\frac{2}{\sqrt{m}}-\frac{2}{\sqrt{l}}\right)\left(1-\left(\frac{1}{2\sqrt{m}}+\frac{1}{2\sqrt{l}}\right)\right) \\
&\leqq 0
\end{aligned}
$$

なので，$g(0)=g(1)$ とあわせて g は広義単調減少である．$a+b+c+d$ は k もしくは $4n^2-k$ であるから，$n^2-n+1 \leqq k \leqq 2n^2$ より $a+b+c+d \geqq k \geqq n^2-n+1$ なので，

$$
\begin{aligned}
&f(a)+f(b)+f(c)+f(d) \\
&= ag(a)+bg(b)+cg(c)+dg(d) \\
&\geqq ag(a+b+c+d)+bg(a+b+c+d)+cg(a+b+c+d)+dg(a+b+c+d) \\
&= (a+b+c+d)g(a+b+c+d) \\
&= f(a+b+c+d) \\
&\geqq f(n^2-n+1) \\
&> 2n-2
\end{aligned}
$$

となる．よって混色である 2×2 のマス目が少なくとも $2n-1$ 個存在することが示された．特に，$n^2-n+1 \leqq k \leqq n^2$ なる整数 k が条件をみたすことが示された．

最後に $n^2+1 \leqq k \leqq 2n^2$ の場合を考える．混色である 2×2 のマス目の個数が $2n-1$ になるとき，k は $2n$ の倍数であることを示す．$n=1$ の場合は明らかであるので，$n \geqq 2$ とする．

まず，ある行とある列があって，その行またはその列に含まれるマスの色がすべて同じであるとすると，先の議論から混色である 2×2 のマス目の個数が $f(k)$ 以上となるので，$f(k)>2n-1$ より不適である．よって，すべての行が混

色であるとして一般性を失わない．このとき，任意の $1 \leqq i < 2n$ について $[i, j]$ が混色となる $1 \leqq j < 2n$ はちょうど 1 つである．よって，任意の $1 \leqq i \leqq 2n$ について (i, j) と $(i, j+1)$ の色が異なるような $1 \leqq j < 2n$ はちょうど 1 つであり，その j の値は i によらず等しいことがわかる．その値を再び j とおく．ここで，$1 \leqq i < 2n$ について，$(i, 1)$ と $(i+1, 1)$ の色が異なるとすると，$(i, 2n)$ と $(i+1, 2n)$ の色も異なるため，$[i, 1]$ と $[i, 2n-1]$ がともに混色となり，$n \geqq 2$ より矛盾する．よって，任意の $1 \leqq i < 2n$ について $(i, 1)$ と $(i+1, 1)$ の色は同じなので，$(1, 1)$ と同じ色のマスが $2jn$ 個，$(1, 2n)$ と同じ色のマスが $2n(2n-j)$ となり，特に k は $2n$ の倍数である．

ここで k が $2n$ の倍数のとき，$a = \dfrac{k}{2n}$ とすると，左から 1 列目から a 列目にあるマスを黒色で塗り，その他のマスを白色で塗れば，混色である 2×2 のマス目の個数は $2n-1$ となる．よって $n^2 + 1 \leqq k \leqq 2n^2$ の場合は，k が $2n$ の倍数のとき，およびそのときに限って条件をみたすことが示された．

以上より，求める k は $n^2 - n + 1 \leqq k \leqq n^2$ なる整数 k および $n^2 + 1 \leqq k \leqq 2n^2$ なる $2n$ の倍数 k である．

参考． 以下，解答で用いたグラフ理論の用語を解説する．

- **パス**とは，相異なる頂点の組 $(v_1, v_2, \cdots, v_n)$ であって，$1 \leqq i \leqq n-1$ に対して，v_i と v_{i+1} が辺で結ばれているものをいう．このとき，v_1 を**始点**といい，v_n を**終点**という．

- **サイクル**とは，3 個以上の頂点からなるパスであって，その始点と終点が辺で結ばれているものをいう．

- **連結成分**とは，頂点の集合であって，ある頂点 v を用いて，v を始点とするパスの終点となりうる頂点全体として表されるものである．

- **木**とは，サイクルをもたず，連結成分が 1 つであるグラフのことをいう．木の頂点の数は辺の数よりちょうど 1 大きいことが知られている．

2.5 第32回 日本数学オリンピック 本選 (2022)

● 2022 年 2 月 11 日 [試験時間 4 時間，5 問]

1. 横一列に並んだ 2022 個のマスを使って, A さんと B さんがゲームを行う. はじめ, 左から奇数番目のマスには A さんの名前が, 偶数番目のマスには B さんの名前が書かれており, A さんから始めて交互に以下の操作を行う.

> 自分の名前が書かれている 2 マスであって, 隣接しておらず, 間に挟まれたマスにはすべて相手の名前が書かれているものを選ぶ. 選んだ 2 マスの間に挟まれたマスに書かれている相手の名前をすべて自分の名前に書き換える.

どちらかが操作を行えなくなったらゲームを終了する. 次の条件をみたす最大の正の整数 m を求めよ.

> B さんの操作の仕方にかかわらず, A さんはゲームが終了したとき, A さんの名前が書かれているマスが m 個以上あるようにできる.

2. 正の整数に対して定義され正の整数値をとる関数 f であって, 任意の正の整数 m, n に対して

$$f^{f(n)}(m) + mn = f(m)f(n)$$

が成り立つようなものをすべて求めよ. ただし, $f^k(n)$ で $\underbrace{f(f(\cdots f}_{k\text{ 個}}(n)\cdots))$

を表すものとする.

3.　$AB = AC$ なる二等辺三角形 ABC があり, その内部 (周上を含まない) の点 O を中心とし C を通る円 ω が辺 BC, AC (端点を除く) とそれぞれ D, E で交わっている. 三角形 AEO の外接円 Γ と ω の交点のうち E でない方を F とする. このとき, 三角形 BDF の外心は Γ 上にあることを示せ. ただし, XY で線分 XY の長さを表すものとする.

4.　$3^x - 8^y = 2xy + 1$ をみたす正の整数の組 (x, y) をすべて求めよ.

5.　以下の命題が成立するような正の整数 m としてありうる最小の値を求めよ.

> 円周上に 999 個のマスが並んでおり, 任意のマス A および任意の m 以下の正の整数 k に対して次の少なくとも一方が成り立つように, それぞれのマスに 1 つずつ実数が書かれている.
>
> - A から時計回りに k 個進んだ先のマスに書かれた数と A に書かれた数の差が k である.
> - A から反時計回りに k 個進んだ先のマスに書かれた数と A に書かれた数の差が k である.
>
> このときあるマス S が存在し, S に書かれている実数を x とすると, 次の少なくとも一方が成り立つ.
>
> - 任意の 999 未満の正の整数 k に対し, S から時計回りに k 個進んだ先のマスに書かれた数が $x + k$ である.
> - 任意の 999 未満の正の整数 k に対し, S から反時計回りに k 個進んだ先のマスに書かれた数が $x + k$ である.

解答

【1】 はじめ, 書かれている名前が異なるような隣りあう 2 マスは 2021 組あり, 1 回の操作でちょうど 2 組減る. また, そのような 2 マスが 3 組以上あれば必ず操作を行えるから, ゲームが終了したとき, そのような 2 マスはちょうど 1 組となる. したがって, 操作の回数は 2 人合わせてちょうど 1010 回である.

A さんが操作を行うとき, 書かれている名前が異なるような隣りあう 2 マスが 3 組以上ある. それらのうち, 一番左にある組を (X, Y) とし, その次に左にある組を (Z, W) とする. X が Y より左にあり, Z が W より左にあるとすると, X と W には A さんの名前が書かれており, X と W の間に挟まれたマスにはすべて B さんの名前が書かれている. よって, マス X と W に対して操作を行うことで, A さんは 1 回の操作で左端から連続して自分の名前が書かれているマスの個数を 2 以上大きくすることができる. 一方で, A さんの名前が書かれたマスが左端から連続しているとき, それらのマスは B さんの操作によって書き換えられることはないので, その個数は B さんの操作によって減ることはない. よって, A さんは 505 回の操作を行うから, $m = 1 + 2 \cdot 505 = 1011$ は条件をみたす. 一方で, B さんについても同様に, 右端から連続して自分の名前が書かれているマスの個数を最終的に 1011 以上にできるから, $m \leqq 2022 - 1011 = 1011$ である. 以上より, 1011 が答である.

【2】 ℓ を正の整数とする. 与式にそれぞれ $(m, n) = (f(\ell), \ell), (\ell, f(\ell))$ を代入したものを比較することで,

$$f^{f(\ell)+1}(\ell) + \ell f(\ell) = f(\ell)f(f(\ell)) = f^{f(f(\ell))}(\ell) + \ell f(\ell),$$

すなわち $f^{f(\ell)+1}(\ell) = f^{f(f(\ell))}(\ell)$ を得る.

また, 与式に $m = n$ を代入して $f(n)^2 = n^2 + f^{f(n)}(n) > n^2$ を得るので, $f(n) > n$ が従う. ゆえに, 任意の正の整数 k に対して $f^{k+1}(n) = f(f^k(n)) > f^k(n)$ であるから,

$$f(n) < f^2(n) < f^3(n) < \cdots$$

となる. 特に, 正の整数 s, t が $f^s(n) = f^t(n)$ をみたすならば $s = t$ である. これと $f^{f(\ell)+1}(\ell) = f^{f(f(\ell))}(\ell)$ をあわせることで, $f(f(\ell)) = f(\ell) + 1$ を得る.

ここで, 任意の正の整数 k, n に対して $f^k(n) = f(n) + k - 1$ であることを, k に関する帰納法で示す. $k = 1, 2$ の場合はよい. 2 以上の正の整数 k_0 について, $k = k_0$ で成立すると仮定すると, $f^{k_0+1}(n) = f^{k_0}(f(n)) = f(f(n)) + k_0 - 1 = f(n) + k_0 = f(n) + (k_0 + 1) - 1$ であるから, $k = k_0 + 1$ においても成立する. 以上より, 任意の正の整数 k, n に対して $f^k(n) = f(n) + k - 1$ であることが示された.

特に $f^{f(n)}(n) = f(n) + f(n) - 1 = 2f(n) - 1$ であり, これと $f(n)^2 = n^2 + f^{f(n)}(n)$ をあわせて整理すると, $(f(n) - 1)^2 = n^2$ を得る. $f(n) - 1 \geqq 0$ より $f(n) - 1 = n$, つまり $f(n) = n + 1$ である.

逆に $f(n) = n + 1$ のとき, 与式の左辺は $f^{f(n)}(m) + mn = m + f(n) + mn = mn + m + n + 1$ であり, 右辺は $f(m)f(n) = (m + 1)(n + 1) = mn + m + n + 1$ であるから, これが解である.

【3】　相異(あい)なる 3 点 X, Y, Z に対して, 直線 XY を X を中心に反時計周りに角度 θ だけ回転させたときに直線 XZ に一致するとき, この θ を ∡YXZ で表す. ただし, 180° の差は無視して考える.

OE = OF より, 円周角の定理から ∡FAO = ∡OAE = ∡OAC である. よって,

$$\begin{aligned} \measuredangle\mathrm{AOF} &= 180^\circ - \measuredangle\mathrm{FAO} - \measuredangle\mathrm{OFA} \\ &= 180^\circ - \measuredangle\mathrm{OAC} - \measuredangle\mathrm{OEC} \\ &= 180^\circ - \measuredangle\mathrm{OAC} - \measuredangle\mathrm{ACO} \\ &= \measuredangle\mathrm{COA} \end{aligned}$$

なので, 三角形 AOF と AOC は合同である. したがって, AB = AC = AF であり, A は三角形 BFC の外心となるため, 円周角の定理より ∡FAC = 2∡FBC となる.

ここで, 直線 ED と Γ が再び交わる点を P とすると, 円周角の定理より

$\measuredangle\mathrm{FPO} = \measuredangle\mathrm{OPE} = \measuredangle\mathrm{OPD}$ である．よって，

$$\begin{aligned}\measuredangle\mathrm{POF} &= 180^\circ - \measuredangle\mathrm{FPO} - \measuredangle\mathrm{OFP} \\ &= 180^\circ - \measuredangle\mathrm{OPD} - (180^\circ - \measuredangle\mathrm{PEO}) \\ &= 180^\circ - \measuredangle\mathrm{OPD} - (180^\circ - \measuredangle\mathrm{ODE}) \\ &= 180^\circ - \measuredangle\mathrm{OPD} - \measuredangle\mathrm{PDO} \\ &= \measuredangle\mathrm{DOP}\end{aligned}$$

なので, 三角形 POF と POD が合同であり, $\mathrm{PD} = \mathrm{PF}$ が従う．

いま円周角の定理より $\measuredangle\mathrm{FPD} = \measuredangle\mathrm{FPE} = \measuredangle\mathrm{FAE} = \measuredangle\mathrm{FAC} = 2\measuredangle\mathrm{FBC} = 2\measuredangle\mathrm{FBD}$ となる．$\mathrm{PD} = \mathrm{PF}$ とあわせて円周角の定理の逆より, 三角形 BDF の外心は P であり, Γ 上にある．

補題　角度の向きを考えない場合, $\mathrm{PD} = \mathrm{PF}$ と $\angle\mathrm{FPD} = 2\angle\mathrm{FBD}$ から P が三角形 BDF の外心であることを導くためには, B と P が直線 DF に関して同じ側にあることを示す必要がある．

別解　$a = \angle\mathrm{CBA} = \angle\mathrm{ACB}$ とおく．円周角の定理より $\angle\mathrm{EOD} = 2\angle\mathrm{ECD} = 2\angle\mathrm{ACB} = 2a$ である．ここで, $\angle\mathrm{ODC} = \angle\mathrm{OCD} < \angle\mathrm{ACB} = \angle\mathrm{ABC}$ であるので, 直線 AB と OD は平行でない．この 2 直線の交点を G とすると, $\angle\mathrm{GAE} + \angle\mathrm{EOG} = (180^\circ - \angle\mathrm{CBA} - \angle\mathrm{ACB}) + \angle\mathrm{EOD} = (180^\circ - 2a) + 2a = 180^\circ$ であるので, 円周角の定理の逆より G は Γ 上にある．

ここで, $\angle\mathrm{ODE} = 90^\circ - \dfrac{1}{2}\angle\mathrm{EOD} = 90^\circ - a$ である．よって, 三角形 GBD の外心を P とすると, $\angle\mathrm{GDP} = 90^\circ - \dfrac{1}{2}\angle\mathrm{DPG} = 90^\circ - \angle\mathrm{DBA} = 90^\circ - a = \angle\mathrm{ODE}$ となるので, E, D, P は同一直線上にある．また, $\angle\mathrm{PGO} = \angle\mathrm{PGD} = \angle\mathrm{GDP} = \angle\mathrm{ODE} = \angle\mathrm{DEO} = \angle\mathrm{PEO}$ であるので, 円周角の定理の逆より P は Γ 上にある．

直線 OP に関して D と対称な点を F' とする．$\mathrm{OD} = \mathrm{OF}'$ なので, F' は ω 上にある．さらに, $\mathrm{PB} = \mathrm{PD} = \mathrm{PF}'$ より, P は三角形 BDF' の外心である．ここで, $\angle\mathrm{OFP}' = \angle\mathrm{PDO}$, $\angle\mathrm{PEO} = \angle\mathrm{ODE}$ なので, $\angle\mathrm{OFP}' + \angle\mathrm{PEO} = \angle\mathrm{PDO} + \angle\mathrm{ODE} = 180^\circ$ が成り立つ．よって, 円周角の定理の逆より F' は Γ 上にある．

これより, F' は Γ と ω の E でない交点なので F と一致する. したがって, 三角形 BDF の外心は P であり, Γ 上にある.

【4】　素数 p および正の整数 n に対し, n が p^i で割りきれるような最大の非負整数 i を $\mathrm{ord}_p\, n$ で表す.

y の偶奇で場合分けをする. まず y が偶数であるとする. $3^x = 8^y + 2xy + 1 \equiv 1 \pmod 4$ であるので, x は偶数である. 正の整数 z, w を用いて $x = 2z, y = 2w$ と書くと, $8zw + 1 = 3^{2z} - 8^{2w} = (3^z - 8^w)(3^z + 8^w) \geqq 3^z + 8^w$ を得る. $3^z - 8^w > 0$ より $z > w$ であるので, $8z^2 + 1 > 8zw + 1 > 3^z$ となる. $z \geqq 6$ ならば, 二項定理より

$$3^z = (2+1)^z \geqq 2^{z-2} \cdot {}_z\mathrm{C}_2 + 2^{z-1}z + 2^z > 16 \cdot {}_z\mathrm{C}_2 + 32z + 1 > 8z^2 + 1$$

なので不適である. $z = 5$ でも $3^z > 8z^2 + 1$ となるので, $z = 1, 2, 3, 4$ が必要である. $9^4 \geqq 9^z > 64^w$ より, $w = 1, 2$ が必要であり, $3^z + 8^w \leqq 8zw + 1 \leqq 65$ より $w = 1$ が必要である. $z = 1, 2, 3, 4$ のうち $9^z = 8z + 65$ をみたすのは $z = 2$ のみであるので, $(z, w) = (2, 1)$, つまり $(x, y) = (4, 2)$ が解である.

次に y が奇数であるとする. $8^y + 1 = 3^x - 2xy$ より $\mathrm{ord}_3(8^y + 1) = \mathrm{ord}_3(3^x - 2xy)$ である. ここで, 以下の補題を用いる.

補題　任意の正の奇数 y に対し $\mathrm{ord}_3(8^y + 1) = \mathrm{ord}_3\, y + 2$ が成り立つ.

補題の証明　y についての帰納法で証明する. $y = 1$ のとき, $\mathrm{ord}_3(8^y + 1) = \mathrm{ord}_3\, y + 2 = 2$ より成立する. 3 以上の奇数 ℓ について $y < \ell$ で補題が成立すると仮定する.

まず ℓ が 3 の倍数でないとき, 非負整数 k および 3 未満の正の整数 r を用いて $\ell = 3k + r$ と書ける. このとき, $8^\ell = 8^r \times 512^k \equiv (-1)^k 8^r \pmod{27}$ であり, r は 1 か 2 なので $8^r \not\equiv \pm 1 \pmod{27}$ から $8^\ell + 1 \not\equiv 0 \pmod{27}$ となる. 一方で ℓ が奇数であることより $8^\ell + 1 \equiv 0 \pmod 9$ なので, $\mathrm{ord}_3(8^\ell + 1) = 2$ である. よって, ℓ が 3 の倍数でないとき成立する.

ℓ が 3 の倍数のとき, 正の奇数 k を用いて $\ell = 3k$ と書ける. このとき, $8^\ell + 1 = (8^k + 1)(64^k - 8^k + 1)$ なので, $\mathrm{ord}_3(8^\ell + 1) = \mathrm{ord}_3(8^k + 1) + \mathrm{ord}_3(64^k - 8^k + 1)$ となる. $k < \ell$ であるので, 帰納法の仮定より, $\mathrm{ord}_3(8^k + 1) = \mathrm{ord}_3\, k + 2$ である. $64^k - 8^k + 1 \equiv 3 \pmod 9$ より, $\mathrm{ord}_3(64^k - 8^k + 1) = 1$ であるから,

$\mathrm{ord}_3(8^\ell+1)=\mathrm{ord}_3 k+3=\mathrm{ord}_3\ell+2$ となる．よって，ℓ が 3 の倍数のときも成立する． (補題の証明終り)

$0<3^x-2xy<3^x$ より $\mathrm{ord}_3(3^x-2xy)<x$ であることと補題とをあわせて $\mathrm{ord}_3 2xy=\mathrm{ord}_3(3^x-2xy)=\mathrm{ord}_3 y+2$ となり，$\mathrm{ord}_3 x=2$ を得る．

したがって，x は 9 の倍数である．このとき，3 の倍数 v を用いて $x=3v$ と書け，$6vy+1=3^{3v}-2^{3y}=(3^v-2^y)(9^v+3^v\cdot 2^y+4^y)>9^v$ を得る．$3^v-2^y>0$ より $2v>y$ であるので，$12v^2+1>6vy+1>9^v$ となる．ここで $v\geqq 3$ なので，二項定理より

$$9^v=(8+1)^v\geqq 64\cdot{}_v\mathrm{C}_2+8v+1>12v^2+1$$

であるので不適である．よって，y が奇数の場合，解は存在しない．以上より，求める解は $(x,y)=(4,2)$ である．

【5】 適当に 1 つマスを選び，$1\leqq k\leqq 999$ について，そのマスから時計回りに k 個進んだマスをマス k とよぶこととし，マス k に書かれている数を a_k とする．まず，$m\leqq 250$ のときに反例があることを示す．特に $m=250$ のときに示せばよい．

$$a_i=\begin{cases} i & (1\leqq i\leqq 500)\\ 1000-i & (501\leqq i\leqq 999)\end{cases}$$

と定める．j を 250 以下の任意の正の整数とする．$1\leqq i\leqq 250$ のときは，$1\leqq i<i+j\leqq 500$ であるから $|a_{i+j}-a_i|=|(i+j)-i|=j$ が成り立つ．$251\leqq i\leqq 500$ のときは $1\leqq i-j<i\leqq 500$ であるから $|a_{i-j}-a_i|=|(i-j)-i|=j$ が成り立つ．$1\leqq k\leqq 499$ に対して $a_{500+k}=a_{500-k}$ が成り立っていることに注意すると，$501\leqq i\leqq 999$ のときは $1\leqq i\leqq 499$ のときに帰着され，同様に成り立つことが分かる．よってこれは命題の仮定をみたしているが，結論が成り立たないので反例である．

次に，$m=251$ のとき命題が成り立つことを示す．任意の隣りあう 2 つのマスに書かれた数の差が奇数であるとすると，$(a_1-a_2)+(a_2-a_3)+\cdots+(a_{998}-a_{999})+(a_{999}-a_1)$ が奇数となるが，この値は 0 であるため矛盾する．よって書かれている数の差が奇数でないような隣りあう 2 マスが存在する．$a_{999}-a_1$ が奇数でないとしても一般性を失わない．このとき $|a_{999}-a_1|\neq 1$ であるから，

$|a_2-a_1|$ および $|a_{998}-a_{999}|$ は 1 に等しくなければならない．これより，$|a_{999}-a_1|$ が奇数でないことと合わせて $|a_2-a_{999}|$ および $|a_{998}-a_1|$ はどちらも 2 でないから，$|a_3-a_1|$ および $|a_{997}-a_{999}|$ は 2 に等しくなければならない．同様に，$|a_{997}-a_1|$ および $|a_3-a_{999}|$ はどちらも 3 でないから，$|a_4-a_1|$ および $|a_{996}-a_{999}|$ は 3 に等しくなければならない．

$d=a_2-a_1$ とする．このとき，$d=\pm1$ である．以下，帰納法を用いて，1 以上 500 以下の整数 i に対して，$a_i=a_1+d(i-1)$ となることを示す．まず，$|a_{999}-a_2|\neq 2$ より，$|a_4-a_2|=2$ であるから，$|a_2-a_1|=1$, $|a_4-a_1|=3$ とあわせて，$a_4-a_1=3d$ を得る．さらに，$|a_2-a_3|$ と $|a_4-a_3|$ のいずれかが 1 と等しいことと，$|a_3-a_1|=2$ から，$a_3-a_1=2d$ もわかる．以上より，i が 4 以下のときには $a_i=a_1+d(i-1)$ となる．k を 5 以上 500 以下の整数として，i が $k-1$ 以下のときに $a_i=a_1+d(i-1)$ が成り立つとする．k が奇数のとき，$k=2n-1$ となる正の整数 n をとると，$3\leqq n\leqq 250$ となる．特に，$n+1\leqq m$ である．マス k から反時計回りに $n+1$ マス進んだ先のマスはマス $n-2$, さらに反時計回りに $n+1$ マス進んだ先のマスはマス 996 である．したがって，$|a_k-a_{n-2}|$ と $|a_{996}-a_{n-2}|$ のいずれかは $n+1$ と等しいが，$|a_{996}-a_{n-2}|=|(a_{996}-a_{999})+(a_{999}-a_1)-(a_{n-1}-a_1)|\neq n+1$ であるから，$|a_k-a_{n-2}|=n+1$ である．同様にして，$|a_k-a_{n-1}|=n$ であるから，帰納法の仮定とあわせて $a_k=a_1+d(k-1)$ が得られる．k が偶数のときも同様に，$k=2n$ となる正の整数 n をとると，$3\leqq n\leqq 250$ であり，$|a_k-a_{n-1}|=n+1$, $|a_k-a_n|=n$ がわかるから，帰納法の仮定とあわせて $a_k=a_1+d(k-1)$ が得られる．以上より，任意の 1 以上 500 以下の整数 i に対して，$a_i=a_1+d(i-1)$ である．

同様にして $d'=a_{998}-a_{999}$ とすると，任意の 1 以上 500 以下の整数 i に対して，$a_{1000-i}=a_{999}+d'(i-1)$ であることもわかる．ここで $d=d'$ とすると，$|a_{999}-a_{251}|=|250d+(a_1-a_{999})|\neq 251$, $|a_{502}-a_{251}|=|249d-2d'|=247\neq 251$ より矛盾する．ゆえに $d=-d'$ であるから $a_1,a_2,\cdots,a_{999}$ は公差 d の等差数列となるが，d は ±1 のいずれかであったから，命題が成り立つことが示された．

したがって，求める値は 251 である．

第3部

アジア太平洋数学オリンピック

3.1　第34回 アジア太平洋数学オリンピック (2022)

● 2022 年 3 月 15 日 [試験時間 4 時間，5 問]

1.　正の整数の組 (a,b) であって, a^3 が b^2 の倍数であり, かつ $b-1$ が $a-1$ の倍数であるようなものをすべて求めよ. ただし, 整数 n が整数 m の倍数であるとは, $n=km$ が成り立つような整数 k が存在することをいう.

2.　$\angle \mathrm{B}=90^\circ$ なる直角三角形 ABC がある. 点 D を線分 BC の B 側への延長線上にとり, 線分 AD の中点を E とする. 三角形 ACD の外接円と三角形 BDE の外接円が D でない点 F で交わっているとき, 直線 EF は D の位置によらずある定点を通ることを示せ.

3.　202 未満の正の整数 k であって,

$$\left\{\frac{n}{202}\right\}+\left\{\frac{2n}{202}\right\}+\cdots+\left\{\frac{kn}{202}\right\}=\frac{k}{2}$$

をみたす正の整数 n が存在するものをすべて求めよ.

ただし, 実数 x に対して $0 \leqq r < 1$ なる実数 r であって $x-r$ が整数となるものを $\{x\}$ で表す.

4.　n, k を正の整数とする. 1 番から n 番までの番号が振られた計 n 個のボールと, k 個の箱がある. はじめすべてのボールは同じ箱に入っている. 康夫君は次の操作を何回でも行うことができる.

> ボールが入っている箱を 1 つ選び, その箱に入っているボールのうち振られている番号が最小のものを取り出す. そのボールの番号を i としたとき, 取り出したボールを空の箱または $i+1$

番のボールが入っている箱に入れる.

康夫君の目標は, n 番のボールのみが入っている箱を作ることである. 何回かの操作の後で康夫君が目標を達成できるような組 (n,k) をすべて求めよ.

5. 実数 a, b, c, d が $a^2+b^2+c^2+d^2=1$ をみたすとき, $(a-b)(b-c)(c-d)(d-a)$ のとりうる最小の値を求め, その最小の値を実現する組 (a,b,c,d) をすべて求めよ.

解答

【1】　整数 x, y, z について, $x-y$ が z の倍数であることを $x \equiv y \pmod{z}$ とかく.

$b<a$ のとき, $b>1$ とすると $b-1$, $a-1$ はともに正であり, また $b-1$ が $a-1$ の倍数であるから $a-1 \leqq b-1$ が成り立つが, これは $b<a$ に反する. よって $b=1$ である. 逆に, 任意の 2 以上の整数 n に対して, $(a,b)=(n,1)$ は題意をみたす.

$b \geqq a$ のとき, a^3 が b^2 の倍数であるから, ある正の整数 c を用いて $a^3=b^2c$ と書ける. ここで, $b-1$ が $a-1$ の倍数であるから $b \equiv 1 \pmod{a-1}$ が成り立つので,

$$1 \equiv a^3 = b^2c \equiv c \pmod{a-1} \qquad (*)$$

が従う.

- $c<a$ のとき

  $(*)$ および $c<a$ より $c=1$ となるので, $a^3=b^2$ である. ゆえに a^3 が平方数であるから, a も平方数となる. よって, ある正の整数 d を用いて $a=d^2$ と書け, このとき $b=d^3$ である. $b-1$ は $a-1$ の倍数であるから, これより d^3-1 は d^2-1 の倍数となる. $c<a$ より $d \geqq 2$ であるから, $d^3-1=(d-1)(d(d+1)+1)$ および $d^2-1=(d-1)(d+1)$ とあわせて, $d(d+1)+1$ は $d+1$ の倍数となる. ゆえに 1 は $d+1$ の倍数となるが, このような正の整数 d は存在しない.

- $c \geqq a$ のとき

  $b^2c \geqq b^2a \geqq a^3 = b^2c$ となるので, $b^2c=b^2a=a^3$ がわかり, $a=b=c$ を得る. 逆に, 任意の正の整数 n に対して, $(a,b)=(n,n)$ は題意をみたす.

以上より, 求める解は $(a,b)=(n,n),(n,1)$ (n は正の整数) である.

【2】 相異(あい)なる 3 点 X, Y, Z に対して, 直線 XY を X を中心に反時計周りに角度 θ だけ回転させたときに直線 XZ に一致するとき, この θ を $\measuredangle$YXZ で表す. ただし, 180° の差は無視して考える. また, 線分の長さはすべて符号付きであるとする.

直角三角形 ABD の外心は線分 AD の中点 E であるから, $\measuredangle$DBE = $\measuredangle$EDB が成り立つ. ゆえに, 直線 EF と三角形 ACD の外接円の交点のうち F でない方を G とすれば,

$$\measuredangle \mathrm{DAG} = \measuredangle \mathrm{DFG} = \measuredangle \mathrm{DFE} = \measuredangle \mathrm{DBE} = \measuredangle \mathrm{EDB} = \measuredangle \mathrm{ADC}$$

が成り立つから, 直線 AG と DC は平行である. よって, 直線 EG と BC は平行でないから, これらの交点を P とすれば, AE = ED より AG = PD となる. G から直線 BC におろした垂線の足を H とすると, A, G, D, C が同一円周上にあり, 直線 AG と DC が平行であることより, DH = BC および AG=BH が成り立つ. これらより,

$$\mathrm{PB} = \mathrm{PD} + \mathrm{DB} = \mathrm{AG} + \mathrm{DB} = \mathrm{BH} + \mathrm{DB} = \mathrm{DH} = \mathrm{BC}$$

を得るので, P は B に対して C と対称な点であり, 特に D によらない定点である. P は直線 EF 上の点であったから, 題意が示された.

【3】 非負整数 m について, m を 202 で割った余りを m' とすると $\left\{\frac{m}{202}\right\} = \frac{m'}{202}$ であることから, 与式は $n, 2n, \cdots, kn$ を 202 で割った余りの平均が 101 であることと同値である. 1 以上 k 以下の任意の整数 i について $\left\{\frac{in}{202}\right\} = \left\{\frac{i(n+202)}{202}\right\}$ となるので, $1 \leqq n \leqq 202$ としてよい.

$n = 101$ のとき, $k = 1$ ならば明らかに与式をみたす. $k \geqq 2$ ならば $n, 2n, \cdots, kn$ を 202 で割った余りは 0 と 101 のみで, かつ余りが 0 となるものが 1 つ以上あるので, 平均は 101 よりも小さくなり与式はみたさない. $n = 202$ のとき, 各 i に対して $\left\{\frac{in}{202}\right\} = 0$ なので, どの k についても与式は成立しない.

n は 101 でも 202 でもないとする. このとき n は 101 で割りきれない. 1 以

上 k 以下の整数 i に対して整数 a_i を, $a_i = \dfrac{in}{202} - \left\{\dfrac{in}{202}\right\}$ で定める. 与式より

$$n(1+2+\cdots+k) - 202(a_1+a_2+\cdots+a_k) = 101k$$

であり, これは

$$nk(k+1) = 101(4(a_1+a_2+\cdots+a_k)+2k)$$

と同値である. したがって k, n が与式をみたすとき, $nk(k+1)$ は 101 で割りきれなければいけない. 101 は素数であり, また n は 101 で割りきれないので, k と $k+1$ のいずれかが 101 で割りきれる. $k < 202$ より, k としてありうる値は 100, 101, 201 のみである.

- $k = 100$ のとき, $n = 2$ とすれば $n, 2n, \cdots, kn$ を 202 で割った余りはそれぞれ $2, 4, \cdots, 200$ で, 平均が 101 となるので与式をみたす.

- $k = 101$ のとき, $n = 51$ とする. このとき, n, $2n$, $3n$, $4n$ を 202 で割った余りはそれぞれ 51, 102, 153, 2 であり, 平均は 77 である. $4n$ を 202 で割った余りが 2 であることから, 0 以上 24 以下の整数 t に対して $(4t+1)n$, $(4t+2)n$, $(4t+3)n$, $(4t+4)n$ を 202 で割った余りはそれぞれ $51+2t$, $102+2t$, $153+2t$, $2+2t$ であり, 平均は $77+2t$ であることがわかる. ただしここで $153+2t < 202$ を用いた. したがって $n, 2n, \cdots, (k-1)n$ を 202 で割った余りの平均は $\dfrac{77+(77+2\cdot 24)}{2} = 101$ となる. kn を 202 で割った余りが 101 であることとあわせて, 全体での平均が 101 となることがわかるので, この n は与式をみたす.

- $k = 201$ のとき, $n = 1$ とすれば $n, 2n, \cdots, kn$ を 202 で割った余りはそれぞれ $1, 2, \cdots, 201$ で, 平均が 101 となるので与式をみたす.

以上より, 求める値は 1, 100, 101, 201 である.

【4】　求める組 (n, k) は $n \leqq 2^{k-1}$ をみたすものすべてであることを示す.

まず, はじめの状態と操作の定義より, 空でない箱に入っているボールの番号は連続している. このことに注意すると, すべての操作は**可逆**である, すなわち,

任意の操作 A について, 操作 A の後に適切な操作を 1 回行うことでボールを操作 A を行う前の状態に戻すことができることがわかる.

また, 正の整数 x, y について, 組 $(n, k) = (x+1, y)$ が条件をみたすならば $(n, k) = (x, y)$ も条件をみたすことに注意する. 実際, $(n, k) = (x+1, y)$ のときに目標を達成できる操作の列において, $x+1$ 番のボールおよびその移動を無視すると, x 番のボールが $x+1$ 番のボールの入っている箱に移動する操作は空の箱に移動することに対応するので, この操作の列によって $(n, k) = (x, y)$ のときに目標を達成できる.

以下, はじめにボールが入っている箱を箱 1 とし, その他の箱を箱 2, 箱 3,$\cdots$, 箱 k とする.

$n \leqq 2^{k-1}$ のときに康夫君が目標を達成できることを示す. $n = 2^{k-1}$ の場合について示せばよいので, $n = 2^{k-1}$ の場合に康夫君が何回かの操作によって箱 1 に n 番のボールのみが入っているようにできることを k についての帰納法で示す. $k = 1, n = 1$ の場合は明らかであるので, m を正の整数として, $k = m$ の場合を仮定して $k = m+1$ の場合を示す. 帰納法の仮定より, 何回かの操作によって, 箱 2 を空にしたまま箱 1 に番号が $2^{m-1} - 1$ 以下のボールが入っていないようにできる. その後に, 2^{m-1} 番のボールを箱 1 から箱 2 にうつす. すると, 操作は可逆であるので, 再び帰納法の仮定より, 何回かの操作によって箱 1 に $2^{m-1}+1, 2^{m-1}+2, \cdots, 2^m$ 番のボールが, 箱 2 に $1, 2, \cdots, 2^{m-1}$ 番のボールが入っており, それ以外の箱は空になっているようにできる. そして, みたび帰納法の仮定より, 何回かの操作によって, 箱 2 にボールを出し入れすることなく番号が $2^m - 1$ 以下のボールすべてを箱 1 から出すことができるので, 結局 $k = m+1$ の場合も目標を達成でき, 示された.

逆に, $n > 2^{k-1}$ のときに康夫君は目標を達成できないことを示す. 上の場合と同様に, $n = 2^{k-1} + 1$ の場合について示せばよいので, これを k についての帰納法で示す. $k = 1, n = 2$ の場合は明らかであるので, m を正の整数として, $k = m$ の場合を仮定して $k = m+1$ の場合を背理法により示す. $k = m+1$ の場合に康夫君が目標を達成できたと仮定する. このとき, $2^m + 1$ 番のボールは最後まで箱 1 に入っているとしてよい. 康夫君が行った操作のうち, $2^{m-1} + 1$

番のボールを最後に箱1から取り出した操作を操作Xと呼ぶことにする．このとき，以下の補題が成り立つ．

補題　操作Xの後に1番のボールと番号が $2^{m-1}+1$ 以上のボールが同じ箱に入ることはない．

補題の証明　空でない箱に入っているボールの番号は連続していることに注意する．

操作Xの後に $1, 2, \cdots, 2^{m-1}+1$ 番のボールが同じ箱に入ったとして矛盾を導く．このとき，操作が可逆であることより，$2^{m-1}+2, \cdots, 2^m$ 番のボールを動かす操作を無視したうえで操作Xの直後の操作から $1, 2, \cdots, 2^{m-1}+1$ 番のボールが同じ箱に入るまでの操作を逆に辿(たど)ることで，$k=m+1$, $n=2^{m-1}+1$ の場合に目標を達成できる操作の列を得る．さらに，操作Xの定義より，こうして得た操作の列は箱1にボールを出し入れしないので，この操作の列は $k=m$, $n=2^{m-1}+1$ の場合に目標を達成できる操作の列にもなっている．これは帰納法の仮定に矛盾するので，示された．　(補題の証明終り)

操作Xの直前では $2^{m-1}+1$ 番と 2^m+1 番のボールが共に箱1に入っているので，$2^{m-1}+1, 2^{m-1}+2, \cdots, 2^m+1$ 番のボールはすべて箱1に入っていることに注意する．すると，以下のようにして，$k=m+1$, $n=2^m+1$ の場合の操作X以降の操作の列 $\mathrm{X}_1\mathrm{X}_2\cdots\mathrm{X}_N$ から $k=m$, $n=2^{m-1}+1$ の場合に目標を達成できるような新たな操作の列 $\mathrm{Y}_1\mathrm{Y}_2\cdots\mathrm{Y}_N$ を構成できる．

必要ならば箱の番号を入れ替えることによって操作Xの直前では1番のボールは箱 $m+1$ に入っているとしてよい．以下の構成では $k=m+1$ の場合の $2^{m-1}+1, 2^{m-1}+2, \cdots, 2^m+1$ 番のボールをそれぞれ $k=m$ の場合の $1, 2, \cdots, 2^{m-1}+1$ 番のボールと対応させ，$k=m+1$ の場合の箱 $1, 2, \cdots, m$ をそれぞれ $k=m$ の場合の箱 $1, 2, \cdots, m$ に対応させている．

- $1 \leqq j \leqq m$ とする．操作 X_l において1番のボールが箱 $m+1$ から箱 j に移された場合，Y_l では何もしない．ただし，$k=m+1$ の場合の方で箱 j と箱 $m+1$ の番号を入れ替えて，ふたたび1番のボールが箱 $m+1$ に入っているようにする．(補題より元の箱 j にも新しい箱 j にも $2^{m-1}+1$ 番

以上のボールは入っていないので, これは $k = m$ の場合にも可能な操作である.)

- $1 \leqq i \leqq 2^{m-1}+1$, $1 \leqq j, j' \leqq m+1$ とする. 操作 X_l において $2^{m-1}+i$ 番のボールが箱 j から箱 j' に移された場合, Y_l では i 番のボールを箱 j から箱 j' に移動させる. (補題および箱 $m+1$ の取り方より, 実際には $j, j' \leqq m$ である.)

- 操作 X_l が上 2 つのいずれにも当てはまらない場合, Y_l では何もしない. (このような操作 X_l では $2^{m-1}+1$ 番以上のボールは移されないことに注意する.)

これは帰納法の仮定に矛盾するので, 示された.

【5】 求める最小の値は $-\dfrac{1}{8}$ であることを示す. この値を実現する組は全部で 8 つ存在する. まず,

$$\left(\frac{1}{4}+\frac{\sqrt{3}}{4}, -\frac{1}{4}+\frac{\sqrt{3}}{4}, \frac{1}{4}-\frac{\sqrt{3}}{4}, -\frac{1}{4}-\frac{\sqrt{3}}{4}\right)$$

およびその巡回で 4 組存在する. また,

$$\left(\frac{1}{4}+\frac{\sqrt{3}}{4}, -\frac{1}{4}-\frac{\sqrt{3}}{4}, \frac{1}{4}-\frac{\sqrt{3}}{4}, -\frac{1}{4}+\frac{\sqrt{3}}{4}\right)$$

およびその巡回で残りの 4 組が得られる. 以下でこれらのことを示す.

一般性を失わず a が 4 数の中で最大であるとし,

$$S(a,b,c,d) = (a-b)(b-c)(c-d)(d-a)$$

とおく. $S(a,b,c,d) = -\dfrac{1}{8}$ なる組の存在は上に示したから, 以下 $S(a,b,c,d) \geqq -\dfrac{1}{8}$ を示すためには, $S(a,b,c,d) < 0$ である場合のみ考えればよい. このとき, 特に $a-b$, $b-c$, $c-d$, $d-a$ はいずれも 0 ではなく, これら 4 数のうち負であるものが 1 つまたは 3 つ存在する.

まず, $a-b$, $b-c$, $c-d$, $d-a$ のうちちょうど 1 つが負である場合を考える.

このとき, a が 4 数の中で最大としたことから負であるものは $d-a$ であり, さらに $a>b>c>d$ が従う. ここで $a-b=y$, $b-c=x$, $c-d=w$ とおくと, これらはいずれも正であり, $a^2+b^2+c^2+d^2=1$ は

$$4d^2+d(6w+4x+2y)+((w+x+y)^2+(w+x)^2+w^2-1)=0 \qquad (*)$$

と変形される. このとき $wxy(w+x+y) \leqq \dfrac{1}{8}$ を示せばよい.

いま, $(*)$ を d についての二次方程式とみなしたとき, 実数解をもつことから判別式は 0 以上である. すなわち,

$$\begin{aligned} 4 &\geqq 4((w+x+y)^2+(w+x)^2+w^2)-(3w+2x+y)^2 \\ &= (3w^2+2wy+3y^2)+4x(w+x+y) \\ &\geqq 8wy+4x(w+x+y) \\ &= 4(x(w+x+y)+2wy) \end{aligned}$$

が成立する. ただし, 途中で $w^2+y^2 \geqq 2wy$ を用いた. このとき, 相加・相乗平均の不等式より

$$wxy(w+x+y) \leqq \frac{1}{2}\left(\frac{x(w+x+y)+2wy}{2}\right)^2 \leqq \frac{1}{8}$$

が示された.

$wxy(w+x+y)=\dfrac{1}{8}$ であるとき, すべての不等号が等号となることから, $w=y$ および $x(w+x+y)=2wy$ が必要であり, これら 3 式より $w^4=\dfrac{1}{16}$, すなわち $w=\dfrac{1}{2}$ が得られる. このとき $y=\dfrac{1}{2}$ とあわせて $x(x+1)=\dfrac{1}{2}$ であることから, $x>0$ より $x=-\dfrac{1}{2}+\dfrac{\sqrt{3}}{2}$ が得られ, さらに $d=-\dfrac{1}{4}-\dfrac{\sqrt{3}}{4}$ となることがわかる. 以上より

$$(a,b,c,d)=\left(\frac{1}{4}+\frac{\sqrt{3}}{4}, -\frac{1}{4}+\frac{\sqrt{3}}{4}, \frac{1}{4}-\frac{\sqrt{3}}{4}, -\frac{1}{4}-\frac{\sqrt{3}}{4}\right)$$

が得られる. 一般の大小関係では, これの巡回で等号が成立する.

次に, $a-b$, $b-c$, $c-d$, $d-a$ のうちちょうど 3 つが負である場合を考える. このとき, 同様に $a>d>c>b$ が従うから, 上の議論より $S(a,d,c,b) \geqq -\dfrac{1}{8}$ である. 一方で

$$\begin{aligned} S(a,b,c,d) &= (a-b)(b-c)(c-d)(d-a) \\ &= (a-d)(d-c)(c-b)(b-a) \\ &= S(a,d,c,b) \end{aligned}$$

であることから, $S(a,b,c,d) \geqq -\dfrac{1}{8}$ が示され, 等号は

$$(a,b,c,d) = \left(\frac{1}{4}+\frac{\sqrt{3}}{4}, -\frac{1}{4}-\frac{\sqrt{3}}{4}, \frac{1}{4}-\frac{\sqrt{3}}{4}, -\frac{1}{4}+\frac{\sqrt{3}}{4}\right)$$

で成立する. 一般の大小関係では, これの巡回で等号が成立する.

第4部

ヨーロッパ女子数学オリンピック

4.1　第11回 ヨーロッパ女子数学オリンピック日本代表一次選抜試験 (2021)

● 2021 年 11 月 21 日 [試験時間 4 時間，4 問]

1.　円に内接する四角形 ABCD があり, D を通り直線 AB に A で接する円と線分 CD が, D と異なる点 E で交わっている. 線分 AB, CE の中点をそれぞれ M, N とするとき, 4 点 A, M, N, D は同一円周上にあることを示せ.

2.　2 次の係数が正であるような実数係数 2 次多項式 $f(x)$ について, $f(\alpha) = \alpha$ をみたす実数 α が存在しないとき, 以下の条件をみたす正の整数 n が存在することを示せ.

> $n+1$ 個の実数 $a_0, a_1, \cdots, a_n$ が, 任意の 1 以上 n 以下の整数 i について $a_i = f(a_{i-1})$ をみたすとき, 必ず $a_n > 2021$ が成立する.

3.　n を正の整数とする. A さんと B さんが n 枚のカードを用いてゲームを行う. まず, A さんが n 枚のカードそれぞれに 1 つずつ整数を書く. その後, B さんは次の操作を繰り返す.

> 2 枚のカードを選び, それらに書かれている整数を a, b とする. 選んだカードに書かれていた数を両方消し, 片方のカードに $a-b$ を, もう片方のカードに $b-a$ を書く.

B さんの目標は, 有限回の操作の後ですべてのカードに書かれている数を 0 にすることである.

(1) $n = 3$ のとき, B さんが目標を達成できないように, A さんは整数を書くことができることを示せ.

(2) $n = 4$ のとき, A さんの整数の書き方にかかわらず, B さんが必ず目標を達成できることを示せ.

4. n を正の整数, $d(n)$ を n の正の約数の個数とする. $n^{d(n)+1}(n+21)^{d(n)}$ が平方数となるような n をすべて求めよ.

解答

【1】　辺 AB の A 側への延長線上に点 X をとる．三角形 ADE の外接円が点 A で直線 AB に接することから，接弦定理より $\angle\mathrm{XAD} = \angle\mathrm{AED}$ であり，また 4 点 A, B, C, D が同一円周上にあることから $\angle\mathrm{XAD} = \angle\mathrm{BCD}$ が従う．これらをあわせて $\angle\mathrm{AED} = \angle\mathrm{BCD}$ であるから，直線 AE と直線 BC は平行である．線分 AC の中点を L とする．三角形 ABC, 三角形 CAE に中点連結定理を適用することで，直線 ML と直線 BC, 直線 LN と直線 AE がそれぞれ平行であることがわかる．直線 AE と直線 BC が平行であることとあわせれば，直線 MN は L を通り AE に平行な直線であることが従う．ゆえに，$\angle\mathrm{MND} = \angle\mathrm{AED} = \angle\mathrm{XAD}$ であり，4 点 A, M, N, D が同一円周上にあることが示された．

【2】　一般に，2 次の係数が正である実数係数 2 次多項式 $ax^2 + bx + c$ は，任意の実数 x に対し

$$ax^2 + bx + c = a\left(x + \frac{b}{2a}\right)^2 + \left(c - \frac{b^2}{4a}\right) \geqq c - \frac{b^2}{4a}$$

をみたし，特に $x = -\dfrac{b}{2a}$ で等号が成立するから，最小値 $c - \dfrac{b^2}{4a}$ をとる．さらにこれが 0 以下であるとき，x についての方程式 $ax^2 + bx + c = 0$ は実数解 $x = -\dfrac{b}{2a} \pm \sqrt{\dfrac{1}{a}\left(\dfrac{b^2}{4a} - c\right)}$ をもつ．

$g(x) = f(x) - x$ とおく．このとき，f と g はともに 2 次の係数が正である実数係数 2 次多項式であるから，上の議論よりそれぞれ最小値 m_f, m_g をとる．ここで，$f(\alpha) = \alpha$ をみたす実数 α が存在しないという条件より，x についての方程式 $g(x) = 0$ は実数解をもたないので，$m_g > 0$ である．したがって，n を $\dfrac{2021 - m_f}{m_g} + 1$ より大きい正の整数とすれば，必ず

$$a_n = a_n - a_{n-1} + a_{n-1} - a_{n-2} + \cdots + a_2 - a_1 + a_1$$

$$= f(a_{n-1}) - a_{n-1} + f(a_{n-2}) - a_{n-2} + \cdots + f(a_1) - a_1 + f(a_0)$$

$$= g(a_{n-1}) + g(a_{n-2}) + \cdots + g(a_1) + f(a_0)$$

$$\geqq (n-1)m_g + m_f$$

$$> 2021$$

が成立する. よって題意は示された.

【3】　(1)　A さんが 3 枚のカードすべてに 1 を書いたときに B さんが目標を達成できたと仮定し矛盾を示す. B さんが初めてすべてのカードに書かれている数を 0 にするまでにかかった操作回数を k とする.

まず, 1 回の操作で高々 2 枚のカードに書かれた数しか書き換えられないから, 目標を達成するためには少なくとも 2 回の操作を行わなくてはならない. よって, $k \geqq 2$ である.

$k-1$ 回目の操作の後に 3 枚のカードに書かれている数のうち, k 回目の操作で書き換える 2 枚のカードに書かれている数を a, b とおき, k 回目の操作で書き換えない 1 枚のカードに書かれている数を c とおくと, k 回目の操作後に 3 枚のカードに書かれている数は $a-b,\ b-a,\ c$ である. このとき 3 枚のカードすべてに 0 が書かれているから, $a-b=0,\ b-a=0,\ c=0$ が成立する. よって $a=b$ であるから, $k-1$ 回目の操作後に 3 枚のカードに書かれている数は, $a,\ a,\ 0$ の形でなくてはならない. ただし, $a=0$ のとき, $k-1$ 回目の操作後に目標が達成されており, k 回目の操作後に初めてすべてのカードに書かれている数が 0 になることに矛盾するから, $a \neq 0$ である.

一方, $k-1$ 回目の操作によって新たに書かれた 2 つの数は和が 0 であるが, $a,\ a,\ 0\ (a \neq 0)$ のうちどの 2 つの数を足しても 0 とならないから, 矛盾する. よってこのとき, B さんが目標を達成するような手順は存在しないことが示された.

(2)　A さんが書いた 4 つの数を a, b, c, d とおく. B さんは次のように操作を行うことで必ず目標を達成できる.

1 回目の操作で a が書かれているカードと b が書かれているカードを選ぶ. 操作後, カードに書かれている数は $a-b,\ b-a,\ c,\ d$ となる.

2 回目の操作で c が書かれているカードと d が書かれているカードを選ぶ. 操作後, カードに書かれている数は $a-b$, $b-a$, $c-d$, $d-c$ となる.

3 回目の操作で $a-b$ が書かれているカードと $c-d$ が書かれているカードを選ぶ. 操作後, カードに書かれている数は $a-b-c+d$, $b-a$, $-a+b+c-d$, $d-c$ となる.

4 回目の操作で $b-a$ が書かれているカードと $d-c$ が書かれているカードを選ぶ. 操作後, カードに書かれている数は $a-b-c+d$, $-a+b+c-d$, $-a+b+c-d$, $a-b-c+d$ となる.

5 回目の操作で $a-b-c+d$ が書かれている 2 枚のカードを選ぶ. 操作後, カードに書かれている数は 0, $-a+b+c-d$, $-a+b+c-d$, 0 となる.

6 回目の操作で $-a+b+c-d$ が書かれている 2 枚のカードを選ぶ. 操作後, カードに書かれている数は $0, 0, 0, 0$ となり, 目標が達成された.

【4】　まず以下の補題を示す.

補題 1　正の整数 a と正の平方数 b について, a が平方数であることと ab が平方数であることは同値である.

補題 1 の証明 正の整数 b' を用いて $b=b'^2$ と書ける. ab が平方数のとき, 正の整数 c を用いて $ab'^2=c^2$ とおける. b' と c の最大公約数を g として $b_0=\dfrac{b'}{g}$, $c_0=\dfrac{c}{g}$ と定める. このとき, b_0, c_0 は互いに素な正の整数であり, また $ab_0^2=c_0^2$ となる. $b_0 \geqq 2$ のとき, b_0 はある素因数 p をもつ. このとき ab_0^2 は p の倍数であるが, c_0 は p の倍数でないことから c_0^2 は p の倍数でないため, $ab_0^2=c_0^2$ に矛盾する. よって $b_0=1$ であり, $a=c_0^2$ であるから a は平方数である. 逆に a が平方数のとき ab が平方数であることは容易にわかる. 以上より示された.

(補題 1 の証明終り)

補題 2　正の整数 n について, n が平方数であることと $d(n)$ が奇数であることは同値である.

補題 2 の証明 $n=1$ のとき, $d(n)=1$ は奇数であり, かつ n は平方数である. $n \geqq 2$ のとき, n の素因数分解を $n=p_1^{q_1}p_2^{q_2}\cdots p_r^{q_r}$ $(p_1, p_2, \cdots, p_r$ は相異(あい)な

る素数, $q_1, q_2, \cdots, q_r$ は正の整数) とする. このとき, n が平方数であることは $q_1, q_2, \cdots, q_r$ のすべてが偶数であることと同値であり, これは

$$d(n) = (q_1 + 1)(q_2 + 1) \cdots (q_r + 1)$$

が奇数であることと同値である. 以上より示された.　　(補題 2 の証明終り)

$P(n) = n^{d(n)+1}(n+21)^{d(n)}$ とする. n が平方数でないとき, 補題 2 より $d(n)$ は偶数であるから $n^{d(n)}(n+21)^{d(n)}$ は平方数であり, 補題 1 より $P(n) = n \cdot n^{d(n)}(n+21)^{d(n)}$ は平方数でない.

n が平方数のとき, 補題 2 より $d(n)$ は奇数であるから $n^{d(n)+1}(n+21)^{d(n)-1}$ は平方数であり, 補題 1 より $P(n) = (n+21) \cdot n^{d(n)+1}(n+21)^{d(n)-1}$ が平方数であることは, $n+21$ が平方数であることと同値である. 正の整数 m, l を用いて $n = m^2$, $n + 21 = l^2$ とおくと, $21 = l^2 - m^2 = (l+m)(l-m)$ である. $l + m > l - m > 0$ より $(l+m, l-m) = (7, 3), (21, 1)$ のいずれかであり, それぞれ $(m, l) = (2, 5)$, $(10, 11)$ となる. このときそれぞれ $n = 4, 100$ である.

以上より $P(n)$ が平方数となるのは $n = 4, 100$ のときである.

4.2　第11回 ヨーロッパ女子数学オリンピック(2022)

●第1日目: 4月8日 [試験時間4時間30分]

1.　BC < AB, BC < CA なる鋭角三角形 ABC がある. P, Q はそれぞれ線分 AB, AC 上の点であり, P ≠ B, Q ≠ C, BQ = BC = CP をみたしている. T を三角形 APQ の外心, H を三角形 ABC の垂心とし, S を直線 BQ と CP の交点とする. このとき 3 点 T, H, S は同一直線上にあることを示せ.

2.　正の整数に対して定義され正の整数値をとる関数 f であって, 任意の正の整数 a, b に対して以下の 2 つの条件をともにみたすものをすべて求めよ.

(1) $f(ab) = f(a)f(b)$

(2) $f(a)$, $f(b)$, $f(a+b)$ のうち少なくとも 2 つは同じ数となる.

3.　正の整数からなる数列 $a_1, a_2, \cdots$ が**良い**とは, 以下の 2 つの条件をともにみたすことをいう.

(1) a_1 が平方数

(2) 2 以上の任意の整数 n について, a_n は

$$na_1 + (n-1)a_2 + \cdots + 2a_{n-1} + a_n$$

が平方数となる最小の正の整数である.

任意の良い数列 $a_1, a_2, \cdots$ についてある正の整数 k が存在し, k 以上の任意の整数 n について $a_n = a_k$ が成り立つことを示せ.

●第 2 日目: 4 月 9 日 [試験時間 4 時間 30 分]

4.　n を 2 以上の正の整数とする．以下の 2 つの条件をともにみたす $N+1$ 個の実数 $a_0, a_1, \cdots, a_N$ が存在するような正の整数 N のうち，最大のものを求めよ．

(1) $a_0 + a_1 = -\dfrac{1}{n}$

(2) $1 \leqq k \leqq N-1$ なるすべての整数 k に対して $(a_k+a_{k-1})(a_k+a_{k+1}) = a_{k-1} - a_{k+1}$ となる．

5.　正の整数 n, k に対して，$n \times 2k$ のマス目を nk 個の 2×1 のドミノで敷き詰める方法の個数を $f(n, 2k)$ で表す．（たとえば，$f(2,2) = 2$, $f(3,2) = 3$ である．）正の整数 n であって，任意の正の整数 k に対して $f(n, 2k)$ が奇数となるようなものをすべて求めよ．

6.　四角形 ABCD を点 O を中心とする円に内接する四角形とする．角 A と角 B の内角の二等分線が点 X で交わっている．さらに，角 B と角 C の内角の二等分線が点 Y で，角 C と角 D の内角の二等分線が点 Z で，角 D と角 A の内角の二等分線が点 W で交わっている．また，AC と BD は点 P で交わっている．ただし，X, Y, Z, W, O, P は相異なる点とする．

このとき，O, X, Y, Z, W が同一円周上にあることと，P, X, Y, Z, W が同一円周上にあることが同値であることを示せ．

解答

【1】　円周角の定理より $\angle \mathrm{PTQ} = 2\angle \mathrm{PAQ} = 2\angle \mathrm{BAC}$ である．また，$\angle \mathrm{SPB} = \angle \mathrm{ABC}$, $\angle \mathrm{SQC} = \angle \mathrm{ACB}$ なので，$\angle \mathrm{PSQ} = \angle \mathrm{SPB} + \angle \mathrm{SQC} - \angle \mathrm{PAQ} = 180^\circ - 2\angle \mathrm{BAC}$ となる．よって，$\angle \mathrm{PSQ} + \angle \mathrm{PTQ} = 180^\circ$ となり，直線 PQ に関して S と T は反対側にあるので，4 点 P, Q, S, T は同一円周上にある．TP=TQ より円周角の定理から $\angle \mathrm{TSP} = \angle \mathrm{TQP} = \angle \mathrm{TPQ} = \angle \mathrm{TSQ}$ なので，直線 ST は角 PSQ の二等分線である．

一方で，$\mathrm{BC} = \mathrm{BQ}$ なので，B から AC に下ろした垂線 BH は角 CBQ の二等分線となる．同様に $\mathrm{CB} = \mathrm{CP}$ でもあるから，直線 CH は角 BCP の二等分線である．よって，H は三角形 BCS の内心であり，直線 HS は角 PSQ の二等分線である．以上より，3 点 T, H, S は同一直線上にある．

【2】　(1) の条件より，$f(1) = 1$ および $f(n) = \prod_{i=1}^{k} f(p_i)^{e_i}$（ただし $n = \prod_{i=1}^{k} p_i^{e_i}$ は n の素因数分解）となる．ここで，$f(p) \neq 1$ なる素数 p が 2 つ以上存在すると仮定して矛盾を導く．$f(p) \neq 1$ なる最小の素数を p とし，$f(q) \neq 1$ なる p の次に小さい素数を q とする．このとき，$a = f(p)$ は 2 以上の整数であり，q 未満の正の整数 n については $f(n) = a^{\mathrm{ord}_p n}$ が成立している．ただし，$\mathrm{ord}_p n$ は n が p で割りきれる回数を表す．$(a, b) = (p, q - p)$ について (2) の条件を用いれば，$f(q) \neq 1$ より $f(q) = f(p) = a$ を得る．$p^2 < q$ とすると，$(a, b) = (p^2, q - p^2)$ についての (2) の条件が成立しないので，$q < p^2$ である．$p^2 = mq + r$（m は正の整数，r は q 未満の非負整数）とおくと，$m < p$ より $f(m) = 1$ であるから $f(mq) = f(q) = a$ となる．また，mq は p の倍数ではないので，r も p の倍数ではない．よって，$r < q$ より $f(r) = 1$ である．しかし，$(a, b) = (mq, r)$ について (2) の条件を用いると矛盾する．

以上より，$f(p) \neq 1$ なる素数 p は高々 1 つしか存在しないので，f は正の整数 a および素数 p を用いて $f(n) = a^{\mathrm{ord}_p n}$ と表される．一方で，このように表

される関数 f は, $\mathrm{ord}_p(mn) = \mathrm{ord}_p m + \mathrm{ord}_p n$ より (1) の条件をみたす. さらに, $\mathrm{ord}_p m \neq \mathrm{ord}_p n$ ならば $\mathrm{ord}_p(m+n) = \min\{\mathrm{ord}_p m, \mathrm{ord}_p n\}$ なので, f は (2) の条件もみたす. よって, 求める解は正の整数 a および素数 p を用いて $f(n) = a^{\mathrm{ord}_p n}$ と表される関数 f である.

【3】　n を任意の正の整数とし, $b_n = a_1 + a_2 + \cdots + a_n$, $c_n^2 = na_1 + (n-1)a_2 + \cdots + a_n$ となる正の整数 b_n, c_n をとる. $c_{n+1}^2 = c_n^2 + b_{n+1}$ より, $c_{n+1}^2 - c_n^2 = b_{n+1} < b_{n+2} = c_{n+2}^2 - c_{n+1}^2$ である. $n+2$ についての (2) の条件から, c_{n+2} は $c_{n+1}^2 - c_n^2 < c_{n+2}^2 - c_{n+1}^2$ を満たす最小の正の整数となる. $d_n = c_{n+1} - c_n$ とおくと, $(c_{n+1} + d_n)^2 - c_{n+1}^2 > c_{n+1}^2 - c_n^2$ であるから, $c_{n+2} \leqq c_{n+1} + d_n$ である. よって, $d_{n+1} \leqq d_n$ であるから, $d_1, d_2, \cdots$ は正の整数からなる単調減少列となり, 十分先で一定となる. つまり, ある正の整数 k, d に対して, $n \geqq k$ では $d_n = d$ となるので, $a_{n+2} = b_{n+2} - b_{n+1} = ((c_{n+1} + d)^2 - c_{n+1}^2) - (c_{n+1}^2 - (c_{n+1} - d)^2) = 2d^2$ となる. よって, $n \geqq k+2$ では $a_n = a_{k+2}$ となり, 主張を得る.

【4】　条件をみたす $N+1$ 個の実数 $a_0, a_1, \cdots, a_N$ をとる. $0 \leqq k \leqq N-1$ なる整数 k に対し, $b_k = a_k + a_{k+1}$ とする. このとき条件 (1) より $b_0 = -\dfrac{1}{n}$. さて, $b_k = 0$ となる k が存在したとして $b_k = 0$ となる最小の k をとると, $1 \leqq k$ なので (2) から $0 = b_{k-1}b_k = b_{k-1} - b_k = b_{k-1}$ となり, k の最小性に反する. ゆえに $b_k = 0$ となる k は存在せず, $0 \leqq k \leqq N-1$ なる整数 k に対し, $c_k = \dfrac{1}{b_k}$ とおくことができる. このとき $c_0 = -n$ であり, また条件 (2) より $1 \leqq k \leqq N-1$ なる整数 k に対し, $c_{k-1} + 1 = c_k$ となる. ゆえに $c_k = -n + k$ であり, $c_k \neq 0$ より $N - 1 < n$ が必要. 以上より $N \leqq n$ である.

$N = n$ のとき, a_0 を任意の実数とし, $0 \leqq k \leqq n-1$ なる整数 k に対し $a_k + a_{k+1} = \dfrac{1}{-n+k}$ となるように a_{k+1} を順に定めると, 先の議論から実数 $a_0, a_1, \cdots, a_n$ は条件をみたす.

以上より求める最大の値は n である.

【5】　集合 X に対し, X の要素の個数を $|X|$ で表す.

まず, n が偶数のとき $f(n,n)$ が偶数となることを示す. $n \times n$ のマス目をド

ミノで敷き詰める方法全体の集合を S とおき, $n \times n$ のマス目の対角線の 1 つを ℓ とおく. 敷き詰め方 $a \in S$ に対し, すべてのドミノを ℓ を軸にして折り返した敷き詰め方を $\sigma(a)$ とおく. 写像 $\sigma\colon S \to S$ は, すべての $a \in S$ について $\sigma(\sigma(a)) = a$ と $\sigma(a) \neq a$ をみたすので, a と $\sigma(a)$ をペアにすることで $|S|$ は偶数とわかる. 以上より $f(n,n)$ は偶数であり, 特に n が偶数のとき条件をみたさない. 次に, 以下の補題を示す.

補題　$f(n,2k)$ と $f(2n+1,2k)$ の偶奇は等しい.

補題の証明　$(2n+1) \times 2k$ のマス目をドミノで敷き詰める方法全体の集合を T とおき, $(2n+1) \times 2k$ のマス目の対称軸であって, $n+1$ 行目のマス目全体を通るものを m とおく. 敷き詰め方 $a \in T$ に対し, すべてのドミノを m を軸にして折り返した敷き詰め方を $\tau(a)$ とおく. 写像 $\tau\colon T \to T$ は, すべての $a \in T$ について $\tau(\tau(a)) = a$ をみたす. $T^\tau = \{a \in T \mid \tau(a) = a\}$ とおけば, $T \backslash T^\tau$ の要素 a について a と $\tau(a)$ をペアにすることで $|T \backslash T^\tau|$ は偶数とわかる. 以上より $|T|$ と $|T^\tau|$ の要素の個数の偶奇は等しい.

$|T^\tau|$ を数える. T^τ に含まれる敷き詰め方について, $n+1$ 行目のマス目全体は k 個のドミノを用いて敷き詰められている. 残りのマス目は $n \times 2k$ のマス目 2 つに分割されるので, $|T^\tau| = f(n,2k)^2$ となり, 特に $|T^\tau|$ と $f(n,2k)$ の偶奇は等しい. ゆえに示された.　(補題の証明終り)

さて, 条件をみたす n が正の整数 m を用いて $2^m - 1$ であらわされる数全体であることを n に関する帰納法で示す. $n = 1$ のとき, 任意の正の整数 k に対し $f(1,2k) = 1$ なので条件をみたす. $n = 1, \cdots, t$ で成立しているとき, $n = t+1$ が $2^m - 1$ の形であることと $\dfrac{t}{2}$ が $2^m - 1$ の形であることは同値であることと補題, および帰納法の仮定から, $n = t+1$ でも成立する.

以上より求める n は正の整数 m を用いて $2^m - 1$ であらわされる数である.

【6】　角度は有向角を用いる. 四角形 ABCD の外接円を Ω とし, その半径を r とする. まず,

$$\angle \mathrm{WXY} + \angle \mathrm{YZW} = \angle \mathrm{AXB} + \angle \mathrm{CZD} - \frac{\angle \mathrm{A} + \angle \mathrm{B}}{2} - \frac{\angle \mathrm{C} + \angle \mathrm{D}}{2} = 0$$

より X, Y, Z, W は同一円周上にある. この円を ω とする.

次に, ABCD が台形の場合について考える. AB // CD としてよい. このとき P, O, X, Z は同一直線上にあり, 仮定からこれらの点は異なるので, P, O が ω 上にのることはなく, 問題の同値性は明らかに成立.

以下, ABCD が台形でない場合について考える. 直線 AB と CD の交点, 直線 BC と AD の交点をそれぞれ Q, R とおく. W は三角形 QAD の内心であり, Y は三角形 QBC の角 Q 内の傍心なので, W, Y はともに角 AQD の二等分線上にある. また,

$$\angle \mathrm{BYQ} = \angle \mathrm{YBA} - \angle \mathrm{YQB} = \frac{\angle \mathrm{B}}{2} - \frac{\angle \mathrm{DQA}}{2} = \frac{\angle \mathrm{B}}{2} - \frac{\angle \mathrm{B} - \angle \mathrm{A}}{2} = \frac{\angle \mathrm{A}}{2}$$
$$= \angle \mathrm{BAW}$$

なので A, B, Y, W は同一円周上にある. 方べきの定理から $\mathrm{QA} \cdot \mathrm{QB} = \mathrm{QY} \cdot \mathrm{QW}$ であり, これより Q は ω と Ω の根軸上にある. R についても同様なので, 直線 QR は ω と Ω の根軸である. 直線 OP と QR の交点を S とおく.

さて, Ω に対する Q, R の極線の交点は P なので, P の極線は QR である. ゆえに S の極線は P を通り, 特に $\mathrm{OP} \cdot \mathrm{OS} = r^2$ が成立する. ゆえに

$$\mathrm{SO} \cdot \mathrm{SP} = \mathrm{OS} \cdot (\mathrm{OS} - \mathrm{OP}) = \mathrm{OS}^2 - \mathrm{OS} \cdot \mathrm{OP} = \mathrm{SO}^2 - r^2.$$

S は ω と Ω の根軸上にあったので $\mathrm{SO}^2 - r^2$ は S の ω に対する方べきの値に等しい. 以上より, O が ω 上にあることと P が ω 上にあることは同値であることが示された.

第5部

国際数学オリンピック

5.1　IMO 第59回 ルーマニア大会 (2018)

●第 1 日目：7 月 9 日 [試験時間 4 時間 30 分]

1.　鋭角三角形 ABC の外接円を $\varGamma$ とする．点 D, E をそれぞれ線分 AB, AC 上に AD = AE となるようにとる．BD の垂直二等分線と $\varGamma$ の劣弧 $\overset{\frown}{\mathrm{AB}}$ の交点を F, CE の垂直二等分線と $\varGamma$ の劣弧 $\overset{\frown}{\mathrm{AC}}$ の交点を G とするとき，直線 DE, FG は平行 (または同一の直線) であることを示せ．

2.　3 以上の整数 n で，次の条件をみたす $n+2$ 個の実数 $a_1, a_2, \cdots, a_{n+2}$ が存在するものをすべて求めよ．

- $a_{n+1} = a_1$，$a_{n+2} = a_2$
- $i = 1, 2, \cdots, n$ に対して，$a_i a_{i+1} + 1 = a_{i+2}$

3.　**反パスカル的三角形** とは，一番下の行以外の数はそのすぐ下のふたつの数の差の絶対値になるように正三角形状に数を並べた配列を指す．たとえば，以下の配列は 1 以上 10 以下の整数をすべて使った 4 行からなる反パスカル的三角形である．

$$
\begin{array}{ccccccc}
 & & & 4 & & & \\
 & & 2 & & 6 & & \\
 & 5 & & 7 & & 1 & \\
8 & & 3 & & 10 & & 9
\end{array}
$$

2018 行からなる反パスカル的三角形であって，1 以上 $1+2+\cdots+2018$ 以下の整数をすべて使うものは存在するか？

●第 2 日目：7 月 10 日 [試験時間 4 時間 30 分]

4. **サイト**とは，x, y 座標がともに 20 以下の正の整数であるような平面上の点を指す．

最初，400 個すべてのサイトは空である．エイミーとベンは，エイミーから始めて交互に石を置いていく．エイミーのターンには，エイミーは空のサイトをひとつ選び，新しい赤い石を置く．このとき，赤い石の置かれたどの 2 つのサイト間の距離も，ちょうど $\sqrt{5}$ になってはいけない．ベンのターンには，ベンは空のサイトをひとつ選び，新しい青い石を置く．青い石の置かれたサイトと他の空でないサイト間の距離は任意である．エイミーとベンのどちらかがこれ以上石を置けなくなったら，2 人は即座に石を置くのをやめる．

ベンの行動によらずエイミーが少なくとも K 個の赤い石を置けるような K の最大値を求めよ．

5. $a_1, a_2, \cdots$ を正の整数列とする．ある 2 以上の整数 N が存在し，任意の $n \geqq N$ に対し

$$\frac{a_1}{a_2} + \frac{a_2}{a_3} + \cdots + \frac{a_{n-1}}{a_n} + \frac{a_n}{a_1}$$

は整数である．このとき，正の整数 M が存在し，任意の $m \geqq M$ に対し $a_m = a_{m+1}$ が成立することを示せ．

6. 凸四角形 ABCD が $\mathrm{AB} \cdot \mathrm{CD} = \mathrm{BC} \cdot \mathrm{DA}$ をみたす．点 X が四角形 ABCD の内部にあり，

$$\angle \mathrm{XAB} = \angle \mathrm{XCD},\ \angle \mathrm{XBC} = \angle \mathrm{XDA}$$

をみたす．このとき，$\angle \mathrm{BXA} + \angle \mathrm{DXC} = 180^\circ$ を示せ．ただし，XY で線分 XY の長さを表すものとする．

解答

【1】　以下円弧は劣弧を指すものとする．P を円弧 $\overset{\frown}{BC}$ の中央の点とする．このとき AP は ∠BAC の二等分線であり，２等辺三角形 DAE において AP ⊥ DE となる．したがって，AP ⊥ FG を証明すれば十分である．

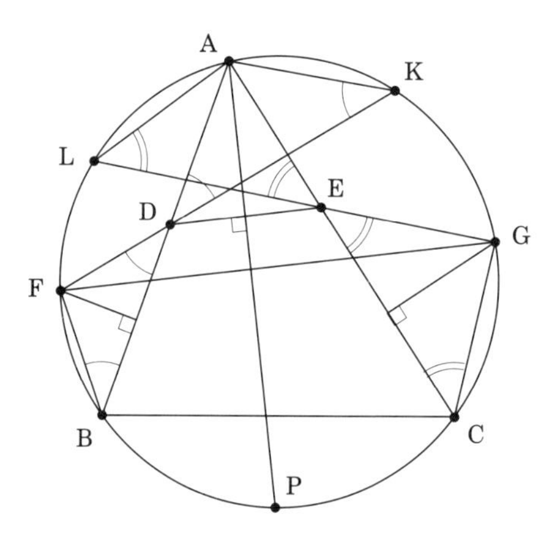

直線 FD と円 Γ の F 以外の交点を K と置く．このとき，FBD は２等辺三角形だから，

$$\angle AKF = \angle ABF = \angle FDB = \angle ADK$$

となり，AK = AD となる．同様にして，直線 GE と円 Γ の E 以外の交点を L とおくと，AL = AE となるから，AK = AL となる．

ここで ∠FBD = ∠FDB = ∠FAD + ∠DFA だから，$\overset{\frown}{AF} = \overset{\frown}{BF} + \overset{\frown}{AK} = \overset{\frown}{BF} + \overset{\frown}{AL}$ となり，$\overset{\frown}{BF} = \overset{\frown}{LF}$ となる．同様にして，$\overset{\frown}{CG} = \overset{\frown}{GK}$ となる．よって AP と FG のなす角は，対応する Γ の弧長が

$$\frac{1}{2}(\overset{\frown}{AF} + \overset{\frown}{PG}) = \frac{1}{2}(\overset{\frown}{AL} + \overset{\frown}{LF} + \overset{\frown}{PC} + \overset{\frown}{CG}) = \frac{1}{4}(\overset{\frown}{KL} + \overset{\frown}{LB} + \overset{\frown}{BC} + \overset{\frown}{CK})$$

であるから，$360^\circ/4 = 90^\circ$ となる．■

[注]　この問題には，いろいろな証明法がある．

【2】　n は任意の 3 の倍数である．

証明　$a_1 = -1, a_2 = -1, a_3 = 2, \cdots, a_{n-2} = -1, a_{n-1} = -1, a_n = 2, a_{n+1} = -1, a_{n+2} = -1$ なる列は条件をみたすから，任意の 3 の倍数 n は条件をみたす．

次に，$a_1, a_2, a_3, \cdots, a_{n+1}, a_{n+2}$ が条件をみたすとすると，$a_{n+1} = a_1, a_{n+2} = a_2$ だから，この数列を周期 n を持つ長さ無限の数列に拡張しておく．

もし a_i, a_{i+1} が共に正なら，漸化式より $a_{i+2} > 1$，$a_{i+3} > 1$ となるから，

$$a_{i+4} = a_{i+2}a_{i+3} + 1 > a_{i+3}$$

となり $a_{i+j}\,(j \geqq 3)$ は単調増加するが，a_{i+j} は周期 n を持ち有界だから矛盾である．

もし $a_i = 0$ となるなら，$a_{i+1} = a_{i-1}a_i + 1 = 1, a_{i+2} = a_ia_{i+1} + 1 = 1$ となり，2 つ続けて正だから矛盾する．

もし a_i, a_{i+1} が共に負なら，$a_{i+2} = a_ia_{i+1} + 1 > 1$ は正となる．したがって，数列 a_i の符号は，正のものは高々 1 つ，負のものは高々 2 つしか続かない．

もし a_i 負，a_{i+1} 負，a_{i+2} 正，a_{i+3} 負，a_{i+4} 正，a_{i+5} 負 なら，$a_{i+2} = a_ia_{i+1} + 1 > 1$，$a_{i+4} = a_{i+2}a_{i+3} + 1 < 1$ となり，

$$a_{i+5} - a_{i+4} = a_{i+3}(a_{i+4} - a_{i+2})$$

の左辺は負，右辺は正となり矛盾する．

もし a_{i+1} 以下符号が負と正を交互に繰り返すなら，この式の左辺と a_{i+3} が負で，$a_{j+4} > a_{j+2} > 0$ となり，符号が正が続いた場合と同様に矛盾する．

以上より a_i の符号は，負，負，正，負，負，正を繰り返す．したがって n が 3 の倍数であることが分かり，証明が完成した．■

[注]　$\sum_{i=1}^{n}(a_i - a_{i+3})^2 = 0$ を使って n が 3 の倍数であることを証明することもできる．

【3】　存在しない．

証明　$n=2018$ 行からなる反パスカル的三角形 T であって，1 以上 $1+2+\cdots+n$ 以下の整数をすべて使うものが存在したとする.

三角形の一番上にある数を $a_1=b_1$ とする．このとき，2 番目の行にある 2 つの数の小さい方を a_2，大きい方を b_2 とすると，$b_2-a_2=a_1$ となるから，$b_2=a_1+a_2$ となる．次に上から 3 行目で b_2 の下にある数で小さい方を a_3，大きい方を b_3 とすると，$b_3=b_2+a_3=a_1+a_2+a_3$ となる．この手続きを繰り返して，$a_1,a_2,\cdots,a_n$ と $b_1,b_2,\cdots,b_n$ を作る.

$a_1,a_2,\cdots,a_n$ は 1 以上 n 以下の相異なる n 個の数であり，$b_n=a_1+a_2+\cdots+a_n \leqq 1+2+\cdots+n$ であるから，$b_n=1+2+\cdots+n$ となり，集合として $\{a_1,a_2,\cdots,a_n\}=\{1,2,\cdots,n\}$ が成り立つ．また，a_n,b_n は一番下の行に隣り合って並ぶ.

そこで，T の最下行から a_n,b_n を除いてできる 2 つの列のうち長い方を底辺とする，元の三角形 T に含まれる反パスカル的三角形 T$'$ を考える.

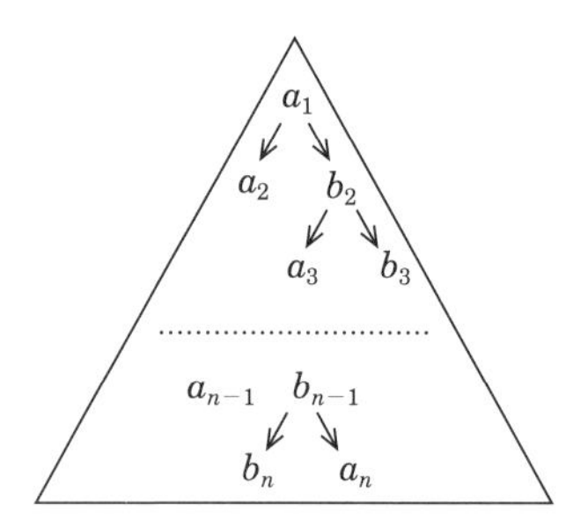

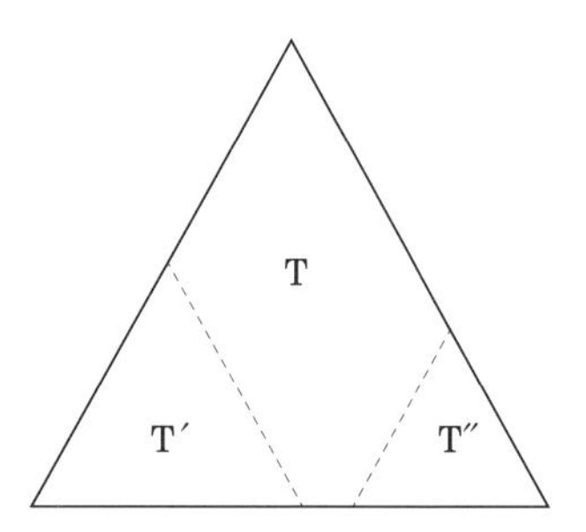

この三角形が ℓ 行からなるとすると，作り方より $\ell \geqq (n-2)/2$ となる．さらに，この三角形に含まれる数は $1,2,\cdots,n$ 以外の数だから，$n+1$ 以上である．そこで T$'$ について T と同様の数列 $a'_1,a'_2,\cdots,a'_\ell$ と $b'_1,b'_2,\cdots,b'_\ell$ を作ると，

$$b'_\ell \geqq (n+1)+(n+2)+\cdots+(n+\ell)=\frac{\ell(2n+\ell+1)}{2}$$
$$\geqq \frac{1}{2}\frac{n-2}{2}\left(2n+\frac{n-2}{2}+1\right) \geqq \frac{5n(n-2)}{8}$$

となるが，この数は $n=2018$ のとき $1+2+\cdots+n=\dfrac{n(n+1)}{2}$ より大きくなり，矛盾する.　■

【4】　K の最大値は，$20^2/4 = 100$ である．

100 以上であることの証明 サイト (x, y) を $x + y$ が奇数であるか偶数であるかにより，奇数のサイト，偶数のサイトと呼ぶ．もし二つのサイト $(x.y)$ と (x', y') の間の距離が $\sqrt{5}$ なら，$(x - x')^2 + (y - y')^2 = 5$ となるから，$x - x', y - y'$ の一方は ± 1 で他方は ± 2 となる．したがって，距離が $\sqrt{5}$ の 2 つのサイトの間の偶奇は逆となる．そこでエイミーは偶数のサイトを選び続けると，それまで置いた石との距離が $\sqrt{5}$ となることはない．したがって，ベンと交代で石を置くことを考えても，偶数のサイトの個数 $20^2/2$ の半分である $20^2/4 = 100$ 個にエイミーは石を置くことができる．したがって K の最大値は 100 以上である．　(証明終り)

100 を越さないことの証明 $20^2 = 400$ のサイトを縦横とも 4 の $400/4^2$ 個の小ブロックに分ける．さらに，各々の小ブロックを以下のような 4 つのサイトからなる 4 つの**サイクル**に分ける．

a	b	c	d
c	d	a	b
b	a	c	d
c	d	b	a

この分け方で a, b, c, d の同じ文字が入ったサイトは**同じサイクルに入る**ということにする．このようにすると，各サイクルには奇数のサイトが 2 個，偶数のサイトが 2 個含まれており，各サイクルの 1 つのサイトから 2 つある偶奇が異なるサイトまでの距離は，ちょうど $\sqrt{5}$ となっている．

ベンはエイミーに 100 以上の石を置かせないため，エイミーがあるブロックのあるサイクルのサイトに赤石を置いたら，同じブロックの同じサイクルの偶奇が同じサイトに青石を置くことにする．このようにすると，エイミーが 100 個のサイトに赤石を置き，ベンが 100 個のサイトに青石を置くと，すべてのブロックのすべてのサイクルにエイミーが赤石を置いており，その石と偶奇が異なるサイトのみが残っていることになる．しかし距離の関係から，そのようなサイトにエイミーは赤石を置くことができない．したがって，K の最大値は 100

となる.　(証明終り)

【5】　$n \geqq N$ とすると,

$$s_n = \frac{a_1}{a_2} + \frac{a_2}{a_3} + \cdots + \frac{a_{n-1}}{a_n} + \frac{a_n}{a_1}$$

は整数となる. したがって,

$$s_{n+1} - s_n = \frac{a_n}{a_{n+1}} + \frac{a_{n+1}}{a_1} - \frac{a_n}{a_1} = \frac{a_n}{a_{n+1}} + \frac{a_{n+1} - a_n}{a_1}$$

が整数となる. ここでつぎの補題が成り立つ.

補題　a, b, c を自然数とし, $M = b/c + (c-b)/a$ が整数だとする. このとき,
(1)　もし a, c の最大公約数 $\gcd(a, c)$ が 1 なら, c は b を割り切る.
(2)　もし a, b, c の最大公約数 $\gcd(a, b, c)$ が 1 なら, a, b の最大公約数 $\gcd(a, b)$ が 1 となる.

補題の証明　(1)　$ab = c(aM + b - c)$ において $\gcd(a, c) = 1$ だから, c は b を割り切る.
(2)　$c^2 - bc = a(cM - b)$ だから, $d = \gcd(a, b)$ とおくと d は c^2 を割り切るが, $\gcd(d, c) = \gcd(a, b, c) = 1$ だから, $d = 1$ となる.　(補題の証明終り)

$n \geqq N$ とし, $d_n = \gcd(a_1, a_n)$, $\delta_n = \gcd(a_1, a_n, a_{n+1})$ とおく.

$$s_{n+1} - s_n = \frac{a_n/\delta_n}{a_{n+1}/\delta_n} + \frac{a_{n+1}/\delta_n - a_n/\delta_n}{a_1/\delta_n}$$

において補題の (2) を使うと, $\gcd(a_1/\delta_n, a_n/\delta_n, a_{n+1}/\delta_n) = 1$ だから, $\gcd(a_1/\delta_n, a_n/\delta_n) = 1$ となる. よって $d_n = \delta_n \cdot \gcd(a_1/\delta_n, a_n/\delta_n) = \delta_n$ となる. よって $d_n = \delta_n$ は a_{n+1} を割り切り, d_n は $d_{n+1} = \gcd(a_1, a_{n+1})$ を割り切る. したがって, $d_n\ (n \geqq N)$ は a_1 以下の数からなる単調増大列となり, $n \geqq L$ において $d_n = d$ となる L が存在する.

このとき, $\gcd(a_1/d, a_n/d) = 1$ となるから, 補題の (1) より $a_{n+1}/d = a_{n+1}/\delta_n$ は $a_n/d = a_n/\delta_n$ を割り切り, $a_n \geqq a_{n+1}\ (n \geqq L)$ となる. したがって $a_n\ (n \geqq L)$ は自然数の単調減少列だから, ある自然数 M があり, 任意の $m \geqq M$ では

$a_m = a_{m+1}$ となる．

[注]　この問題は，各素数 p について p の何乗で割り切れるかを計算すると，補題などがほぼ自明となり，見通しが良くなる．

【6】　$\angle\mathrm{AXC}$ の 2 等分線に関し B を折り返した点を B′ とおくと，$\angle\mathrm{AXB}' = \angle\mathrm{CXB}$, $\angle\mathrm{AXB} = \angle\mathrm{CXB}'$ が成り立つ．もし $\mathrm{B}', \mathrm{X}, \mathrm{D}$ が一直線上にあれば，$\angle\mathrm{AXB} + \angle\mathrm{CXD} = \angle\mathrm{B}'\mathrm{XC} + \angle\mathrm{CXD} = \angle\mathrm{B}'\mathrm{XD} = 180^\circ$ が成り立つから，そうではないとして矛盾を導く．

直線 XB′ 上に $\mathrm{XE} \cdot \mathrm{XB} = \mathrm{XA} \cdot \mathrm{XC}$ をみたす点 E をとると，$\triangle\mathrm{AXE} \sim \triangle\mathrm{BXC}$, $\triangle\mathrm{CXE} \sim \mathrm{BXA}$ が成り立つ．ここで，$\angle\mathrm{XCE} + \angle\mathrm{XCD} = \angle\mathrm{XBA} + \angle\mathrm{XAB} < 180^\circ$, $\angle\mathrm{XAE} + \angle\mathrm{XAD} = \angle\mathrm{XDA} + \angle\mathrm{XAD} < 180^\circ$ となるから，点 X は四角形 EADC の $\angle\mathrm{ECD}$ と $\angle\mathrm{EAD}$ の内側にある．さらに，X は $\triangle\mathrm{EAD}$ と $\triangle\mathrm{ECD}$ の一方の内部にあり，残りの三角形の外部にある．

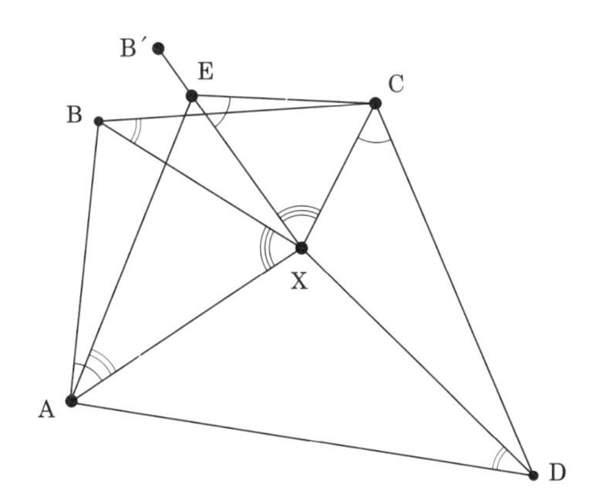

上で述べた二つの相似性より，$\mathrm{XA} \cdot \mathrm{BC} = \mathrm{XB} \cdot \mathrm{AE}$, $\mathrm{XB} \cdot \mathrm{CE} = \mathrm{XC} \cdot \mathrm{AB}$ となる．また仮定より，$\mathrm{AB} \cdot \mathrm{CD} = \mathrm{BC} \cdot \mathrm{DA}$ が成り立つ．よって，$\mathrm{XA} \cdot \mathrm{BC} \cdot \mathrm{CD} \cdot \mathrm{CE} = \mathrm{XB} \cdot \mathrm{AE} \cdot \mathrm{CD} \cdot \mathrm{CE} = \mathrm{XC} \cdot \mathrm{AE} \cdot \mathrm{CD} \cdot \mathrm{AB} = \mathrm{XC} \cdot \mathrm{AE} \cdot \mathrm{BC} \cdot \mathrm{DA}$ となるから，$\mathrm{XA} \cdot \mathrm{CD} \cdot \mathrm{CE} = \mathrm{XC} \cdot \mathrm{AD} \cdot \mathrm{AE}$ となる．これを書き直すと，

$$\frac{\mathrm{XA} \cdot \mathrm{DE}}{\mathrm{AD} \cdot \mathrm{AE}} = \frac{\mathrm{XC} \cdot \mathrm{DE}}{\mathrm{CD} \cdot \mathrm{CE}}$$

となる．ここで次の補題を証明する．

補題　PQR を三角形とし，X を角 $\angle$QPR 内の点で，$\angle$QPX $=$ $\angle$PRX をみたすとする．このとき不等式

$$\frac{\mathrm{PX}\cdot\mathrm{QR}}{\mathrm{PQ}\cdot\mathrm{PR}}<1$$

は，X が $\triangle$PQR の内部にあるとき，そのときに限り成り立つ．

この補題が成り立つとすると，$\mathrm{B}',\mathrm{X},\mathrm{D}$ が一直線上にないと仮定したから，X は $\triangle$EAD と $\triangle$ECD の一方の内部にあり，上記の等式の一方のみが1より小さくなり矛盾し，証明は完成する．

証明　角領域 QPR 内における $\angle$QPX $=$ $\angle$PRX となる X の軌跡は，R を通り点 P において直線 PQ に接する円 γ の弧 α をなす．γ が直線 QR と交わるもう一つの点を Y とおく (γ が P において直線 QR と接するなら Y $=$ P とおく)．このとき，$\triangle\mathrm{QPY}\sim\triangle\mathrm{QRP}$ だから，$\mathrm{PY}=(\mathrm{PQ}\cdot\mathrm{PR})/\mathrm{QR}$ となる．したがって，PX $<$ PY が X が三角形 PQR の内部にあるとき，そのときに限り成り立つことを言えばよい．

ℓ を Y を通り PQ に平行な直線とする．このとき，γ 上の点 Z で PZ $<$ PY となる点は，直線 PQ と ℓ の間にあることに注意しておく．

(1)　Y が線分 QR の上にある場合 (次ページの図左参照)

この場合に Y は，円弧 γ を $\overset{\frown}{\mathrm{PY}}$ と $\overset{\frown}{\mathrm{YR}}$ に分ける．$\overset{\frown}{\mathrm{PY}}$ は三角形 PQR 内にあり，$\overset{\frown}{\mathrm{PY}}$ は ℓ と直線 PQ の間にあるから，$\mathrm{X}\in\overset{\frown}{\mathrm{PY}}$ なら PX $<$ PY となる．また，円弧 $\overset{\frown}{\mathrm{YR}}$ については，三角形 PQR の外にあり，$\overset{\frown}{\mathrm{YR}}$ は ℓ に関して P と反対側にあるから，$\mathrm{X}\in\overset{\frown}{\mathrm{YR}}$ なら PX $>$ PY となる．

(2)　Y が線分 QR の延長線上にある場合 (次ページの図右参照)

この場合には，円弧 α の全体が三角形 PQR の内部にあり，$\mathrm{X}\in\alpha$ なら PX $<$ PY となる．■

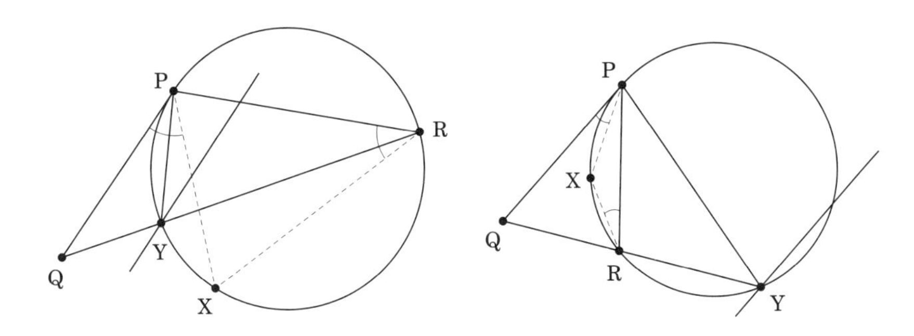

[注]　この問題は，$\angle XAB = \angle XCD$ かつ $\angle XBC = \angle XDA$ なら，$\angle CXA$，$\angle BXD$ の大きさは X の取り方によらず一定であり，したがって，X は凸四角形 ABCD 内において一意的に定まる．そのことと，$AB \cdot CD = BC \cdot DA$ を使ってこの問題を解くことも可能である．

5.2　IMO 第60回 イギリス大会 (2019)

●第 1 日目：7 月 16 日 [試験時間 4 時間 30 分]

1.　$\mathbb{Z}$ を整数全体からなる集合とする．関数 $f\colon \mathbb{Z} \to \mathbb{Z}$ であって，任意の整数 a, b に対して

$$f(2a) + 2f(b) = f(f(a+b))$$

をみたすものをすべて求めよ．

2.　三角形 ABC の辺 BC 上に点 $\mathrm{A_1}$ が，辺 AC 上に点 $\mathrm{B_1}$ がある．点 P, Q はそれぞれ線分 $\mathrm{AA_1}$, $\mathrm{BB_1}$ 上の点であり，直線 PQ と AB は平行である．点 $\mathrm{P_1}$ を，直線 $\mathrm{PB_1}$ 上の点で $\angle\mathrm{PP_1C} = \angle\mathrm{BAC}$ かつ点 $\mathrm{B_1}$ が線分 $\mathrm{PP_1}$ の内部にあるようなものとする．同様に点 $\mathrm{Q_1}$ を，直線 $\mathrm{QA_1}$ 上の点で $\angle\mathrm{CQ_1Q} = \angle\mathrm{CBA}$ かつ点 $\mathrm{A_1}$ が線分 $\mathrm{QQ_1}$ の内部にあるようなものとする．

このとき，4 点 P, Q, $\mathrm{P_1}$, $\mathrm{Q_1}$ は同一円周上にあることを示せ．

3.　あるソーシャルネットワークサービスにはユーザーが 2019 人おり，そのうちのどの 2 人も互いに友人であるか互いに友人でないかのどちらかである．

いま，次のようなイベントが繰り返し起きることを考える：

> 3 人のユーザー A, B, C の組であって，A と B，A と C が友人であり，B と C は友人でないようなものについて，B と C が友人になり，A は B，C のどちらとも友人ではなくなる．これら以外の 2 人組については変化しないとする．

はじめに，友人の数が 1009 人であるユーザーが 1010 人，友人の数が 1010

人であるユーザーが 1009 人存在するとする．上のようなイベントが何回か起きた後，全てのユーザーの友人の数が高々 1 人になることがあることを示せ．

●第 2 日目：7 月 17 日 [試験時間 4 時間 30 分]

4.　以下をみたす正の整数の組 (k,n) をすべて求めよ：

$$k! = (2^n-1)(2^n-2)(2^n-4)\cdots(2^n-2^{n-1}).$$

5.　バース銀行は表面に「H」が，裏面に「T」が印字されている硬貨を発行している．康夫君はこれらの硬貨 n 枚を左から右へ一列に並べた．いま，康夫君が以下のような操作を繰り返し行う：

> ある正の整数 k について H と書かれている面が表を向いている硬貨がちょうど k 枚あるとき，左から k 番目にある硬貨を裏返す．そうでないときは操作を終了する．

たとえば，$n=3$ で硬貨が「THT」のように並んでいるときは，$THT \to HHT \to HTT \to TTT$ と変化し，康夫君は 3 回で操作を終了する．

1. どのような初期状態についても，康夫君は操作を有限回で終了させられることを示せ．
2. 初期状態 C に対して，$L(C)$ で操作が終了するまでに行われる回数を表すものとする．たとえば $L(THT)=3$ であり，$L(TTT)=0$ である．初期状態 C がありうる 2^n 通り全体を動くときの $L(C)$ の平均値を求めよ．

6.　AB $\neq$ AC をみたす鋭角三角形 ABC の内心を I とする．三角形 ABC の内接円 ω は，辺 BC, CA, AB とそれぞれ点 D, E, F で接している．D を通り EF に垂直な直線と ω が D でない点 R で交わるとする．直線 AR と ω が R でない点 P で交わるとする．さらに三角形 PCE と PBF の外接円が P でない点 Q で交わるとする．

このとき，直線 DI と PQ は，A を通り AI に垂直な直線上で交わることを示せ．

解答

【1】　与式の a に 0 を，b に $a+b$ を代入することで $f(0)+2f(a+b)=f(f(a+b))$ を得る．これと与式を比べることで $f(2a)+2f(b)=f(0)+2f(a+b)$ とわかる．この式の b に a を代入し，$f(2a)+2f(a)=f(0)+2f(2a)$，つまり $f(2a)=2f(a)-f(0)$ を得る．これらから，$2f(a)-f(0)+2f(b)=f(2a)+2f(b)=f(0)+2f(a+b)$ といえる．ここで式を整理し $b=1$ とすると，$f(a+1)=f(a)-f(0)+f(1)$ となるので，a についての数学的帰納法を用いることで，$c=f(1)-f(0)$，$d=f(0)$ とおくと任意の整数 a について $f(a)=ca+d$ が成り立つことがわかる．このとき

$$f(2a)+2f(b)=2c(a+b)+3d$$

$$f(f(a+b))=c^2(a+b)+(c+1)d$$

であるので $2c=c^2$ および $3d=(c+1)d$ が成り立つ必要があるといえる．よって関数 f は d を任意の整数として $f(a)=2a+d$ もしくは $f(a)=0$ とかけるとわかるが，上の式からこれらはいずれも条件をみたす．

【2】　直線 $\mathrm{AA_1}$ と三角形 ABC の外接円の交点のうち A でないものを $\mathrm{A_2}$，直線 $\mathrm{BB_1}$ と三角形 ABC の外接円の交点のうち B でないものを $\mathrm{B_2}$ とする．また直線 $\mathrm{AA_1}$ と $\mathrm{BB_1}$ の交点を D とおく．3 点 A, P, D がこの順に並んでいるとき，円周角の定理より

$$\angle\mathrm{QPA_2}=\angle\mathrm{BAA_2}=\angle\mathrm{BB_2A_2}=\angle\mathrm{QB_2A_2}$$

が成り立つので 4 点 P, Q, $\mathrm{A_2}$, $\mathrm{B_2}$ は同一円周上にあることがわかる．

また 3 点 A, D, P がこの順に並んでいるとき，円周角の定理より

$$\angle\mathrm{QPA}=\angle\mathrm{BAA_2}=\angle\mathrm{BB_2A_2}=\angle\mathrm{QB_2A_2}$$

が成り立つのでこの場合にも 4 点 P, Q, $\mathrm{A_2}$, $\mathrm{B_2}$ は同一円周上にあることがわ

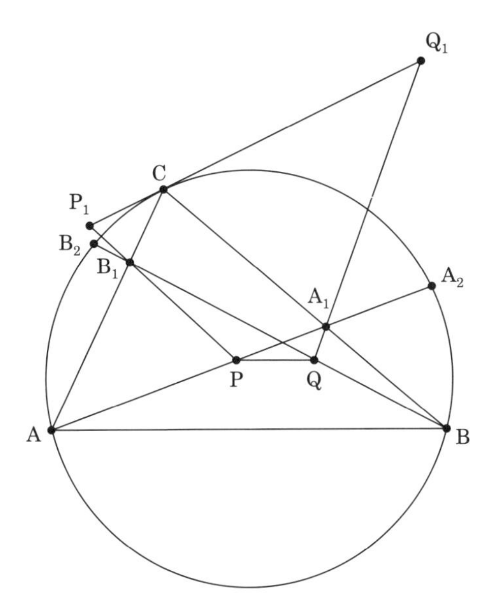

かる．

4 点 P, Q, A_2, B_2 を通る円を ω とおく．この円 ω の上に P_1 と Q_1 が存在することを示せばよい．再び円周角の定理より

$$\angle CA_2A = \angle CBA = \angle CQ_1Q$$

が成り立つので，4 点 C, A_1, A_2, Q_1 は同一円周上にある．よって 3 点 A, P, D

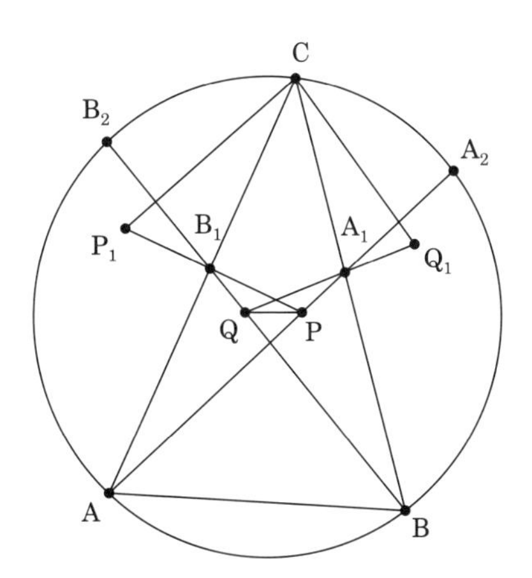

がこの順に並んでいるとき，

$$\angle \mathrm{A_2Q_1Q} = \angle \mathrm{A_2CA_1} = \angle \mathrm{A_2AB} = \angle \mathrm{A_2PQ}$$

が成り立つ．また 3 点 A, D, P がこの順に並んでいるときにも

$$\begin{aligned}\angle \mathrm{A_2Q_1Q} &= 180^\circ - \angle \mathrm{A_2CA_1}\\ &= 180^\circ - \angle \mathrm{A_2AB}\\ &= \angle \mathrm{A_2PQ}\end{aligned}$$

が成り立つのでどちらの場合でも 4 点 P, Q, $\mathrm{A_2}$, $\mathrm{Q_1}$ は同一円周上にあるとわかる．よって $\mathrm{Q_1}$ は ω の上にあるとわかり，$\mathrm{P_1}$ についても同様に ω の上にあることが示せる．

【3】　ユーザーを頂点とし，友人どうしである 2 人の間に辺があるようなグラフについて考える．元のグラフにおいてどの 2 つの頂点の次数 (頂点から出ている辺の数) の和も 2018 以上である．その 2 つの頂点が辺で結ばれていないとすると鳩の巣原理よりどちらの頂点とも結ばれている頂点が 1 つは存在する．よって元のグラフは連結 (任意の 2 点 $a\ (= x_0)$, $b\ (= x_n)$ に対してある $x_1, \cdots, x_{n-1}$, (本問の場合は $n = 2$) が存在して x_i と x_{i+1} は辺で結ばれている) であり，したがって連結成分は 1 個である．ここで連結成分とは，任意の 1 点をとり，それと連結しているすべての頂点の集合であり，すると，グラフ全体の頂点の集合は，何個かの連結成分の排反な和集合となる．また元のグラフは次数 1009 の頂点をもち，完全 (任意の 2 点が辺で結ばれているグラフ) ではないので，次の条件

> 3 個以上の頂点をもつすべての連結成分は完全でなく，次数が奇数の頂点をもつ．

をみたす．この条件をみたすグラフが次数 2 以上の頂点をもてば，うまく操作 (問題にあるイベントを行うこと) することで操作後も同じ条件をみたすようにできることを示す．元のグラフの辺は有限本しかなく，操作を行うごとに辺は 1 本減るので，これが示せれば有限回操作を繰り返すことでグラフのすべての

頂点の次数を 1 以下にできることがわかる．

グラフ G が上の条件をみたし，次数 2 以上の頂点をもっているとする．次数が最大の頂点を 1 つとり A とし，A を含む G の連結成分を G' とする．このとき A と辺で結ばれている 2 頂点であって，その 2 頂点は辺で結ばれていないものが存在する．なぜなら，もしそうでないとすると A のとり方から G' に含まれる頂点は A か A' と辺で結ばれている頂点となり，G' が完全になってしまうので G が上の条件をみたすという仮定に矛盾する．G' から A をとり除いたグラフを考えると，いくつかの連結成分 $G_1, G_2, \cdots, G_k$ に分かれる．このとき元のグラフにおいてはこれらは A と 1 本以上の辺でつながっている．ここで k や A の次数などで場合分けする．

1. k が 2 以上で，ある i について A と G_i の間に 2 本以上の辺があるとき

   このとき G_i に含まれる頂点 B で A と辺で結ばれているものをとり，G_i とは別の連結成分 G_j とその頂点 C で A と辺で結ばれているものをとる．このとき B と C は別の連結成分に含まれているので間に辺はなく，A, B, C に対して操作を行うことができる．このとき G_i のとり方より操作後も G' は連結のままであり，操作によって辺の数は減り，頂点の次数の偶奇は変化しないことから操作後のグラフも条件をみたすことがわかる．

2. k が 2 以上で，任意の i について A と G_i の間にちょうど 1 本の辺があるとき

   それぞれの i について G_i と A のみからなるグラフを考える．このとき A の次数は 1 で特に奇数であるので，A の他に次数が奇数であるような頂点が存在する．この頂点は G の中で考えても次数が変わらないので，各 i について G_i は G において次数が奇数の頂点を含むことがわかる．B, C を A と辺で結ばれている 2 頂点とする．このとき A, B, C に対して操作を行うと，2 つの連結成分ができる．今確認したことから，3 個以上の頂点をもつ連結成分は奇数次数の頂点をもち，また完全ではないので上の条件をみたす．

3. $k = 1$ で A の次数が 3 以上のとき

上で確認した通り，A と辺で結ばれている 2 頂点 B, C であって，この 2 つは辺で結ばれていないものが存在する．このとき A, B, C に対して操作を行うと連結性が保たれるので，操作後も条件をみたす．

4. $k=1$ で A の次数が 2 のとき

B, C を A と辺で結ばれている 2 頂点とする．このとき A, B, C に対して操作を行うと，2 つの連結成分ができる．このうち片方は 1 点からなり，もう片方は奇数次数の頂点をもつ．これが完全でなければ操作後も条件をみたす操作ができたことになる．この連結成分が完全である場合を考える．このとき G_1 は辺を 1 本付け加えると完全になるようなグラフである．もし G_1 の頂点の数が 3 であれば，G' はすべての頂点の次数が偶数となるので矛盾する．よって G_1 の次数は 4 以上であり，G_1 の B, C 以外の頂点を 2 つ選ぶことができる．それらを D, E とすると B と D の間に辺があり，A と D の間には辺がないので A, B, D の 3 点に操作を行うことができる．このとき A と D, B と E, E と D の間に辺があるので操作後もグラフは連結のままである．よってこの場合にも操作後のグラフは条件をみたす．

以上よりどの場合にも操作後のグラフが条件をみたすような操作が存在するので，題意は示された．

【4】　$(2^n-1)(2^n-2)(2^n-4)\cdots(2^n-2^{n-1})$ を R_n で表すことにする．

$$R_n = 2^{1+2+\cdots+(n-1)}(2^n-1)(2^{n-1}-1)\cdots(2-1)$$

より，R_n は 2 でちょうど $\dfrac{n(n-1)}{2}$ 回割りきれることがわかる．また $k!$ は $\displaystyle\sum_{i=1}^{\infty}\left\lfloor\frac{k}{2^i}\right\rfloor$ 回だけ 2 で割りきれ，

$$\sum_{i=1}^{\infty}\left\lfloor\frac{k}{2^i}\right\rfloor \leqq \sum_{i=1}^{\infty}\frac{k}{2^i} = k$$

であるので，$k! = R_n$ であるとき $\dfrac{n(n-1)}{2} \leqq k$ とわかる．

$$\begin{aligned}15! &= (15\cdot 14\cdot 10)\cdot(13\cdot 5)\cdot(12\cdot 11)\cdot(9\cdot 8)\cdot 1008\\ &> 2^{11}\cdot 2^6\cdot 2^7\cdot 2^6\cdot 2^6\\ &= 2^{36}\end{aligned}$$

より $15! > 2^{36}$ が成り立つ．また $n \geqq 6$ のとき

$$\begin{aligned}\left(\frac{n(n-1)}{2}\right)! &= \frac{n(n-1)}{2}\cdots 16\cdot 15!\\ &\geqq \frac{n(n-1)}{2}\cdots 16\cdot 2^{36}\\ &\geqq 2^4\cdots 2^4\cdot 2^{36}\\ &\geqq 2^{4\left(\frac{n(n-1)}{2}-15\right)}\cdot 2^{36}\\ &= 2^{2n(n-1)-24}\\ &= 2^{n^2}\cdot 2^{n^2-2n-24} \geqq 2^{n^2}\end{aligned}$$

が成り立つ．

よって $n \geqq 6$ のとき，$k! = R_n$ が成り立つと仮定すると

$$R_n = k! \geqq \left(\frac{n(n-1)}{2}\right)! \geqq 2^{n^2} > R_n$$

となるので矛盾が生じる．よって $n \leqq 5$ とわかる．$(R_1, R_2, R_3, R_4, R_5) = (1, 6, 168, 20160, 9999360)$ であるので，求める正の整数の組 (k, n) は $(1, 1)$, $(3, 2)$ の 2 組である．

【5】　$E(n)$ で初期状態 C がありうる 2^n 通り全体を動くときの $L(C)$ の平均値を表すとする．また，A, B を T, H のいずれかとしたとき，n 枚の硬貨を左端の硬貨が A，右端の硬貨が B と書かれている面が表を向いているように並べる方法は 2^{n-2} 通りある．初期状態 C がこの 2^{n-2} 通りを動くときの $L(C)$ の平均値を $E_{AB}(n)$ で表すものとする．このとき

$$E(n) = \frac{1}{4}\left(E_{HH}(n) + E_{TH}(n) + E_{HT}(n) + E_{TT}(n)\right)$$

が成り立つ．n についての帰納法で，任意の正の整数 n について n 枚の硬貨を並べたとき操作が有限回で終了し，$E(n)=\dfrac{n(n+1)}{4}$ であることを示す．

$n=1$ のとき，その 1 枚が H と書かれている面が表を向いているときは 1 回の操作で，そうでないときは 0 回の操作で操作が終了する．よってこの場合は操作が有限回で終了し，$E(1)=\dfrac{1\cdot 2}{4}=\dfrac{1}{2}$ である．

次に $n-1$ で上が成立すると仮定し，n の場合について示す．左端の硬貨が H である硬貨の列に操作を行うと，この 1 枚を除く $n-1$ 枚に対して操作を行ったのと同様に変化する．そして左端の 1 枚を除いたすべての硬貨が T になったとき，次の操作で左端の 1 枚が T に変わり操作が終了する．よって

$$\frac{1}{2}(E_{HH}(n)+E_{HT}(n))=E(n-1)+1$$

が成り立つ．また右端の硬貨が T である硬貨の列に操作を行うと，この 1 枚を除く $n-1$ 枚に対して操作を行ったのと同様に変化する．よって

$$\frac{1}{2}(E_{HT}(n)+E_{TT}(n))=E(n-1)$$

が成り立つ．これらと同様に左端の硬貨が H で右端の硬貨が T である硬貨の列を考えると，

$$E_{HT}(n)=E(n-2)+1$$

が成り立つことがわかる．また，左端の硬貨が T，右端の硬貨が H である硬貨の列に操作を行うと，これら 2 枚を除く $n-2$ 枚に対して操作を行ったのと同様に変化する．そしてその $n-2$ 枚がすべて T になったとき，操作を行うごとに左端の硬貨から順に H が上になるように裏返っていく．そしてすべての硬貨が H を上にして並んでいるとき，操作を行うごとに右端の硬貨から T が上になるように裏返っていく．よって

$$E_{TH}(n)=E(n-2)+2n-1$$

が成り立つといえる．以上より，

$$E_{HH}(n)=2E(n-1)+2-(E(n-2)+1)$$

$$= 2E(n-1) - E(n-2) + 1$$

が成り立つ．よって

$$\begin{aligned}E(n) &= \frac{1}{4}(E_{HH}(n) + E_{TH}(n) + E_{HT}(n) + E_{TT}(n)) \\ &= \frac{1}{4}(2E(n-1) - E(n-2) + 1) \\ &\quad + \frac{1}{4}(E(n-2) + 2n - 1) \\ &\quad + \frac{1}{2}E(n-1) \\ &= E(n-1) + \frac{n}{2} \\ &= \frac{(n-1)n}{4} + \frac{n}{2} = \frac{n(n+1)}{4}\end{aligned}$$

とわかる．よって以上より任意の正の整数 n に対して n 枚の硬貨を並べたとき操作が有限回で終了し，$E(n) = \dfrac{n(n+1)}{4}$ が成り立つことがわかる．

【6】　まず問題を示しやすい形に言い換える．直線 DI と ω の D 以外の交点を K とおく．また FE と AI の交点を N とおく．このとき方べきの定理より

$$\mathrm{AN} \cdot \mathrm{AI} = \mathrm{AE}^2 = \mathrm{AR} \cdot \mathrm{AP}$$

が成り立つので，I, P, R, N は同一円周上に存在する．これと三角形 IPR が二等辺三角形であることから，

$$\angle\mathrm{INP} = \angle\mathrm{IRP} = \angle\mathrm{RPI} = \angle\mathrm{RNA}$$

が成り立つ．よって直線 NP と ω の交点のうち P でないものは，直線 IN に対して R と対称な点，つまり K とわかる．直線 DN と ω の D 以外の交点を S とおく．また N から直線 DK におろした垂線の足を G とおき，A を通り直線 AI に垂直な直線と DI の交点を L とおく．

このとき $\angle\mathrm{KGN} = \angle\mathrm{KSN} = 90^\circ$ が成り立つので K, G, N, S は同一円周上にある．よって円周角の定理より

$$\angle\mathrm{GSP} = \angle\mathrm{GSN} + \angle\mathrm{NSP} = \angle\mathrm{GKN} + \angle\mathrm{DKP}$$

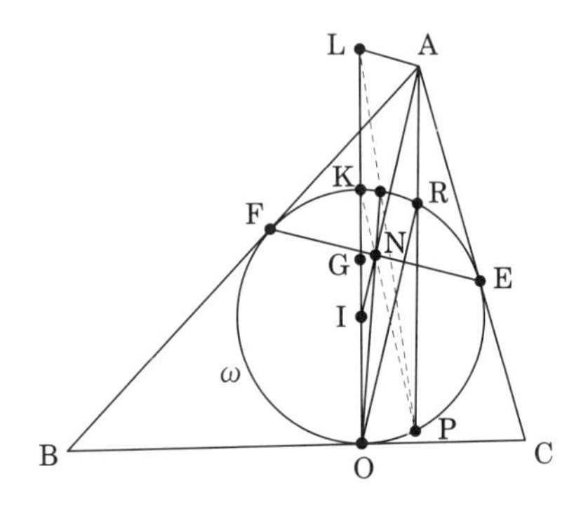

$$= \angle \mathrm{DIP}$$

が成り立つ．よって 4 点 S, G, I, P は同一円周上に存在する．また，$\angle \mathrm{LGN} = \angle \mathrm{LAN} = 90^\circ$ より 4 点 L, G, N, A は同一円周上に存在する．よって方べきの定理より，

$$\mathrm{IG} \cdot \mathrm{IL} = \mathrm{IN} \cdot \mathrm{IA} = \mathrm{IF}^2$$

が成り立つ．よって 4 点 S, G, I, P を通る円を ω で反転すると，S, P は自身に移り，G は L に移る．よって S, P, L は同一直線上にあることがわかる．以上より，S, P, Q が同一直線上にあることを示せばよいとわかる．

ここで 4 点 B, C, I, Q が同一円周上にあることを示す．簡単のため，図の位置関係のときのみ示す．

円周角の定理と接弦定理より，

$$\begin{aligned}\angle \mathrm{BQC} = \angle \mathrm{BQP} + \angle \mathrm{PQC} &= \angle \mathrm{BFP} + \angle \mathrm{PEC} \\ &= \angle \mathrm{FEP} + \angle \mathrm{PFE} \\ &= 180^\circ - \angle \mathrm{EPF} \\ &= \frac{1}{2}(360^\circ - \angle \mathrm{EIF}) \\ &= \angle \mathrm{BIC}\end{aligned}$$

であるので，4 点 B, C, I, Q は同一円周上にある．この 4 点を通る円を Γ とお

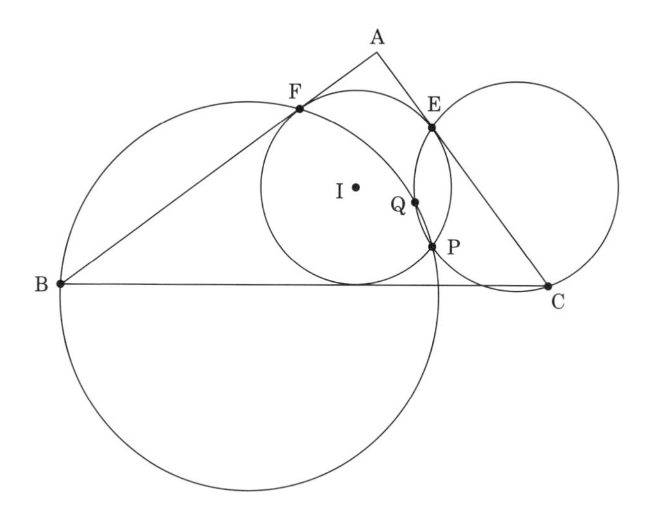

き，T を直線 PQ と Γ の交点のうち Q でないものとする．

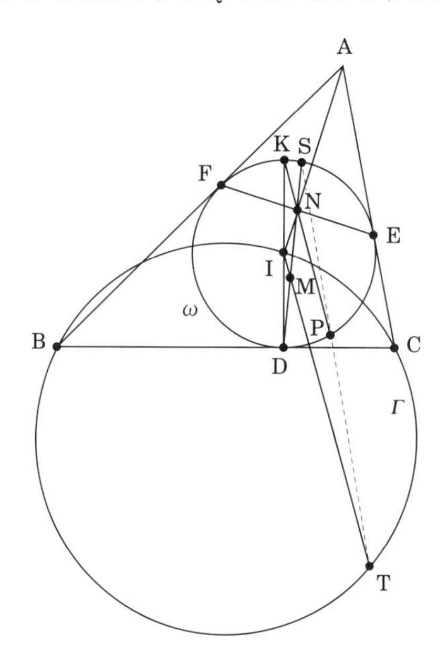

円周角の定理と接弦定理より，

$$\angle \mathrm{BIT} = \angle \mathrm{BQT} = \angle \mathrm{BFP} = \angle \mathrm{FKP}$$

が成り立つ．直線 FK と BI はともに直線 FD と垂直なのでこれらは平行であるとわかる．よって直線 KP と IT も平行であるとわかる．I は線分 KD の中点であるので，線分 ND と直線 IT の交点を M とおくと，M は線分 ND の中点とわかる．線分 FD の中点を E' とすると，$\mathrm{BE}' \cdot \mathrm{E}'\mathrm{I} = \mathrm{FE}' \cdot \mathrm{E}'\mathrm{D}$ が成り立つので，E' は ω と Γ の根軸上にあるとわかる．同様に線分 ED の中点も根軸上にあるので，これらを結ぶ線分の中点である M もまた根軸上にあることがわかる．よって $\mathrm{IM} \cdot \mathrm{MT} = \mathrm{SM} \cdot \mathrm{MD}$ が成り立つので，4 点 I, D, T, S は同一円周上にあることがわかる．よって円周角の定理と KP と IT が平行であることから，

$$\angle \mathrm{DST} = \angle \mathrm{DIT} = \angle \mathrm{DKP} = \angle \mathrm{DSP}$$

が成り立つ．よって S, P, T は同一直線上にあることがわかる．T のとり方より，このとき S, P, Q が同一直線上にあることがわかるので，題意は示された．

5.3　IMO 第 61 回 ロシア大会 (2020)

●第 1 日目：9 月 21 日 [試験時間 4 時間 30 分]

1.　凸四角形 ABCD の内部に点 P があり，次の等式を満たしている．

$$\angle \mathrm{PAD} : \angle \mathrm{PBA} : \angle \mathrm{DPA} = 1 : 2 : 3 = \angle \mathrm{CBP} : \angle \mathrm{BAP} : \angle \mathrm{BPC}$$

このとき，角 ADP の二等分線，角 PCB の二等分線および線分 AB の垂直二等分線が一点で交わることを示せ．

2.　実数 a, b, c, d は $a \geqq b \geqq c \geqq d > 0$ および $a+b+c+d=1$ を満たしている．このとき

$$(a+2b+3c+4d)a^a b^b c^c d^d < 1$$

であることを示せ．

3.　$4n$ 個の小石があり，それぞれの重さは $1, 2, 3, \cdots, 4n$ である．各小石は n 色のうちのいずれか 1 色で塗られており，各色で塗られている小石はちょうど 4 個ずつある．小石をうまく 2 つの山に分けることによって，次の 2 つの条件をともに満たすことができることを示せ．

- 各山に含まれる小石の重さの合計は等しい．
- 各色で塗られている小石は，各山にちょうど 2 個ずつある．

●第 2 日目：9 月 22 日 [試験時間 4 時間 30 分]

4.　$n > 1$ を整数とする．山の斜面に n^2 個の駅があり，どの 2 つの駅も標高が異なる．ケーブルカー会社 A と B は，それぞれ k 個のケーブル

カーを運行しており，各ケーブルカーはある駅からより標高の高い駅へと一方向に運行している (途中に停車する駅はない)．会社 A の k 個のケーブルカーについて，k 個の出発駅はすべて異なり，k 個の終着駅もすべて異なる．また，会社 A の任意の 2 つのケーブルカーについて，出発駅の標高が高い方のケーブルカーは，終着駅の標高ももう一方のケーブルカーより高い．会社 B についても同様である．2 つの駅が会社 A または会社 B によって結ばれているとは，その会社のケーブルカーのみを 1 つ以上用いて標高の低い方の駅から高い方の駅へ移動できることをいう (それ以外の手段で駅を移動してはならない)．

このとき，どちらの会社によっても結ばれている 2 つの駅が必ず存在するような最小の正の整数 k を求めよ．

5.　$n > 1$ 枚のカードがある．各カードには 1 つの正の整数が書かれており，どの 2 つのカードについても，それらのカードに書かれた数の相加平均は，いくつかの (1 枚でもよい) 相異なるカードに書かれた数の相乗平均にもなっている．

このとき，すべてのカードに書かれた数が必ず等しくなるような n をすべて求めよ．

6.　次の条件を満たすような正の定数 c が存在することを示せ．

> $n > 1$ を整数とし，$\mathcal{S}$ を平面上の n 個の点からなる集合であって，$\mathcal{S}$ に含まれるどの 2 つの点の距離も 1 以上であるようなものとする．このとき，$\mathcal{S}$ を分離するようなある直線 ℓ が存在し，$\mathcal{S}$ に含まれるどの点についても ℓ への距離が $cn^{-1/3}$ 以上となる．

ただし，直線 ℓ が点集合 $\mathcal{S}$ を分離するとは，$\mathcal{S}$ に含まれるある 2 点を結ぶ線分が ℓ と交わることを表す．

注．$cn^{-1/3}$ を $cn^{-\alpha}$ に置き換えたうえでこの問題を解いた場合，その $\alpha > 1/3$ の値に応じて得点を与える．

解答

【1】　$\angle\mathrm{PAD} = \alpha$ とおく．三角形 APD の内角の和は $\alpha + 3\alpha = 4\alpha$ より大きいので，$4\alpha < 180^\circ$ がわかる．ゆえに $\angle\mathrm{ABP} = 2\alpha < 90^\circ$ となり，角 ABP は鋭角である．三角形 ABP の外心を O とする．角 ABP は鋭角なので O は直線 AP について B と同じ側にある．四角形 ABCD は凸なので，D は直線 AP について B と反対側にある．以上より D は直線 AP について O と反対側にある．

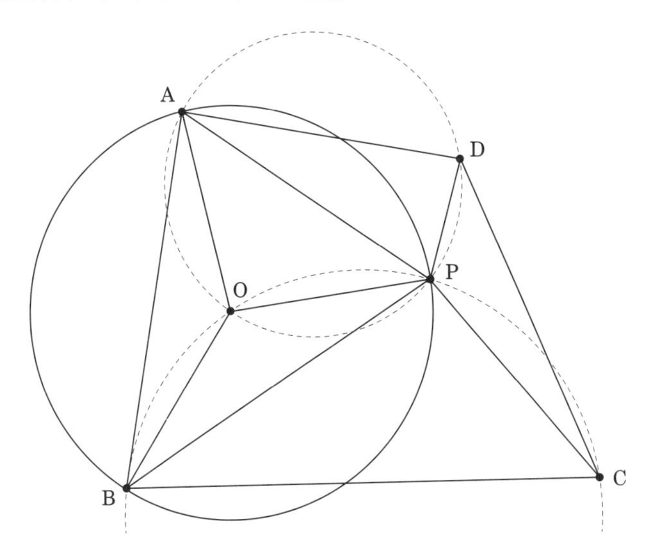

中心角の定理より $\angle\mathrm{AOP} = 2\angle\mathrm{ABP} = 4\alpha$，また $\angle\mathrm{ADP} = 180^\circ - \angle\mathrm{PAD} - \angle\mathrm{DPA} = 180^\circ - 4\alpha$ なので，$\angle\mathrm{AOP} + \angle\mathrm{ADP} = 180^\circ$ となる．これと D が直線 AP について O と反対側にあることから，4 点 A, O, P, D は同一円周上にある．ゆえに $\mathrm{AO} = \mathrm{PO}$ と円周角の定理から，角 ADP の二等分線上は O を通る．同様に角 BCP の二等分線上も O を通る．$\mathrm{AO} = \mathrm{BO}$ なので線分 AB の垂直二等分線も O を通り，3 直線が 1 点 O で交わることが示された．

【2】　重み付き相加相乗平均の不等式より

$$a^a b^b c^c d^d \leqq a \cdot a + b \cdot b + c \cdot c + d \cdot d = a^2 + b^2 + c^2 + d^2$$

となる．よって

$$(a + 2b + 3c + 4d)(a^2 + b^2 + c^2 + d^2) < 1$$

を示せばよい．$a + b + c + d = 1$ なので

$$(a + 2b + 3c + 4d)(a^2 + b^2 + c^2 + d^2) < (a + b + c + d)^3$$

を示せばよい．

$$\begin{aligned}
&(a + b + c + d)^3 \\
&\quad = a^2(a + 3b + 3c + 3d) + b^2(3a + b + 3c + 3d) + c^2(3a + 3b + c + 3d) \\
&\qquad + d^2(3a + 3b + 3c + d) + 6(abc + bcd + cda + dab)
\end{aligned}$$

なので，$a \geqq b \geqq c \geqq d > 0$ より

$$\begin{aligned}
(a + b + c + d)^3 &> a^2(a + 3b + 3c + 3d) + b^2(3a + b + 3c + 3d) \\
&\qquad + c^2(3a + 3b + c + 3d) + d^2(3a + 3b + 3c + d) \\
&\geqq a^2(a + 2b + 3c + 4d) + b^2(a + 2b + 3c + 4d) \\
&\qquad + c^2(a + 2b + 3c + 4d) + d^2(a + 2b + 3c + 4d) \\
&= (a + 2b + 3c + 4d)(a^2 + b^2 + c^2 + d^2)
\end{aligned}$$

となる．よって示された．

【3】　$4n$ 個の小石を，各小石の組について，2 つの小石の重さの合計が $4n + 1$ となるように，$2n$ 個の小石の組に分割する．小石に塗られた n 個の色に 1 から n の番号を振る．そして，n 個の頂点からなるグラフ G に次のようにして辺を張る．

> 各小石の組について，2 つの石の色をそれぞれ c, d としたとき，c 番目の頂点と d 番目の頂点の間に辺を張る．

このとき，n 個の辺をうまく選ぶことによって，各頂点についてその頂点を端点に持つ辺が重複度を込めてちょうど 2 個選ばれているようにできることを示せばよい (両端点がその頂点と等しい辺は重複度 2 で数え，一方の端点のみがその頂点と等しい辺は重複度 1 で数える).

各色の小石は 4 個ずつあるので，G の各頂点の次数は 4 である．よって，G の連結成分を $G_1, G_2, \cdots, G_g$ とすると，各連結成分 G_i について，オイラーの一筆書き定理を用いることができる．G_i の頂点集合を V_i とし，G_i を一筆書きしたときにたどる頂点の順番を $A_0, A_1, \cdots, A_k = A_0$ とする．k は G_i に含まれる辺の個数と一致するので，G_i の各頂点の次数が 4 であることより $k = 4 \times |V_i| \div 2 = 2|V_i|$ である．ここで，$E_i = \{(A_{2j}, A_{2j+1}) \mid j = 0, 1, \cdots, |V_i| - 1\}$ という辺集合を考える．$A_0, A_1, \cdots, A_{k-1}$ に G_i の各頂点は 2 回ずつ現れるので，G_i の各頂点についてその頂点を端点に持つ辺は E_i において重複度を込めてちょうど 2 個選ばれている．よって，$E_1, E_2, \cdots, E_g$ の和集合を E とすると，G の各頂点についてその頂点を端点に持つ辺は E において重複度を込めてちょうど 2 個選ばれている．また，E の要素数は $|E_1| + |E_2| + \cdots + |E_g| = |V_1| + |V_2| + \cdots + |V_g| = n$ である．よって，E は条件を満たす辺の選び方となり，示された.

【4】　求める最小の値が $n^2 - n + 1$ であることを示す.

まず $k \leqq n^2 - n$ のときに条件を満たさない場合を構成する．$k = n^2 - n$ として構成すればよい．駅を標高の低い方から $S_1, \cdots, S_{n^2}$ とする．会社 A は S_iS_{i+1} 間 ($1 \leqq i \leqq n^2 - 1, i$ は n の倍数でない) を結ぶケーブルカーを，会社 B は S_iS_{i+n} 間 ($1 \leqq i \leqq n^2 - n$) を結ぶケーブルカーを運行しているとする．このときどちらの会社によっても結ばれている 2 つの駅は存在しない.

次に $n^2 - n + 1 \leqq k$ のときにどちらの会社によっても結ばれている 2 つの駅が存在することを示す．駅 $S_1, \cdots, S_{n^2}$ を頂点とし，ケーブルカーで結ばれている 2 駅を辺で結ぶグラフを考える．このとき，会社 A, B が運行しているケーブルカーによって結ばれている辺をそれぞれ赤，青で塗る．赤い辺のみを考えたグラフでの連結成分を $A_1, \cdots, A_s$ とし，青い辺のみを考えたグラフでの連結成分を $B_1, \cdots, B_t$ とする．A_i 内の赤い辺の個数は $|A_i| - 1$ なので，$k = |A_1| + \cdots + |A_s| - s$ となる．これと $n^2 - n \leqq k$ および $|A_1| + \cdots + |A_s| = n^2$ から $s \leqq$

$n-1$ がわかる．同様にして $t \leqq n-1$ である．さて，写像 $f\colon \{1,\cdots,n^2\} \to \{1,\cdots,s\} \times \{1,\cdots,t\}$ を，S_i を含む連結成分が A_p, B_q のときに $f(i)=(p,q)$ となるように定める．f の終域の集合の元の個数は $st \leqq (n-1)^2 < n^2$ なので，異なる i,j であって $f(i)=f(j)$ となるものが存在する．これは S_i と S_j が赤い辺でも青い辺でも同じ連結成分内に存在することを意味する．ゆえにこの2駅はどちらの会社によっても結ばれている．

【5】　任意の $n>1$ についてすべてのカードに書かれた数が必ず等しくなることを示す．

カードに書かれた数を $a_1 \leqq \cdots \leqq a_n$ とする．これらの最大公約数を g としたとき，カードに書かれた数をすべて g で割っても問題の条件を満たしている．ゆえに g で割ることでカードに書かれた数の最大公約数は1としておく．

$1<a_n$ と仮定して矛盾を導く．$1<a_n$ なので a_n の素因数 p がとれる．カードに書かれた数の最大公約数は1なので，カードに書かれた数の中に p で割り切れないものが存在する．その中で最大のものを a_m とする．問題の条件から，ある $1 \leqq k$ と $1 \leqq i_1,\cdots,i_k \leqq n$ が存在し

$$\frac{a_n+a_m}{2}=\sqrt[k]{a_{i_1}\cdots a_{i_k}}$$

となる．左辺は a_m より大きいので，ある r が存在し $a_m<a_{i_r}$ となる．このとき m のとり方から a_{i_r} は p で割り切れる．先の式を整理すると

$$(a_n+a_m)^k=2^k a_{i_1}\cdots a_{i_k}$$

となるが，右辺は p で割り切れるが左辺は p で割り切れないので矛盾．

以上より $a_n=1$ となり，カードに書かれた数はすべて1であることが示された．g で割った後にすべての数が等しくなったので，初めからカードに書かれた数はすべて等しかったことがわかる．

【6】　$\mathcal{S}$ を分離するような任意の直線 ℓ について，$\mathcal{S}$ の点で ℓ に最も近い点から ℓ までの距離が必ず δ 以下であるような正の実数 δ をとる．$c=\dfrac{1}{8}$ として $\delta>\dfrac{1}{8}n^{-1/3}$ となることを示せば十分である．$\delta \leqq \dfrac{1}{8}n^{-1/3}$ と仮定して矛盾を導く．

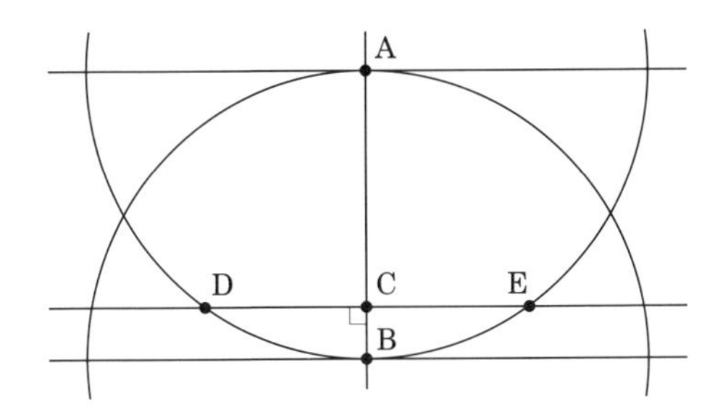

$\mathcal{S}$ の 2 点 A, B で距離 AB が最大のものをとる．さらに図のように点 C, D, E をとる．ただし C は $\mathrm{BC} = \frac{1}{2}$ となる線分 AB 上の点であり，D, E は C における AB の垂線と A を中心とし B を通る円との 2 交点である．

直線 AB を ℓ，直線 DE を m とおく．$\mathcal{S}$ の各点から ℓ に下ろした垂線の足を A に近い順に $\mathrm{A} = \mathrm{P}_1, \mathrm{P}_2, \cdots, \mathrm{P}_n = \mathrm{B}$ とする．δ の取り方より $\mathrm{P}_i\mathrm{P}_{i+1} \leqq 2\delta$ なので $\mathrm{AB} \leqq 2(n-1)\delta < 2n\delta$ である．ここで，線分 DE と円弧 DE によって囲まれた有界領域 (ただし境界を含む) を考える．この領域内に存在する $\mathcal{S}$ の点の集合を $\mathcal{T}$ とし $t = |\mathcal{T}|$ とおく．このとき，$\mathcal{T}$ の各点から ℓ に下ろした垂線の足を B に近い順に並べると $\mathrm{B} = \mathrm{P}_n, \mathrm{P}_{n-1}, \cdots, \mathrm{P}_{n-t+1}$ となる．よって $\frac{1}{2} = \mathrm{BC} \leqq \mathrm{P}_n\mathrm{P}_{n-t} \leqq 2t\delta$ となり $t \geqq \frac{1}{4\delta}$ である．

ここで，$\mathcal{T}$ の各点から m におろした垂線の足を D に近い順に $\mathrm{Q}_1, \mathrm{Q}_2, \cdots, \mathrm{Q}_t$ とする．$\mathcal{T}$ のどの 2 点も ℓ に下ろした垂線の足の間の距離が高々 $\frac{1}{2}$ であるので，m に下ろした垂線の足の間の距離は $\frac{\sqrt{3}}{2}$ 以上である．よって，

$$\mathrm{DE} \geqq \mathrm{Q}_1\mathrm{Q}_t \geqq \frac{\sqrt{3}(t-1)}{2}$$

である．一方で $\mathrm{AC} = \mathrm{AB} - \frac{1}{2}$ より

$$\mathrm{DE} = 2\sqrt{\mathrm{AB}^2 - \mathrm{AC}^2} = 2\sqrt{\mathrm{AB} - \frac{1}{4}} < 2\sqrt{\mathrm{AB}}$$

である．よって $\mathrm{AB} \geqq 1$ より

$$t < 1 + \frac{4\sqrt{\mathrm{AB}}}{\sqrt{3}} \leqq 4\sqrt{\mathrm{AB}} < 4\sqrt{2n\delta}$$

である．$t \geqq \dfrac{1}{4\delta}$ と合わせると

$$4\sqrt{2n\delta} > \frac{1}{4\delta} \Leftrightarrow \delta^3 > \frac{1}{512n}$$

となるがこれは $\delta \leqq \dfrac{1}{8}n^{-1/3}$ の仮定に反する．

よって背理法より $\delta > \dfrac{1}{8}n^{-1/3}$ であるから，示された．

5.4　IMO 第62回 ロシア大会 (2021)

●第 1 日目：7 月 19 日 [試験時間 4 時間 30 分]

1.　$n \geqq 100$ を整数とする．康夫君は $n, n+1, \cdots, 2n$ をそれぞれ相異なるカードに書き込む．その後，これらの $n+1$ 枚のカードをシャッフルし，2 つの山に分ける．このとき，少なくとも一方の山には，書き込まれた数の和が平方数となるような 2 枚のカードが含まれていることを示せ．

2.　任意の実数 $x_1, \cdots, x_n$ に対して，不等式

$$\sum_{i=1}^{n}\sum_{j=1}^{n}\sqrt{|x_i - x_j|} \leqq \sum_{i=1}^{n}\sum_{j=1}^{n}\sqrt{|x_i + x_j|}$$

が成り立つことを示せ．

3.　D は AB $>$ AC なる鋭角三角形 ABC の内部の点であり，$\angle$DAB $=$ $\angle$CAD をみたしている．線分 AC 上の点 E が $\angle$ADE $=$ $\angle$BCD をみたし，線分 AB 上の点 F が $\angle$FDA $=$ $\angle$DBC をみたし，直線 AC 上の点 X が CX $=$ BX をみたしている．$\mathrm{O_1, O_2}$ をそれぞれ三角形 ADC, EXD の外心とする．このとき，直線 BC, EF, $\mathrm{O_1O_2}$ は一点で交わることを示せ．

●第 2 日目：7 月 20 日 [試験時間 4 時間 30 分]

4.　Γ を I を中心とする円とし，凸四角形 ABCD の各辺 AB, BC, CD, DA が Γ に接している．Ω を三角形 AIC の外接円とする．BA の A 側への延長線が Ω と X で交わっており，BC の C 側への延長線が Ω と Z で交わっている．また，AD, CD の D 側への延長線が，それぞれ Ω と Y, T

で交わっている．このとき，

$$\mathrm{AD} + \mathrm{DT} + \mathrm{TX} + \mathrm{XA} = \mathrm{CD} + \mathrm{DY} + \mathrm{YZ} + \mathrm{ZC}$$

が成り立つことを示せ．

5.　2匹のリス，トモとナオは冬を越すために2021個のクルミを集めた．トモはクルミに順に1から2021までの番号をつけ，彼らのお気に入りの木の周りに，環状に2021個の穴を掘った．翌朝，トモはナオが番号を気にせずに各穴に1つずつクルミを入れたことに気づいた．仕方がないので，トモは次の操作を2021回行ってクルミを並べ替えることにした．k回目の操作ではクルミkと隣り合っている2つのクルミの位置を入れ替える．このとき，あるkが存在して，k回目の操作でトモは$a < k < b$をみたすクルミa, bを入れ替えることを示せ．

6.　$m \geqq 2$を整数，Aを(必ずしも正とは限らない)整数からなる有限集合とし，$B_1, B_2, B_3, \cdots, B_m$を$A$の部分集合とする．各$k = 1, 2, \cdots, m$について，$B_k$の要素の総和が$m^k$であるとする．このとき，$A$は少なくとも$m/2$個の要素を含んでいることを示せ．

解答

【1】　もし，n に対してある正の整数 k が存在して，$n \leqq 2k^2 - 4k$ かつ $2k^2 + 4k \leqq 2n$ をみたしたとする．このとき，

$$2k^2 - 4k < 2k^2 + 1 < 2k^2 + 4k \quad (\because k \geqq 1)$$

より，$2k^2 - 4k, 2k^2 + 1, 2k^2 + 4k$ の書かれたカードがそれぞれ存在して，どちらかの山に属するため，少なくともこれらのうち 2 枚は同じ山に属するが，

$$(2k^2 - 4k) + (2k^2 + 1) = (2k - 1)^2$$

$$(2k^2 + 1) + (2k^2 + 4k) = (2k)^2$$

$$(2k^2 - 4k) + (2k^2 + 4k) = (2k + 1)^2$$

より，いずれの場合もどちらかの山には足すと平方数となるような 2 枚のカードが存在する．よって，このような k の存在を示せば良い．

k がみたすべき条件は

$$k^2 + 2k \leqq n \leqq 2k^2 - 4k$$

と書き換えられることに注意する．ここで，$k^2 + 2k \leqq n$ となるような最大の整数 k を取ることを考える．$n \geqq 100$ より $9^2 + 2 \cdot 9 = 99 < n$ であることから，$k \geqq 9$ であり，

$$\lim_{k \to \infty} (k^2 + 2k) = \infty$$

より，条件をみたすような k が必ず存在する．このとき，

$$k^2 + 2k \leqq n < (k + 1)^2 + 2(k + 1)$$

が成り立つが，$k \geqq 9$ より

$$2k^2 - 4k - \left((k + 1)^2 + 2(k + 1)\right) = k^2 - 8k - 3$$

$$= (k-4)^2 - 19$$

$$\geqq 6$$

であるから，このような k に対して，

$$k^2 + 2k \leqq n < (k+1)^2 + 2(k+1) < 2k^2 - 4k$$

が成り立つ．ゆえに，任意の整数 $n \geqq 100$ についてこのような k が存在し，題意は示された．

【2】　$n = 0, 1, \cdots$ として数学的帰納法で示す．$n = 0$ のときは両辺がともに 0 であり，$n = 1$ のときは左辺が 0，右辺が非負であるから成り立っている．以下，$k \geqq 2$ とし，$n = 0, 1, \cdots, k-1$ のときは成立していると仮定する．

まず，$x_1, x_2, \cdots, x_k$ を任意にとる．次に，$f(t)$ を

$$f(t) = \sum_{i=1}^{k} \sum_{j=1}^{k} \left(\sqrt{|(x_i + t) + (x_j + t)|} - \sqrt{|(x_i + t) - (x_j + t)|} \right)$$

で定める．ここで，

$$\sqrt{|(x_i + t) - (x_j + t)|} = \sqrt{|x_i - x_j|}$$

は t によらない定数であることに注意する．また，$g(t) = \sqrt{|2t + a|}$ という関数を考えると，これは t が実数全体を動くとき連続であり，$t \neq 0$ で上に凸である．$f(t)$ もこのような形の k 個の関数と定数の和で表されるから連続であり，さらにある i, j が存在して $2t + x_i + x_j = 0$ となるような t を小さい方から順に $y_1, \cdots, y_m$ とすると，$t < y_1$, $y_i < t < y_{i+1}$ $(1 \leqq i \leqq m-1)$, $y_m < t$ の範囲でそれぞれ上に凸になることが分かる．このとき，$y_i < t < y_{i+1}$ に対して，

$$f(t) \geqq rf(y_i) + (1-r)f(y_{i+1})$$

$$\geqq \min(f(y_i), f(y_{i+1}))$$

$$\left(\text{ただし，} r = \frac{y_{i+1} - t}{y_{i+1} - y_i} \right)$$

が成り立つ．さらに $\lim_{t \to \infty} = \infty$ と上に凸であることから，$t > y_m$ で $f(t)$ は単

調増加であり連続であることから特に $f(t) \geqq f(y_m)$ となる．同様に $t < y_1$ について $f(t) \geqq f(y_1)$ となる．いま示したいことは $f(0) \geqq 0$ であるが，以上のことから $f(y_1), \cdots, f(y_m)$ がいずれも非負となることを示せば良い．

y_l の定義からある i, j について $2y_l + x_i + x_j = 0$ が成り立つ．$i = j$ のときは $x_i + y_l = 0$ であり，$x_1, x_2, \cdots, x_k$ を並べ替えても $f(t)$ が変化しないことに注意すると，$y_l = -x_k$ のときについて示せば十分であるが，$x_k + y_l = 0$ より，

$$f(y_l) = \sum_{i=1}^{k-1} \sum_{j=1}^{k-1} \left(\sqrt{|(x_i + y_l) + (x_j + y_l)|} - \sqrt{|(x_i + y_l) - (x_j + y_l)|} \right)$$

となるから，これは帰納法の仮定より 0 以上となる．$i \neq j$ のときは $x_i + x_j + 2y_l = 0$ であり，同様に $y_l = -\dfrac{x_{k-1} + x_k}{2}$ のときについて示せば十分であるが，$x_k + y_l = -(x_{k-1} + y_l)$ より，任意の $i\ (1 \leqq i \leqq k)$ について

$$\begin{aligned} &\sqrt{|(x_i + y_l) + (x_{k-1} + y_l)|} - \sqrt{|(x_i + y_l) - (x_{k-1} + y_l)|} \\ &= -\left(\sqrt{|(x_i + y_l) + (x_k + y_l)|} - \sqrt{|(x_i + y_l) - (x_k + y_l)|} \right) \end{aligned}$$

が成り立つ ($i = k-1, k$ とし，j を任意に定めた場合も同様に成り立つ) ことから，

$$f(y_l) = \sum_{i=1}^{k-2} \sum_{j=1}^{k-2} \left(\sqrt{|(x_i + y_l) + (x_j + y_l)|} - \sqrt{|(x_i + y_l) - (x_j + y_l)|} \right)$$

であり，このときも帰納法の仮定より成り立つ．ゆえに $n = k$ のときについて示され，数学的帰納法によりすべての n について成り立つことが示された．

別解　大学の線形代数と解析学の知識を使う別解を挙げておこう．

まず，準備として実対称行列 A (A の転置行列を ${}^tA$ として，${}^tA = A$, A の成分は実数) に対し ${}^t\vec{x}A\vec{x}$ を **2 次形式**という．たとえば $\vec{x} = \begin{pmatrix} x \\ y \\ z \end{pmatrix}$, $({}^t\vec{x} = \begin{pmatrix} x & y & z \end{pmatrix})$,

$A = \begin{pmatrix} a & d & e \\ d & b & f \\ e & f & c \end{pmatrix}$ なら

$$\begin{pmatrix} x & y & z \end{pmatrix}\begin{pmatrix} a & d & e \\ d & b & f \\ e & f & c \end{pmatrix}\begin{pmatrix} x \\ y \\ z \end{pmatrix} = ax^2 + by^2 + cz^2 + 2dxy + 2exz + 2fyz$$

となる．すると A の固有値はすべて実数となるが，A の固有値がすべて非負なら任意の $\vec{x}$ に対して ${}^t\vec{x}A\vec{x} \geqq 0$ は知られている (∵直交行列により対角化できるので)．このとき A を半正定値 (非負定値) 行列という．

また A の ij 成分 $a_{ij} = (\vec{y_i}, \vec{y_j})$ と**内積 (グラム行列)** で表されると $\sum_{i=1}^{n}\sum_{j=1}^{n} x_i a_{ij} x_j = \left|\sum_{i=1}^{n} x_i \vec{y_i}\right|^2 \geqq 0$ となるため A は非負定値となる．以上の知識を用いてみよう．

$$\vec{x} = \begin{pmatrix} 1 \\ 1 \\ \vdots \\ 1 \end{pmatrix} \text{ なら } \sum_{i=1}^{n}\sum_{j=1}^{n} a_{ij} = \begin{pmatrix} 1 & 1 & \cdots & 1 \end{pmatrix} A \begin{pmatrix} 1 \\ 1 \\ \vdots \\ 1 \end{pmatrix} \text{ となるので本問は } A =$$

(a_{ij}), $(a_{ij} = \sqrt{|x_i + x_j|} - \sqrt{|x_i - x_j|})$ が半正定値を示せば良い．また $I(p) = \int_0^\infty \frac{1 - \cos(px)}{x\sqrt{x}} dx$ を考えると $I(p) = I(-p)$ で $y = px\,(p > 0)$ で置換すると $I(p) = \sqrt{|p|}I(1)$ がわかる．すると

$$\begin{aligned}
\sqrt{|a+b|} - \sqrt{|a-b|} &= \frac{1}{I(1)}\int_0^\infty \frac{\cos(a-b)x - \cos(a+b)x}{x\sqrt{x}} dx \\
&= \frac{2}{I(1)}\int_0^\infty \frac{\sin ax \sin bx}{x\sqrt{x}} dx,
\end{aligned}$$

であり $\sqrt{|x_i + x_j|} - \sqrt{|x_i - x_j|} = \frac{2}{I(1)}\int_0^\infty \frac{\sin x_i x \sin x_j x}{x\sqrt{x}} dx$ と内積 (関数空間) で表され，$I(1) > 0$ に注意すると問題が証明された (注意 $\sum_{i,j}\left(\sqrt{|x_i + x_j|} - \sqrt{|x_i - x_j|}\right) = \frac{2}{I(1)}\int_0^\infty \frac{1}{x\sqrt{x}}\left(\sum_{i=1}^{n} \sin x_i x\right)^2 dx$)．実は $I(1) = \sqrt{2\pi}$ である．それはオイラー–ガウスの公式

$$\int_0^\infty e^{-\alpha x} x^{s-1} dx = \frac{\Gamma(s)}{\alpha^s} \quad (\mathrm{Re}\,\alpha > 0) \quad \text{(高木貞治『解析概論』p.256)}$$

とフレネル積分

$$\int_0^\infty \cos x^2 dx = \int_0^\infty \sin x^2 dx = \frac{\sqrt{\pi}}{2\sqrt{2}} \quad \text{(杉浦光夫『解析入門 II』p.248)}$$

からわかる．なぜなら，

$$\begin{aligned}
\int_0^A \frac{1-\cos x}{x\sqrt{x}} dx &= \int_0^A \frac{1}{x\sqrt{x}} dx \int_0^x \sin u du = \iint_{0 \leqq u \leqq x \leqq A} \frac{\sin u}{x\sqrt{x}} du \\
&= \int_0^A \sin u du \int_u^A \frac{1}{x\sqrt{x}} dx = \int_0^A \sin u \left[\frac{x^{-\frac{3}{2}+1}}{-\frac{3}{2}+1} \right]_u^A \\
&= 2\left(\int_0^A \frac{\sin u}{\sqrt{u}} du - \frac{1}{\sqrt{A}} \int_0^A \sin u du \right)
\end{aligned}$$

において $A \to \infty$ として

$$\begin{aligned}
\int_0^\infty \frac{1-\cos x}{x\sqrt{x}} dx &= 2\int_0^\infty \frac{\sin u}{\sqrt{u}} du = 2\int_0^\infty \frac{\sin v^2}{\sqrt{v^2}} 2v dv \\
&= 4\int_0^\infty \sin v^2 dv = 4\frac{\sqrt{\pi}}{2\sqrt{2}} = \sqrt{2\pi}
\end{aligned}$$

となる．

【3】　(ABC) のようにして，いくつかの点を通る円を表すこととする．

三角形 ABC に関する D の等角共役点を Q とする．このとき，D は角 A の内角の二等分線上にあることから，Q も角 A の内角の二等分線上にあり，したがって A, D, Q は同一直線上にある．これと $\angle \mathrm{QBF} = \angle \mathrm{QBA} = \angle \mathrm{CBD} = \angle \mathrm{ADF}$ より，4 点 Q, D, F, B は同一円周上にある．同様にして 4 点 Q, D, E, C も同一円周上にあり，方べきの定理より $\mathrm{AF} \cdot \mathrm{AB} = \mathrm{AD} \cdot \mathrm{AQ} = \mathrm{AE} \cdot \mathrm{AC}$ を得るので，これより 4 点 F, B, C, E が同一円周上にあることが分かる．

これより $\angle \mathrm{FEA} = \angle \mathrm{ABC}$ となるので，$\angle \mathrm{DEF} + \angle \mathrm{BCD} = \angle \mathrm{DEF} + \angle \mathrm{ADE} = 180^\circ - \angle \mathrm{EAD} - \angle \mathrm{FEA} = 180^\circ - \angle \mathrm{DAF} - \angle \mathrm{ABC} = (180^\circ - \angle \mathrm{DAF} - \angle \mathrm{FDA}) - (\angle \mathrm{ABC} - \angle \mathrm{DBC}) = \angle \mathrm{AFD} - \angle \mathrm{ABD} = \angle \mathrm{BDF}$ となり，接弦定理により (DBC), (DEF) は D で接する．

(DBC), (DEF), (FBCE) の根心を考えると，これは直線 BC，直線 EF, (DBC)

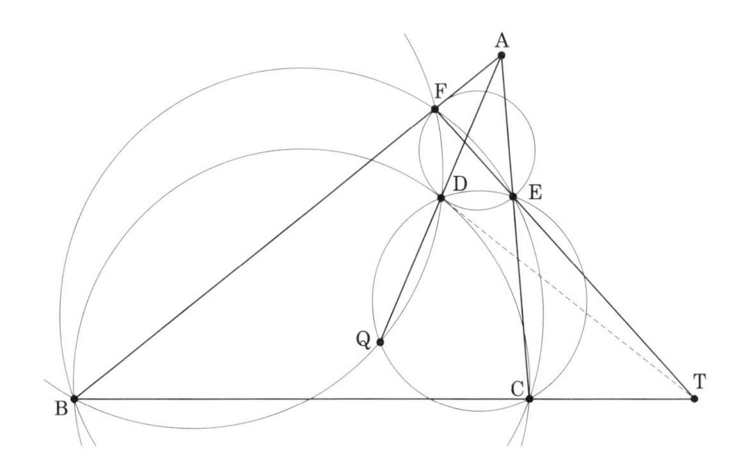

と (DEF) の D での共通接線の交点となるので，これを T としたときに，方べきの定理より $\mathrm{TD}^2 = \mathrm{TE} \cdot \mathrm{TF} = \mathrm{TB} \cdot \mathrm{TC}$ となることが分かる．

直線 AT と三角形 ABC の外接円の交点を M とする．このとき，上と方べきの定理より $\mathrm{TM} \cdot \mathrm{TA} = \mathrm{TB} \cdot \mathrm{TC} = \mathrm{TE} \cdot \mathrm{TF} = \mathrm{TD}^2$ となり，特に 4 点 A, E, F, M は同一円周上にある．中心 T，半径 TD の円による**反転**を行うと，A は M に，C は B に移り，D は自分自身に移ることから，(ACD) は (MBD) の外接円に移る．(ACD), (MBD) の D でない交点を K とすると，K はこの反転で自分自身に移ることから, TD = TK を得る．これより, 三角形 KDE の外心, 三角

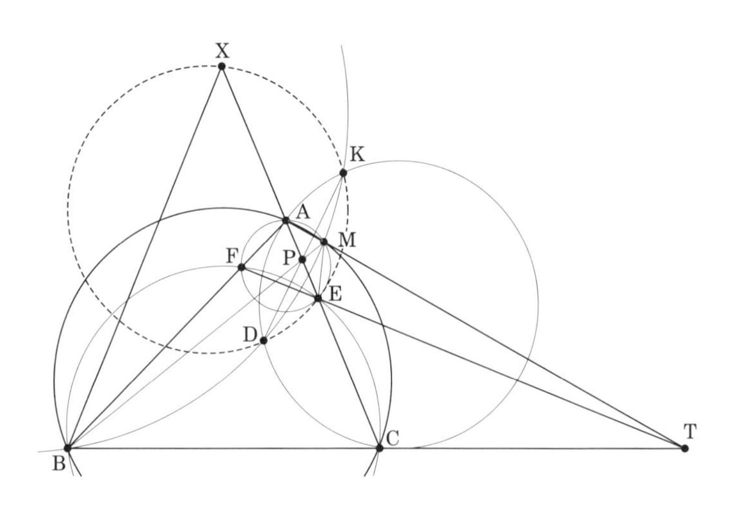

形 ACD の外心，T はいずれも線分 DK の垂直二等分線上にある．三角形 ACD の外心は O_1 であり，T は直線 BC, EF の交点であったことから，三角形 KDE の外心が O_2 と一致することを示せば良い．つまり，4 点 D, K, E, X が同一円周上にあることを示せば良い．

ここで，$\angle EMB = \angle EMA - \angle BMA = (180^\circ - \angle AFE) - \angle BCA = 180^\circ - 2\angle BCA = \angle CXB = \angle EXB$ であるから，4 点 B, E, M, X は同一円周上にある．また，(ABCM), (ACDK), (MBDK) の 3 円の根心を考えることで，直線 AC, BM, DK は 1 点で交わり，この点を P とする．以上より，方べきの定理より $EP \cdot XP = BP \cdot MP = DP \cdot KP$ となるので，4 点 D, K, E, X は同一円周上にある．

【4】 I は角 A の内角の二等分線上にあることから，円周角の定理と合わせて $\angle IXY = \angle IAY = \angle BAI = \angle XYI$ となり，$IX = IY$ を得る．同様にして $IT = IZ$ を得るので，Ω の中心を O としたときに X と Y, T と Z は直線 IO に関して対称であり，これより $TX = YZ$ を得る．以上より，示すべき主張は $XA + AD + DT = YD + DC + CZ$ に帰着される．

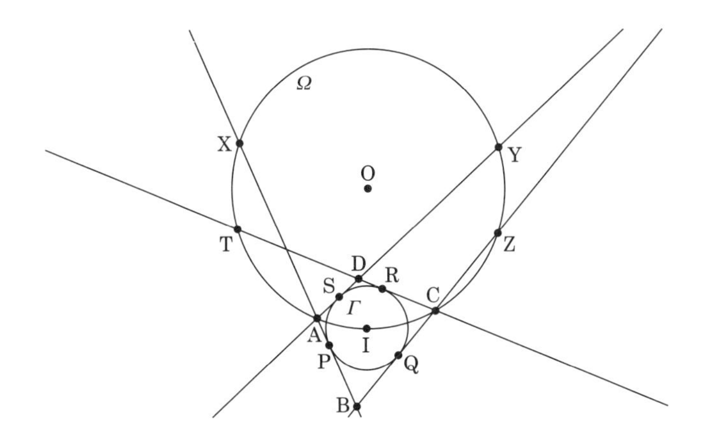

Γ と辺 AB, BC, CD, DA との接点を P, Q, R, S とする．このとき，$IX = IY$, $IP = IS$, $\angle IPX = ISY = 90^\circ$ より直角三角形 IXP, IYS は合同であるから，$XP = YS$ を得る．同様に $RT = QZ$ を得るので，$XA + AD + DT = XA + (AS +$

SD) + DT = (XA + AP) + (RD + DT) = XP + RT = YS + QZ = (YD + DS) + (QC + CZ) = YD + (DR + RC) + CZ = YD + DC + CZ となり，題意は示された．

【5】　条件をみたすようなクルミの入れ方が存在したとして矛盾することを示す．それぞれの時点においてすでに操作が行われたクルミが入っている穴，すなわち k 回目の操作の後について番号が k 以下のクルミが入っている穴を良い穴ということにし，そうでない穴を悪い穴ということにする．1 回目の操作の前の時点ですべての穴は悪い穴であり，2021 回目の操作の後ですべての穴は良い穴である．

k 回目の操作の前後で穴の良し悪しが変わり得るのは，クルミ k が入っている穴とそれに隣接する穴の 3 つのみである．仮定からクルミ k の両隣の穴に入っているクルミは，ともに $k-1$ 以下であるか，ともに $k+1$ 以上であるかのどちらかである．クルミ k の両隣の穴について，前者の場合は操作前も操作後も良い穴であり，後者の場合は操作前も操作後も悪い穴であるから，これらの穴の良し悪しが操作の前後で変化することはない．一方で，クルミ k が入っている穴は良い穴の定義が変わったことによって，悪い穴から良い穴へと変化する．よって k 回目の操作の前後で，クルミ k が入っている穴が悪い穴から良い穴へ変化し，それ以外は変化しない．

逆にそれぞれの穴に注目すると，いずれかの操作によって悪い穴から良い穴へと変化し，それ以降悪い穴へと戻る可能性はない．k 回目の操作の前後で悪い穴から良い穴へと変化する穴に k という番号をつけるとすると，今までの議論より，すべての穴には $1 \sim 2021$ の番号がちょうど 1 つずつ割り振られ，仮定より任意の穴について，その穴の番号は両隣の穴の番号のどちらよりも大きいか，両隣の穴の番号のどちらよりも小さいかのどちらかである必要がある．このとき隣り合う 2 つの穴の番号の関係から両隣の穴の番号より小さいものと大きいものが交互に並ぶはずであるが，穴は 2021 個，すなわち奇数個であるから，これはあり得ない．

よって矛盾が導かれ，題意が示された．

【6】 集合 A の要素数を k，その要素を $A=\{a_1,\cdots,a_k\}$ とし，$s(B_i)$ で集合 B_i の要素の総和を表す．ここで，2 つの集合

$$C=\left\{\sum_{i=1}^{m} c_i s(B_i) \mid 0 \leqq c_i \leqq m-1,\ c_i\text{は整数}\right\}$$

と

$$D=\left\{\sum_{j=1}^{k} d_j a_j \mid 0 \leqq d_j \leqq m(m-1),\ d_j\text{は整数}\right\}$$

を考える．

$$s(B_i)=\left\{\sum_{j=1}^{k} e_{i,j} a_j \mid e_{i,j} \in \{0,1\}\right\}$$

と書けることから，C の各要素は

$$\sum_{i=1}^{m} c_i s(B_i)=\sum_{j=1}^{k}\left(\sum_{i=1}^{m} c_i e_{i,j}\right) a_j$$

と書け，$0 \leqq c_i \leqq m-1\ (1 \leqq i \leqq m)$ より

$$0 \leqq \sum_{i=1}^{m} c_i e_{i,j} \leqq m(m-1)$$

であることに注意すると，$C \subset D$ であることが分かる．

ここで，C は

$$C=\left\{\sum_{i=1}^{m} c_i m^i \mid 0 \leqq c_i \leqq m-1,\ c_i\text{は整数}\right\}$$

と書け，m 以上 m^{m+1} 以上の m の倍数の m 進法での表記を考えるとこれらはすべて C に含まれることが分かるから，C の要素は m^m 個以上 (実際にはちょうど m^m 個) であることが分かる．

一方，D の要素数は $(d_1,\cdots,d_k)$ の組の個数以下であるから，$\{m(m-1)+1\}^k$ 以下である．$m \geqq 2$ より $m(m-1)+1<m^2$ であるから特に $(m^2)^k=m^{2k}$ 未満であることが分かる．

これより，

$$m^m < m^{2k}$$

であり，m は正整数であるからこれの m についての対数を取ったあと両辺を 2 で割って，

$$\frac{m}{2} < k$$

を得る．よって，示された．

5.5 IMO 第63回 ノルウェー大会 (2022)

●第 1 日目：7 月 19 日 [試験時間 4 時間 30 分]

1. オスロ銀行ではアルミ製の硬貨（A で表す）とブロンズ製の硬貨（B で表す）の 2 種類の硬貨を発行している．慶子さんは n 枚のアルミ製の硬貨と n 枚のブロンズ製の硬貨を持っており，これらの $2n$ 枚の硬貨は 1 列に並べられている．1 種類の硬貨からなる連続する部分列を**鎖**とよぶことにする．ある $2n$ 以下の正の整数 k に対して，慶子さんは以下の操作を繰り返し行う．

左から k 枚目のコインを含む最も長い鎖をとり，その鎖に含まれるコインをすべて列の一番左に移す．

たとえば $n = 4$, $k = 4$ のとき，最初のコインの並べ方が $AABBBABA$ であるとすると，操作の過程は次のようになる．

$$AAB\underline{B}BABA \to BBB\underline{A}AABA \to AAA\underline{B}BBBA$$

$$\to BBB\underline{B}AAAA \to BBB\underline{B}AAAA \to \cdots.$$

$1 \leqq k \leqq 2n$ なる組 (n, k) であって，どのような最初のコインの並べ方についても，操作を何回か行った後に，列の左から n 枚のコインの種類がすべて等しくなるようなものをすべて求めよ．

2. $\mathbb{R}^+$ を正の実数全体からなる集合とする．関数 $f : \mathbb{R}^+ \to \mathbb{R}^+$ であって，任意の $x \in \mathbb{R}^+$ に対して，$xf(y) + yf(x) \leqq 2$ なる $y \in \mathbb{R}^+$ がちょうど 1 つ存在するようなものをすべて求めよ．

3.　k を正の整数とし，S を奇素数からなる有限集合とする．このとき，次の条件をみたすように S の要素を 1 つずつ円周上に並べる方法は高々 1 通りしかないことを示せ．ただし，回転や裏返しで一致する並べ方は同じものとみなす．

　　隣接するどの 2 つの要素の積も，ある正の整数 x を用いて $x^2 + x + k$ と表される．

●第 2 日目：7 月 20 日 [試験時間 4 時間 30 分]

4.　BC = DE なる凸五角形 ABCDE の内部に点 T があり，TB = TD, TC = TE, ∠ABT = ∠TEA をみたしている．直線 AB は直線 CD, CT とそれぞれ点 P, Q で交わっており，P, B, A, Q はこの順に並んでいる．また，直線 AE は直線 CD, DT とそれぞれ点 R, S で交わっており，R, E, A, S はこの順に並んでいる．このとき，P, S, Q, R は同一円周上にあることを示せ．

5.　p が素数であるような正の整数の組 (a, b, p) であって，$a^p = b! + p$ をみたすものをすべて求めよ．

6.　n を正の整数とする．**北欧風の地形**とは，各マスに整数が 1 つずつ書き込まれているような $n \times n$ のマス目であって，1 以上 n^2 以下の整数が 1 つずつ書き込まれているようなものを指す．2 つの相異なるマスが隣接するとは，それらのマスがある辺を共有することをいう．そして，あるマスが**谷**であるとは，隣接するどのマスに書き込まれている数も，そのマスに書き込まれている数より大きいことをいう．さらに，次の 3 つの条件をみたす 1 つ以上のマスからなるマスの列を**登山道**とよぶ．

(i) 列の最初のマスは谷である．
(ii) 列において連続する 2 つのマスは隣接している．
(iii) 列の各マスに書き込まれている数は狭義単調増加である．

各 n に対して，北欧風の地形における登山道の個数としてありうる最小の値を求めよ．

解答

【1】 鎖であって，それを含む鎖がそれ自身しかないものを**ブロック**とよぶこととする．また，A（B）が m 個並んだものを A^m（B^m）と表すとする．

まず $k \leqq n-1$ のとき，最初のコインの並べ方が $A^{n-1}B^nA$ だとすると，操作を行っても並びは変わらないから，(n,k) は条件をみたさない．

次に $\dfrac{3n+1}{2} < k$ とする．n が偶数のとき，$n=2m$ とすると $k \geqq 3m+1$ である．最初のコインの並べ方が $A^mB^mA^mB^m$ だとすると，コインの列は操作によって

$$A^mB^mA^mB^m \to B^mA^mB^mA^m \to \cdots$$

を繰り返すから，条件をみたさない．n が奇数のとき，$n=2m+1$ とすると $k \geqq 3m+3$ である．最初のコインの並べ方が $A^{m+1}B^{m+1}A^mB^m$ だとすると，コインの列は操作によって

$$A^{m+1}B^{m+1}A^mB^m \to B^mA^{m+1}B^{m+1}A^m \to$$

$$A^mB^mA^{m+1}B^{m+1} \to B^{m+1}A^mB^mA^{m+1} \to \cdots$$

を繰り返すから，条件をみたさない．

以下，$n \leqq k \leqq \dfrac{3n+1}{2}$ の場合に条件をみたすことを示そう．操作によって左端のブロックを移すとき，操作によって並びは変わらないため，ブロックの個数は変わらない．また，右端のブロックを移すとき，ブロックが奇数個のときは両端のコインの種類が同じだからブロックは 1 つ減るが，ブロックが偶数個のときは個数は変わらない．そして，両端でないブロックを移すとき，そのブロックの右と左のコインの種類は同じだから，まずそのブロックを抜き取ると，ブロックは 2 減る．そしてブロックを端に追加したとき，ブロックは高々 1 増える．結局ブロックは少なくとも 1 減る．

以上より，ブロックの個数は操作によって増加しないから，十分な回数操作を行った後，何回操作を行ってもブロックの個数は変わらない．以下，そのような状態について考察する．操作によってブロックの個数が変わらないとき，操作では端のブロックを移している．

ある操作で左端のブロックが移されるとき，そのブロックは左から k 個のコインを含むから，$k \geqq n$ より，それは左から n 枚のコインの種類が等しいことを意味する．したがってこの場合は条件をみたす．

以下，右端のブロックしか移されないとする．操作によってブロックの個数が変わらないとしているから，ブロックの個数 d は偶数である．よって $d=2$ または $d \geqq 4$ である．$d \geqq 4$ とすると，あるブロックの長さは $\dfrac{2n}{d} \leqq \dfrac{n}{2}$ 以下である．右端のブロックを移すのを繰り返すと，任意のブロックについて，それが右端に来る状態が存在し，特に，長さ $\dfrac{n}{2}$ 以下のブロックを移す場面が存在する．しかし仮定より $2n-k+1 \geqq \dfrac{n+1}{2} > \dfrac{n}{2}$ であるから，そのブロックは操作できず，矛盾する．したがって $d=2$ であり，条件をみたす．

以上より，条件をみたす組 (n,k) は $n \leqq k \leqq \dfrac{3n+1}{2}$ なる組である．

【2】　まず，f が狭義単調減少（$x_1 < x_2 \implies f(x_1) > f(x_2)$）であることを示す．$x_1 < x_2$ かつ $f(x_1) \leqq f(x_2)$ となる正の実数の組が存在したとする．ここで (x_2, y_2) を良い組とすると，問題文の仮定より (x, y_2) が良い組となるような正の実数 x は x_2 のみである．しかし，$x_1 f(y_2) + y_2 f(x_1) \leqq x_2 f(y_2) + y_2 f(x_2) \leqq 2$ が成立するので，(x_1, y_2) も良い組となり，矛盾である．よって f が狭義単調減少なことが従う．

次に，任意の正の実数 x に対し，$f(x) \geqq \dfrac{1}{x}$ であることを示す．ある正の実数 x_0 が存在し $f(x_0) < \dfrac{1}{x_0}$ となったとする．このとき，$x_0 f(x_0) + x_0 f(x_0) < 1$ なので，(x_0, x_0) は良い組である．また，仮定より $\dfrac{1}{f(x_0)} > x_0$ であり，狭義単調減少性より $f\Bigl(\dfrac{1}{f(x_0)}\Bigr) < f(x_0)$ である．すると，x に x_0，y に $\dfrac{1}{f(x_0)}$ を代入することで，$x_0 f\Bigl(\dfrac{1}{f(x_0)}\Bigr) + \dfrac{1}{f(x_0)} f(x_0) < x_0 f(x_0) + 1 < 2$ が成立するので，

$(x_0, \dfrac{1}{f(x_0)})$ も良い組である．$x_0 \neq \dfrac{1}{f(x_0)}$ なので x_0 と良い組になる実数が 2 つあることになり矛盾である．よって $f(x) \geqq \dfrac{1}{x}$ が従う．

最後に，任意の正の実数 x に対し $f(x) = \dfrac{1}{x}$ であることを示す．ある正の実数 x_0 が存在し $f(x_0) > \dfrac{1}{x_0}$ だったとする．上の結果と相加・相乗平均の不等式より，任意の正の実数 y に対して $x_0 f(y) + y f(x_0) > \dfrac{x_0}{y} + \dfrac{y}{x_0} \geqq 2$ が成立し，(x_0, y) が良い組となるような y が存在しないので仮定に矛盾する．よって $f(x) \leqq \dfrac{1}{x}$ が従い，前の結果とあわせて $f(x) = \dfrac{1}{x}$ がわかる．

逆に任意の正の実数 x に対し $f(x) = \dfrac{1}{x}$ であるとき，$xf(y) + yf(x) = \dfrac{x}{y} + \dfrac{y}{x}$ であり，相加・相乗平均の不等式より 2 以下になることと $x = y$ は同値なので，$xf(y) + yf(x) \leqq 2$ となる y は x ただ 1 つとなり条件をみたす．

以上より，求める答は $f(x) = \dfrac{1}{x}$ である．

【3】　問の条件を「正の整数」より弱めて「非負整数」としても並べ方が高々 1 通りしかないことを示せば十分である．S の要素が 3 つ以下の場合は，元々並べ方が 1 通りなので明らかである．4 以上の n に対し，S の要素が n 個未満なら条件をみたす並べ方が高々 1 通りであると仮定し，S の要素が n 個の場合を考える．

S に含まれる最大の素数を p とする．条件をみたす並べ方が存在したとし，p に隣接する素数を q, r とする．ここで S の要素は 3 つ以上なので q と r は異なる素数である．このとき，条件よりある非負整数 x, y を用いて $x^2 + x + k = pq, y^2 + y + k = pr$ となる．ここで p の最大性から pq, pr は p^2 未満なので，x, y は p 未満である．2 式の差を取ることで $(x-y)(x+y+1) = p(q-r)$ がわかる．ここで $pq \neq pr$ より $x - y \neq 0$ であり，また $0 \leqq x, y < p$ より $|x-y| < p$ なので，$x - y$ は p で割り切れない．よって $x + y + 1$ は p の倍数である．さらに $0 < x + y + 1 \leqq 2(p-1) + 1$ なので，$x + y + 1 = p$ である．これより $x - y = q - r$ も従う．またここで，p, q, r と異なる S の元 s が存在し，非負整数 z を用いて $z^2 + z + k = ps$ と書けたとする．すると，上の議論で r を s に置き換える

ことで $x+z+1=p$ が従い，$y=z$ となるが，これは r と s が異なることに矛盾である．よって，どの並べ方に対しても p と隣接する素数は q,r であることがわかる．

今，$x+y+1=p, x-y=q-r$ より $x=\dfrac{p+q-r+1}{2}$ である．よって，

$$
\begin{aligned}
k &= pq-x^2-x = pq-\left(x+\frac{1}{2}\right)^2+\frac{1}{4} = pq-\left(\frac{p+q-r}{2}\right)^2+\frac{1}{4} \\
&= \frac{-(p^2+q^2+r^2)+2(pq+qr+rp)+1}{4}
\end{aligned}
$$

となる．これは p,q,r に対し対称式なので，$k=pq-\left(\dfrac{p+q-r+1}{2}\right)^2-\left(\dfrac{p+q-r+1}{2}\right)$ において p と r を入れ替えても値は変わらず，

$k=qr-\left(\dfrac{-p+q+r+1}{2}\right)^2-\left(\dfrac{-p+q+r+1}{2}\right)$ が従う．これは，

$w=\dfrac{-p+q+r+1}{2}$ としたとき $qr=w^2+w+k$ であることを表している．ここで p,q,r が奇数のため w は整数である．さらに $w^2+w+k=(-1-w)^2+(-1-w)+k$ で，$w,-1-w$ のどちらかは非負整数なので，非負な方を w' とおけば，$qr={w'}^2+w'+k$ となる．よって，条件をみたす並べ方に対し，p を取り除いた $n-1$ 個の並べ方も条件をみたしていることがわかる．仮定より条件をみたす $n-1$ 個の並べ方は回転，裏返しを除いて高々 1 通りであり，最大の元 p が隣接する元 q,r も一意だったので，条件をみたす n 個の並べ方も回転，裏返しを除いて高々 1 通りであることがわかる．

よって帰納法により示された．

【4】　条件より $\mathrm{BC}=\mathrm{DE}, \mathrm{CT}=\mathrm{ET}, \mathrm{TB}=\mathrm{TD}$ であるから，$\triangle\mathrm{TBC}\equiv\triangle\mathrm{TDE}$ である．特に $\angle\mathrm{BTC}=\angle\mathrm{DTE}$ が成り立つ．すると三角形 TBQ と TES において $\angle\mathrm{TBQ}=\angle\mathrm{SET}$, $\angle\mathrm{QTB}=180^\circ-\angle\mathrm{BTC}=180^\circ-\angle\mathrm{DTE}=\angle\mathrm{ETS}$ が成り立つから，これらは相似である．したがって $\angle\mathrm{TSE}=\angle\mathrm{BQT}$ および

$$
\frac{\mathrm{TD}}{\mathrm{TQ}}=\frac{\mathrm{TB}}{\mathrm{TQ}}=\frac{\mathrm{TE}}{\mathrm{TS}}=\frac{\mathrm{TC}}{\mathrm{TS}}
$$

を得る．よって $\mathrm{TD}\cdot\mathrm{TS}=\mathrm{TC}\cdot\mathrm{TQ}$ であるから，C, D, Q, S は同一円周上にある．したがって，$\angle\mathrm{DCQ}=\angle\mathrm{DSQ}$ であるから，

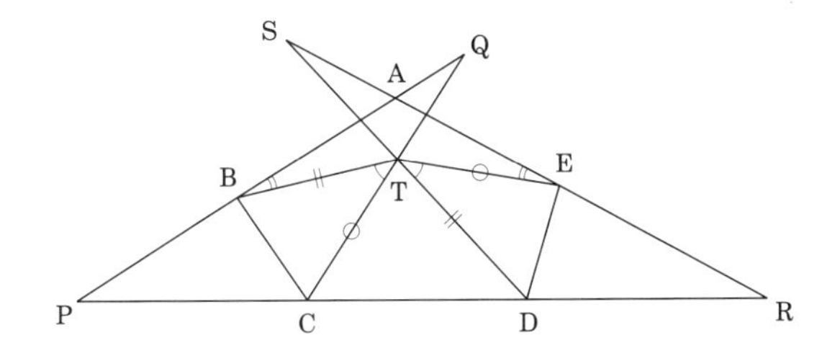

$$\angle \mathrm{RPQ} = \angle \mathrm{RCQ} - \angle \mathrm{PQC} = \angle \mathrm{DSQ} - \angle \mathrm{DSR} = \angle \mathrm{RSQ}$$

より，P, S, Q, R が同一円周上にあることが示された．

【5】　正の整数 n, m に対し，n が m を割り切ることを $n \mid m$ と書く．また，素数 q と正の整数 n に対し，n が q^i で割り切れるような最大の非負整数 i を $\mathrm{ord}_q\, n$ で表す．

1. $a > b$

   (a) $b \leqq p$
   二項定理より，$a^p \geqq (b+1)^p > b^p + pb \geqq b^p + p$ となる．ここで $b \leqq p$ より $b^p \geqq b^b > b!$ が成立し，以上をあわせると $a^p > b! + p$ となるので不適である．

   (b) $b > p$
   $b!$ は途中に p をかけているので p の倍数である．よって $p \mid b! + p$ となるので，$p \mid a^p$ で，p は素数なので $p \mid a$ が成立する．ここで，a^p は p で p 回以上割り切れる．b が $2p$ 以上のとき，$b!$ は p で 2 回以上割り切れるため，$b! + p$ は 1 回しか割り切れず不適である．よって $b \leqq 2p - 1$ が成立することがわかる．
   また，a は p の倍数より，ある正の整数 k を用いて $a = kp$ と書ける．ここで $a > b > p$ より $k > 1$ である．$k < p$ と仮定する．このとき $k < b$ より $k \mid b!$ が成立するので，k は $a^p - b!$ を割り切る．しかし $1 < k < p$ より k は p を割り切らず，$a^p - b! = p$ に矛盾する．よって $k \geqq p$ で，$a \geqq p^2$ が従う．

このとき，上の結果と相加・相乗平均の不等式から

$$b! + p \leqq (2p-1)! + p \leqq \left(\frac{\sum_{i=1}^{2p-1} i}{2p-1} \right)^{2p-1} + p = p^{2p-1} + p < p^{2p} \leqq a^p$$

が従うため，不適なことがわかる．

2. $a \leqq b$

$a \mid a^p, b!$ と $p = a^p - b!$ より，$a \mid p$ が従う．ここで $a = 1$ は明らかに不適なので $a = p$ がわかる．

まず $p = 2, 3, 5$ の場合を個別に考えると，$(2, 2, 2), (3, 4, 3)$ が条件をみたすことがわかる．

次に $p \geqq 7$ の場合を考える．まず $p^p - p > p^{p-1} \geqq p!$ より，$b \geqq p + 1$ である．ここで次の補題を示す．

補題　3 以上の奇数 x と正の整数 n に対し，$\mathrm{ord}_2(x^{2n} - 1) = \mathrm{ord}_2(x^2 - 1) + \mathrm{ord}_2 n$ が成立する．

証明　x を固定して考える．n に関する帰納法で示す．まず $n = 1$ のときは明らかに成立する．$n < r$ について補題が成立すると仮定する．

r が奇数のとき，$x^{2r} - 1 = (x^2 - 1)(x^{2(r-1)} + x^{2(r-2)} + \cdots + x^{2\cdot 0})$ となり，右辺の右側は奇数の奇数個の和なので奇数である．よって $\mathrm{ord}_2(x^{2r} - 1) = \mathrm{ord}_2(x^2 - 1)$ となり，$n = r$ でも補題が成立する．

r が偶数のとき，r 未満の正の整数 r' を用いて $r = 2r'$ と書ける．ここで $x^{2r} - 1 = (x^{2r'} - 1)(x^{2r'} + 1)$ であり，帰納法の仮定と奇数の平方数は 4 でわって 1 余ることより

$$\mathrm{ord}_2(x^{2r} - 1) = \mathrm{ord}_2(x^{2r'} - 1) + \mathrm{ord}_2(x^{2r'} + 1)$$

$$= (\mathrm{ord}_2(x^2 - 1) + \mathrm{ord}_2 r') + 1 = \mathrm{ord}_2(x^2 - 1) + \mathrm{ord}_2 r$$

が成立し，$n = r$ でも補題が成立する．■

この補題を $x = p, n = \dfrac{p-1}{2}$ に適用することで，$\mathrm{ord}_2(p^{p-1} - 1) =$

$\mathrm{ord}_2(p^2-1)+\mathrm{ord}_2\dfrac{p-1}{2}$ が従う．また $b \geqq p+1$ と $p>5$ より，

$$\mathrm{ord}_2 b! \geqq \mathrm{ord}_2\Bigl(2\cdot\frac{p-1}{2}\cdot(p-1)\cdot(p+1)\Bigr) > \mathrm{ord}_2(p^2-1)+\mathrm{ord}_2\frac{p-1}{2}$$
$$=\mathrm{ord}_2(p^{p-1}-1)=\mathrm{ord}_2(p^p-p)$$

がわかる．しかしこれは $b!=p^p-p$ に矛盾である．よって $p>5$ のとき解は存在しない．

以上をあわせて，求める解は $(2,2,2),(3,4,3)$ である．

定理　正の整数 n に対し，$\mathrm{ord}_2 n = n-$(n を 2 進数表記したときの 1 の個数)

定理　p を奇素数，x,y を共に p で割り切れず $x-y$ は p の倍数であるような整数とする．このとき，任意の正の整数 n に対し，$\mathrm{ord}_p(x^n-y^n)=\mathrm{ord}_p(x-y)+\mathrm{ord}_p n$ が成立する．

実際に多くの日本選手が上の定理を用いて証明をしていた．上の定理は帰納的に，下の定理 (LTE の補題) は問 5 の補題の証明と同じ流れで証明できる．

【6】　解答ではグラフ理論の言葉を用いる．以下，グラフは無向（辺に向きがない）とする．(頂点数) − (辺の数) = 1 かつ，連結な（任意の 2 頂点がいくつかの辺で行き来できる）グラフを**木**という．頂点数の帰納法により，木にはループがないことが示される．すると，木の任意の 2 頂点について，それらをいくつかの辺で結ぶ方法はちょうど 1 通りであることが示される．というのも，少なくとも 1 通りあることは連結性から，2 通りないことはループがないことから従うからだ．

答が $2n^2-2n+1$ であることを示そう．登山道に含まれるマスの個数を登山道の**長さ**とよぶこととする．

登山道は必ず $2n^2-2n+1$ 個以上あることを示す．まず，長さ 1 の登山道は谷 1 つからなる列である．1 の書かれたマスは必ず谷となるから，これは 1 つ以上存在する．次に，任意の隣接する 2 マスを選ぶとき，書かれた数が小さい方のマスから始め，

- それが谷であるならば，そこで終了し，

- それが谷でないならば，隣接するマスであって，より小さい数が書かれたマスを見る

という操作を続けることを考えると，マスの数は有限個であるから，この操作は有限回で終了する．この一連の操作で得られるマスの列を逆順にしたものは長さ 2 以上の登山道となる．各々の隣接する 2 マスについて，これで得られる登山道は相異なり，隣接する 2 マスの選び方は $2n^2 - 2n$ 通りであるから，長さ 2 以上の登山道は $2n^2 - 2n$ 個以上存在する．したがって登山道は少なくとも $2n^2 - 2n + 1$ 個存在する．

以下，登山道がちょうど $2n^2 - 2n + 1$ 個である北欧風の地形の例を与える．まず，以下の条件をみたすように $n \times n$ のマス目を白黒 2 色で塗り分けたとする．

- 白いマスは互いに隣接しない．
- 黒いマスを頂点とし，隣接する 2 マスを辺で結ぶグラフは木となる．

そして以下のようにマス目に数字を書き込む．

1. 黒いマスを 1 つ選び，1 を書き込む．
2. 黒いマスであって，隣接するマスにすでに数の書き込まれたものがあるものを選び，そこに今まで書き込まれていない最小の正の整数を書き込む．
3. 白いマスに残りの数を適当に書き込む．

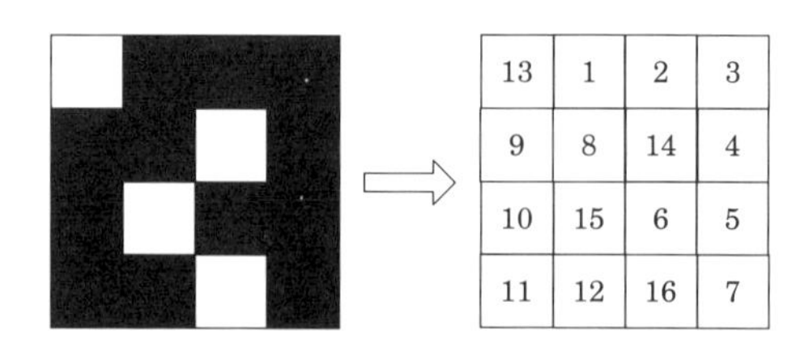

このとき，任意の白いマスは黒いマスに隣接するから谷ではない．また，黒いマスのうち 1 以外の数が書かれたものは，数字の書き込み方から谷ではない．よって谷は 1 と書かれたマスのみである．特に長さ 1 の登山道はただ 1 つで

ある．

そして，任意の隣接する 2 マスを選ぶとき，書き込み方から，書かれた数が小さい方のマスは黒いマスである．登山道では白いマスは必ず最後のマスとなるから，この 2 マスを終点とする登山道から最後のマスを除くと，谷と，書かれた数が小さい方のマスを結ぶ黒いマスのみからなる列である．谷は唯一であり，しかも木の性質よりそのような列は唯一であるから，そのような登山道は唯一である．よって，長さ 2 以上の登山道と，隣接する 2 マスは一対一対応するから，ちょうど $2n^2-2n$ 個である．したがって，この北欧風の地形には登山道がちょうど $2n^2-2n+1$ 個ある．

最後に，このような塗り分け方が存在することを示そう．$n=1$ ならば黒で，$n=2$ ならば 3 マスを黒で塗ればよい．以下 $n>2$ とする．$n\equiv 0,2 \pmod 3$ ならば $s=2$，$n\equiv 1 \pmod 3$ ならば $s=1$ と定める．そして非負整数 k,l を用いて

$$(1,6k+s),(2+2l,6k+s+3\pm 1),(2+2l+1,6k+s\pm 1)$$

と表されるマスを白，他を黒で塗ると，これは上の条件をみたしている．以上より示された．(上図参照)

第6部

付録

6.1 日本数学オリンピックの記録

●第 32 回日本数学オリンピック予選結果

得点	人数	累計	ランク (人数)
12	1	1	A
11	2	3	
10	5	8	
9	33	41	
8	74	115	
7	132	247	
6	260	507	
5	486	993	
4	783	1776	
3	1375	3151	
2	824	3975	
1	316	4291	
0	88	4379	
欠席数	310	4,689	

応募者総数：4689
男：3897
女：792

高校 3 年生	30
2 年生	2,546
1 年生	1,963
中学 3 年生	95
2 年生	37
1 年生	11
小学生	2
その他	5

●第 32 回 日本数学オリンピック A ランク (予選合格) 者一覧 (247 名)

氏名	学 校 名	学年
牧野 嵩平	啓明中学校	中 3
北山 勇次	札幌開成中等教育学校	高 2
岩下 幸生	札幌開成中等教育学校	高 1
藤原 知矢	北嶺高等学校	高 2
木村 尚暉	北嶺高等学校	高 2
佐藤 諒一	北嶺高等学校	高 1
水野 雄太	北嶺高等学校	高 1
髙山 紘任	札幌北高等学校	高 2
平野嵩人	旭川東高等学校	高 2
伊藤 櫂	函館中部高等学校	高 2
大山 晃誠	盛岡中央高等学校	高 1
田中 太郎	盛岡第一高等学校	高 2
鴇田 結	仙台第二高等学校	高 2
山田 汰侍	仙台高等専門学校	高 2
岩田 涼雅	仙台二華高等学校	高 2
宇野 誉	公文国際学園高等部	高 1
伴内 優太郎	開成高等学校	高 1
石川 貴士	筑波大学附属駒場高等学校	高 1
井渕 大雅	千葉高等学校	高 2
粂高 健人	筑波大学附属高等学校	高 2
柏木 巧記	筑波大学附属駒場高等学校	高 1
小笠原 悠人	開智高等学校	高 1
林 康生	海城高等学校	高 1
西山 太二	開智未来高等学校	高 2
平林 雄輝	海城高等学校	高 3
大野 栞	筑波大学附属高等学校	高 2
松岡 龍之介	東京大学教育学部附属中等教育学校	高 2
日野 正輝	筑波大学附属駒場高等学校	高 2
大平 碧音	筑波大学附属駒場高等学校	高 1
樋口 峻大	筑波大学附属駒場中学校	中 2
竹内 紘	筑波大学附属駒場高等学校	高 3
天谷 健人	筑波大学附属駒場高等学校	高 2
長尾 絢	桜蔭高等学校	高 1
阿部 将之	暁星高等学校	高 2
瀧田 優成	開成高等学校	高 1
保木 拓真	筑波大学附属駒場高等学校	高 2
山口 莉奈	桜蔭高等学校	高 2
菊地 朝陽	筑波大学附属駒場高等学校	高 2
池田 淳一郎	筑波大学附属駒場高等学校	高 2
井口 里紗	早稲田実業学校中等部	中 3
吉沢 健佑	開成高等学校	高 1
熊本 糸杏	桜蔭高等学校	高 2
大庭 嵩弘	筑波大学附属駒場中学校	中 3
河南 圭吾	開成高等学校	高 1
横山 煌一郎	城北高等学校	高 2
武本 昇大	麻布高等学校	高 1
田代 拓生	都立桜修館中等教育学校	中 3
新井 秀斗	海城高等学校	高 2
伊勢田 理貴	筑波大学附属駒場高等学校	高 1
田中 優弥	麻布高等学校	高 2
木村 謙次郎	筑波大学附属駒場中学校	中 2
鵜野 正史	筑波大学附属駒場高等学校	高 2
山中 大誠	筑波大学附属駒場高等学校	高 2
長谷川 太一	筑波大学附属駒場高等学校	高 1
星名 啓人	渋谷教育学園渋谷高等学校	高 2
小原 悠太郎	筑波大学附属駒場高等学校	高 2
石堀 朝陽	筑波大学附属駒場高等学校	高 3
山本 誠太	攻玉社高等学校	高 2
東川 レオン	筑波大学附属駒場高等学校	高 1
前田 快	N 高等学校（通信制）	高 3
中村 真之助	栄光学園中学校	中 3
青野 優志	筑波大学附属駒場高等学校	高 1
古屋 楽	筑波大学附属駒場高等学校	高 1
加藤 麟	筑波大学附属駒場高等学校	高 2
妻鹿 洸佑	筑波大学附属駒場中学校	中 3
多田 諒典	筑波大学附属駒場高等学校	高 1
秋田 優斗	浅野高等学校	高 2
井本 匡	麻布高等学校	高 2
長沼 直秀	慶應義塾湘南藤沢高等部	高 2
安藤 翔太郎	筑波大学附属駒場高等学校	高 2
井野 壽海	公文国際学園高等部	高 2
三浦 航汰	横浜サイエンスフロンティア高等学校	高 2
柏井 史哉	四ツ葉学園中等教育学校	高 2
小山 幸輝	市川（学園）高等学校	高 1
陳 元良	渋谷教育学園幕張高等学校	高 2
渡邉 雄斗	渋谷教育学園幕張高等学校	高 2
趙 雨軒	渋谷教育学園幕張高等学校	高 1
杉本 隼斗	渋谷教育学園幕張高等学校	高 1

栗本 涼佑　渋谷教育学園幕張高等学校　高 1
藤田 啓人　渋谷教育学園幕張高等学校　高 1
吉仲 優樹　渋谷教育学園幕張高等学校　高 1
井上 銀河　栄東高等学校　高 1
石田 瑛誉　小石川中等教育学校　高 1
松本 凜太郎　小石川中等教育学校　高 2
作田 悠太郎　駒場東邦高等学校　高 2
橋本 太郎　駒場東邦高等学校　高 2
接待 雄大　駒場東邦高等学校　高 2
戸髙 倫太郎　駒場東邦高等学校　高 2
松田 流河　早稲田中学校　中 3
山田 大貴　早稲田高等学校　高 1
早川 彰　早稲田高等学校　高 2
永田 淳一郎　早稲田高等学校　高 2
藤谷 恒輝　早稲田高等学校　高 2
小坂 響　早稲田実業学校高等部　高 3
加藤 潤成　渋谷教育学園渋谷高等学校　高 2
角谷 賢斗　開成中学校　中 2
高橋 洋翔　開成中学校　中 2
長谷川 彰一　開成高等学校　高 1
岡本 慧　開成高等学校　高 1
須藤 颯斗　開成高等学校　高 1
古橋 史崇　開成高等学校　高 1
田口 智章　開成高等学校　高 2
大平 光太　開成高等学校　高 2
藤浪 清大　開成高等学校　高 2
松井 勇樹　逗子開成高等学校　高 2
金 是佑　栄光学園中学校　中 3
武田 恭平　栄光学園高等学校　高 1
松下 恵大　栄光学園高等学校　高 2
永田 唯一　栄光学園高等学校　高 2
喜多 翔大　聖光学院高等学校　高 1
金田 燈和　横浜サイエンスフロンティア高等学校　高 2
田隅 正風　水戸第一高等学校　高 2
舩見 綾人　所沢北高等学校　高 1
大倉 晴琉　大宮高等学校　高 2
久代 直人　大宮高等学校　高 2
相浦 大樹　大宮高等学校　高 2
井原 寛人　東京学芸大学附属高等学校　高 1
北村 隆之介　武蔵（都立）高等学校　高 1
須藤 瑞生　桐朋高等学校　高 1
大森 寛玖　穎明館高等学校　高 2
石峯拓海　武蔵高等学校　高 2
多部田 啓　日比谷高等学校　高 1
是川 楓季　東京工業大学附属科学技術高等学校　高 2
原田 寛大　立川高等学校　高 2
佐藤 匠　横浜翠嵐高等学校　高 2
神徳 欧助　湘南高等学校　高 2
今井 歩夢　新潟高等学校　高 2
狩野 慧志　筑摩野中学校　中 2
東谷 匡汰　松本秀峰中等教育学校　高 2
萩元 三知朗　松本秀峰中等教育学校　高 2
高島 勇樹　片山学園高等学校　高 2
升 優太　金沢大学附属高等学校　高 2
岡本健太郎　金沢大学附属高等学校　高 1
増田 紘也　星陵高等学校　高 2
加藤 陽太　浜松北高等学校　高 2
鳥畑 與志斗　静岡高等学校　高 2
山内 英資　静岡高等学校　高 2
竹内 陽喜　静岡高等学校　高 1
竹山陽斗　清水東高等学校　高 1
窪田 恵也　名古屋高等学校　高 2
鈴木 優樹　滝高等学校　高 2
齊藤 樹　滝中学校　中 2
原 泰成　滝高等学校　高 2
石黒 翔大　東海高等学校　高 2
三宅 智史　東海高等学校　高 2
酒井 悠真　東海高等学校　高 1
鈴木 世成　海陽中等教育学校　高 1
小原 亮太　海陽中等教育学校　高 2
倉田 佳奈　高田高等学校　高 2
松野 詠亮　高田高等学校　高 2
蜂矢 倫久　灘高等学校　高 2
沖 祐也　灘高等学校　高 2
永井 駿匡　刈谷高等学校　高 2
川北 晴佳　洛南高等学校　高 1
福田 晃太郎　灘高等学校　高 2
中尾 碧希　洛南高等学校附属中学校　中 3
遠山 雪乃　洛南高等学校　高 2
幡歩 優佑　東大寺学園高等学校　高 1
安藤 豪之助　大阪桐蔭高等学校　高 2
杉山 開陸　千里高等学校　高 2

大﨑 一慶	北野高等学校	高2
秋山 幹太	東山高等学校	高2
片伯部 了	東大寺学園高等学校	高1
宮崎 恵輔	甲陽学院高等学校	高1
孟 那日遜	灘高等学校	高2
安田 百合香	神戸女学院高等学部	高2
川添 康暉	灘高等学校	高1
深澤 憩生	高槻高等学校	高1
伊藤 寿将	洛南高等学校	高2
一橋 涼真	洛南高等学校	高1
吉藤 真成	洛北高等学校	高1
小川 颯大	洛南高等学校	高2
辰野 龍	大阪星光学院高等学校	高1
山口 裕輝	大阪星光学院高等学校	高2
龍 舜一	清風南海高等学校	高2
中田 義人	高槻高等学校	高2
北山 彰人	初芝富田林高等学校	高1
立宅 優来	白陵高等学校	高1
安齋 一畝	灘中学校	中2
尼丁 祥伍	灘中学校	中3
永野 裕太郎	灘中学校	中3
越智 惺彩	灘高等学校	高1
小出 慶介	灘高等学校	高1
児玉 大樹	灘高等学校	高1
白井 悠晴	灘高等学校	高1
田中 優希	灘高等学校	高1
岡田 怜	灘高等学校	高1
越智 晴彩	灘高等学校	高1
平岡 亮介	灘高等学校	高1
毛利 天翔	灘高等学校	高1
平 智祥	灘高等学校	高2
濱浦 功行	灘高等学校	高2
増田 拓真	灘高等学校	高2
三田村 大凱	灘高等学校	高2
吉田 慎二郎	灘高等学校	高2
飯沢 海	灘高等学校	高2
斉藤 由延	灘高等学校	高2
芝本 将豊	灘高等学校	高2
田代 新之助	灘高等学校	高2
戸川 太郎	灘高等学校	高2
橋本 典磨	灘高等学校	高2
細川 隆之介	灘高等学校	高2
水貝 嘉人	灘高等学校	高2
高橋 遼	智辯学園和歌山高等学校	高2
村木 智直	膳所高等学校	高2
設樂 創平	洛星高等学校	高2
中川 武蔵	京都市立堀川高等学校	高2
小石 貫太	京都市立堀川高等学校	高2
山本 樹	四條畷高等学校	高2
坂本 健太	三国丘高等学校	高1
佐伯 凌央	神戸高等学校	高2
岡田 俊祐	奈良高等学校	高1
荒木 大和	松江北高等学校	高1
平林 功大朗	広島大学附属福山高校	高2
吉田 陽揮	灘高等学校	高2
稲垣 黎	岡山白陵高等学校	高1
濱本 祐輔	灘中学校	中1
田端 浩朗	岡山朝日高等学校	高2
友成 栄斗	広島学院高等学校	高2
佐藤 元樹	広島国泰寺高等学校	高2
棟近 祐希	徳山工業高等専門学校	高2
飯田 陽登	灘高等学校	高1
角本 健太朗	AICJ 高等学校	高2
金子 明弘	土佐中学校	中3
門田 大和	土佐高等学校	高1
秋山 佑人	久留米大学附設高等学校	高2
酒井 亮	諫早高等学校	高2
糸永 泰樹	久留米大学附設高等学校	高3
八谷 知拓	久留米大学附設中学校	中3
德永 沙羅	久留米大学附設高等学校	高1
福山 月	久留米大学附設高等学校	高1
堺 智弘	久留米大学附設高等学校	高1
津田 康介	久留米大学附設高等学校	高1
山之内 望花	久留米大学附設高等学校	高1
有吉 遼太朗	久留米大学附設高等学校	高2
稲葉 陽孔	久留米大学附設高等学校	高2
福井 海翔	下関西高等学校	高1
木本 裕一朗	筑紫丘高等学校	高2
三宮 拓実	福岡高等学校	高2
和才 颯	修猷館高等学校	高2
東島 啓太	佐賀西高等学校	高2
金子 拓馬	諫早高等学校	高2
田中 夏輝	諫早高等学校	高2
本田 海渡	大分上野丘高等学校	高2

嶋 伸悟	ラ・サール高等学校	高 2	上地 明徳	球陽高等学校	高 1
下之園 文貴	ラ・サール高等学校	高 2			

氏名等の掲載については，本人と保護者の許可のとれた者のみを掲載しています．

●第 32 回 日本数学オリンピック本選合格者リスト (24 名)

賞	氏名	所属校	学年
川井杯・金賞	沖　祐也	灘高等学校	高 2
銀賞	新井　秀斗	海城高等学校	高 2
銀賞	三宮　拓実	福岡県立福岡高等学校	高 2
銅賞	北山　勇次	札幌市立札幌開成中等教育学校	5 年
銅賞	天谷　健人	筑波大学附属駒場高等学校	高 2
銅賞	小出　慶介	灘高等学校	高 1
優秀賞	鴇田　結	宮城県仙台第二高等学校	高 2
優秀賞	宇野　誉	公文国際学園高等部	高 1
優秀賞	長尾　絢	桜蔭高等学校	高 1
優秀賞	石堀　朝陽	筑波大学附属駒場高等学校	高 3
優秀賞	古屋　楽	筑波大学附属駒場高等学校	高 1
優秀賞	妻鹿　洸佑	筑波大学附属駒場中学校	中 3
優秀賞	井本　匡	麻布高等学校	高 2
優秀賞	狩野　慧志	松本市立筑摩野中学校	中 2
優秀賞	片伯部　了	東大寺学園高等学校	高 1
優秀賞	石田　瑛誉	東京都立小石川中等教育学校	4 年
優秀賞	古橋　史崇	開成高等学校	高 1
優秀賞	斉藤　由延	灘高等学校	高 2
優秀賞	芝本　将豊	灘高等学校	高 2
優秀賞	戸川　太郎	灘高等学校	高 2
優秀賞	福山　月	久留米大学附設高等学校	高 1
優秀賞	髙山　紘任	北海道札幌北高等学校	高 2
優秀賞	北村　隆之介	東京都立武蔵高等学校	高 1
優秀賞	田中　夏輝	長崎県立諫早高等学校	高 2

(以上 24 名．同賞内の配列は受験番号順，学年は 2022 年 3 月現在)

6.2 APMOにおける日本選手の成績

これまでのJMO代表選考合宿参加有資格者28名のうち28名が受験し，その結果，上位10名の成績を日本代表の成績として主催国のインドネシアに提出し，日本は金賞1，銀賞2，銅賞4，優秀賞3，国別順位4位の成績を収めた．

参加各国の成績は，以下のとおりである．

●**第34回 アジア太平洋数学オリンピック (2022) の結果**

国名	参加人数	総得点	金賞	銀賞	銅賞	優秀賞
大韓民国	10	310	1	2	4	3
アメリカ合衆国	10	294	1	2	4	3
台湾	10	223	1	2	4	3
日本	10	220	1	2	4	3
タイ	10	206	1	2	4	3
インド	10	205	1	2	4	3
カザフスタン	10	198	0	3	4	3
カナダ	10	197	1	2	4	3
シンガポール	10	193	0	3	4	2
オーストラリア	10	192	0	3	4	3
香港	10	190	1	2	4	1
インドネシア	10	164	0	3	4	3
サウジアラビア	10	163	0	3	4	3
メキシコ	10	154	0	3	4	3
ブラジル	10	139	0	3	4	1
アルゼンチン	10	131	0	3	4	3
マレーシア	10	130	0	2	4	3
バングラデシュ	10	129	0	1	6	3
フィリピン	10	117	0	1	4	4
トルクメニスタン	10	117	0	1	4	5
イランイスラム共和国	8	114	0	3	2	3
タジキスタン	10	111	0	0	5	1
モロッコ	10	76	0	0	1	3
ニュージーランド	10	76	0	0	1	6
キルギスタン	10	71	0	0	2	4
シリア	10	61	0	1	0	3
スリランカ	8	56	0	0	3	2
マケドニア	6	54	0	1	1	2
エルサルバドル	5	47	1	0	1	1
コスタリカ	8	43	0	0	0	3
コロンビア	10	42	0	0	1	2

ボリビア	7	33	0	0	1	1
エクアドル	10	31	0	0	0	2
ウルグアイ	1	8	0	0	0	1
パナマ	5	7	0	0	0	1
計	318	4502	9	50	100	93
参加国数	35					

●日本選手の得点平均

問題番号	1	2	3	4	5	総計平均
得点平均	5.29	4.29	4.25	0.46	0.68	14.96

● APMO での日本選手の成績

賞	氏名	所属校	学年
金賞	沖 祐也	灘高等学校	2年
銀賞	三宮 拓実	福岡県立福岡高等学校	2年
銀賞	井本 匡	麻布高等学校	2年
銅賞	鴇田 結	宮城県仙台第二高等学校	2年
銅賞	天谷 健人	筑波大学附属駒場高等学校	2年
銅賞	戸川 太郎	灘高等学校	2年
銅賞	田中 夏輝	長崎県立諫早高等学校	2年
優秀賞	片伯部 了	東大寺学園高等学校	1年
優秀賞	古橋 史崇	開成高等学校	1年
優秀賞	新井 秀斗	海城高等学校	2年

(以上 10 名，学年は 2022 年 3 月現在)

参加者数は 35 ヶ国 318 名であり，日本の国別順位は 4 位であった．国別順位で上位 10 ヶ国は以下の通りである．

1. 韓国，2. アメリカ，3. 台湾，4. 日本，5. タイ，6. インド，7. カザフスタン，8. カナダ，9. シンガポール，10. オーストラリア

6.3 EGMO における日本選手の成績

4月7日からハイブリットで行われた2022年ヨーロッパ女子数学オリンピック (EGMO) ハンガリー大会において，日本代表選手は，金メダル 1，銅メダル 1，優秀賞 1，国別総合順位 21 位という成績を収めた.

氏　名	学　校　名	学年	メダル
長尾 絢	桜蔭高等学校	2年	金メダル
安田 百合香	神戸女学院高等学部	3年	銅メダル
熊本 糸杏	桜蔭高等学校	3年	優秀賞
大野 栞	筑波大学附属高等学校	3年	

日本の国際順位は，56ヶ国・地域 (57 チーム) 中 21 位であった．国別順位は，上位より，1. アメリカ，2. ペルー，3. オーストラリア，4. ルーマニア，5. ブルガリア・トルコ，7. ウクライナ，8. ハンガリー，9. イスラエル，10. ドイツ，11. カナダ・ポーランド，13. イタリア，14. イギリス，15. メキシコ，16. ボスニアヘルツェゴビナ，17. フランス，18. インド，19. ハンガリー B，20. ベラルーシ，21. 日本，22. スロバキア，23. アゼルバイジャン，24. ブラジル，25. カザフスタン，26. クロアチア・スイス，28. モンゴル，29. バングラデシュ・モルドバ・セビリア，$\cdots$ の順であった.

6.4　IMO における日本選手の成績

●第 59 回ルーマニア大会 (2018) の結果

氏　名	学　校　名	学年	メダル
黒田 直樹	灘高等学校	高 3	金
清原 大慈	筑波大学附属駒場高等学校	高 3	銀
新居 智将	開成高等学校	高 3	銀
馬杉 和貴	洛南高等学校	高 1	銀
西川 寛人	愛知県立明和高等学校	高 3	銅
渡辺 直希	広島大学附属高等学校	高 1	銅

日本の国際順位は，107 ヶ国・地域中 13 位であった．国別順位は，上位より，1. アメリカ，2. ロシア，3. 中国，4. ウクライナ，5. タイ，6. 台湾，7. 韓国，8. シンガポール，9. ポーランド，10. インドネシア，11. オーストラリア，12. イギリス，13. 日本・セルビア，15. ハンガリー，16. カナダ，17. イタリア，18. カザフスタン，19. イラン，20. ベトナム，$\cdots$ の順であった．

●第 60 回イギリス大会 (2019) の結果

氏　名	学　校　名	学年	メダル
兒玉 太陽	海陽中等教育学校	高 3	金
坂本 平蔵	筑波大学附属高等学校	高 3	金
平石 雄大	海陽中等教育学校	高 2	銀
宿田 彩斗	開成高等学校	高 2	銀
渡辺 直希	広島大学附属高等学校	高 2	銅
早川 睦海	宮崎県立宮崎西高等学校	高 3	銅

日本の国際順位は，112 ヶ国・地域中 13 位であった．国別順位は，上位より，1. 中国・アメリカ，3. 韓国，4. 北朝鮮，5. タイ，6. ロシア，7. ベトナム，8. シンガポール，9. セルビア，10. ポーランド，11. ハンガリー・ウクライナ，13. 日

本，14. インドネシア，15. インド・イスラエル，17. ルーマニア，18. オーストラリア，19. ブルガリア，20. イギリス，⋯ の順であった.

●第 61 回ロシア大会 (2020) の結果

氏　名	学　校　名	学年	メダル
渡辺 直希	広島大学附属高等学校	高 3	銀
神尾 悠陽	開成高等学校	高 2	銀
石田 温也	洛南高等学校	高 3	銀
馬杉 和貴	洛南高等学校	高 3	銀
宿田 彩斗	開成高等学校	高 3	銀
平山 楓馬	灘高等学校	高 3	銅

日本の国際順位は，105 ヶ国・地域中 18 位であった．国別順位は，上位より，1. 中国，2. ロシア，3. アメリカ，4. 韓国，5. タイ，6. イタリア・ポーランド，8. オーストラリア，9. イギリス，10. ブラジル，11. ウクライナ，12. カナダ 13. ハンガリー，14. フランス，15.　ルーマニア，16. シンガポール，17. ベトナム，18. 日本・ジョージア・イラン，⋯ の順であった.

●第 62 回ロシア大会 (2021) の結果

氏　名	学　校　名	学年	メダル
神尾 悠陽	開成高等学校	高 3	金
沖　祐也	灘高等学校	高 2	銀
床呂 光太	筑波大学附属駒場高等学校	高 3	銀
吉田 智紀	東大寺学園高等学校	高 3	銅
小林晃一良	灘高等学校	高 3	銅
井本 匡	麻布高等学校	高 2	銅

日本の国際順位は，107 ヶ国・地域中 25 位であった．国別順位は，上位より，1. 中国，2. ロシア，3. 韓国，4. アメリカ，5. カナダ，6. ウクライナ，7. イスラ

エル・イタリア，9. 台湾・イギリス，11. モンゴル，12. ドイツ，13. ポーランド，14. ベトナム，15. シンガポール，16. チェコ・タイ，18. オーストラリア・ブルガリア，20. カザフスタン，21. 香港・クロアチア，23. フィリピン，24. ベラルーシ，25. 日本，··· の順であった.

●第63回ノルウェー大会 (2022) の結果

氏 名	学 校 名	学年	メダル
沖 祐也	灘高等学校	高3	金
北村 隆之介	東京都立武蔵高等学校	高2	銀
新井 秀斗	海城高等学校	高3	銀
井本 匡	麻布高等学校	高3	銀
三宮 拓実	福岡県立福岡高等学校	高3	銀
北山 勇次	札幌市立札幌開成中等教育学校	中6	銅

日本の国際順位は，104ヶ国・地域中8位であった. 国別順位は，上位より，1. 中国，2. 韓国，3. アメリカ，4. ベトナム，5. ルーマニア，6. タイ，7. ドイツ，8. 日本，8. イラン，10. イスラエル，10. イタリア，12. ポーランド，··· の順であった.

6.5 2018年～2022年数学オリンピック出題分野

6.5.1 日本数学オリンピック予選

出題分野	(小分野)	年–問題番号	解答に必要な知識
幾何	(初等幾何)	18–3	三平方の定理，面積の計算
		18–6	相似比，三平方の定理
		18–9	接弦定理，正弦定理
		19–4	相似，菱形の性質，正五角形
		19–8	内心，合同，余弦定理
		19–10	相似拡大，方べきの定理
		20–2	合同
		20–6	合同，三平方の定理，二等辺三角形の性質
		20–11	合同，内接四角形の性質，平行
		21–2	合同，平行
		21–3	三平方の定理，二等辺三角形の性質
		21–7	垂心，三平方の定理
		21–10	相似，内接四角形の性質
		22–2	台形, 外接四角形の性質
		22–4	回転相似
		22–7	回転相似, 直角二等辺三角形
		22–12	正弦定理, 方べきの定理
代数	(多項式)	20–5	多項式，不等式，正の数・負の数
		22–11	多項定理
	(関数方程式)	19–7	因数定理，因数分解
		20–9	関数，不等式，指数
	(数列)	18–8	数列の和の最小値
		18–12	整数列
		20–8	数列，不等式
		20–12	数列，倍数
		22–8	不等式, 平方数
	(集合)	19–12	単射，場合の数，集合に対する関数方程式
	(計算)	21–11	絶対値，総和の計算
整数論	(合同式)	19–5	合同式，指定された余りになる最小の整数
		21–8	フェルマーの小定理，場合の数
	(剰余)	19–11	最大公約数，中国剰余定理
	(方程式)	18–4	法 (mod) の計算
		19–1	因数分解，不等式評価
		21–1	不等式評価，互いに素
	(整数の表示)	18–11	7 進法での表示による桁数の問題
		19–2	不等式評価，mod
		20–1	倍数
		20–4	不等式評価，平方数と立方数の性質
		22–1	倍数, 列挙
	(不等式)	21–4	不等式評価

	(素因数)	21–6	倍数，約数，互いに素，素数
	(最大公約数)	22–5	ユークリッドの互除法
	(倍数, 約数)	22–10	倍数, 約数, 素因数分解
離散数学	(場合の数)	18–1	ペアとなる数による分類
		18–2	数列を用いた組合せの問題
		18–5	オセロのルールによる並べ方の問題
		18–7	整数を用いた組合せの問題
		19–3	場合の数，対称性，マス目に数値を記入する
		19–9	場合の数，マス目を彩色する場合の数
		20–3	場合の数，互いに素，対称性
		20–7	場合の数，対称性
		20–10	場合の数，対称性，偶奇
		21–5	場合の数
		21–9	場合の数，対称性，偶奇
		22–3	場合の数, ハミルトン閉路, 塗り分け
		22–6	場合の数, 塗り分け
	(組合せ)	18–10	条件を満たす組合せの数
		19–6	中国剰余定理，図形を用いた組合せ
		21–12	不変量
	(順列)	22–9	関数, サイクル, 倍数, 約数

6.5.2 日本数学オリンピック本選

出題分野	(小分野)	年–問題番号	解答に必要な知識
幾何	(初等幾何)	18–2	外接円，円周角の定理とその逆
		19–4	接線，4 点相似，方べきの定理，接する 2 円
		20–2	垂心，合同，内接四角形の性質
		21–3	パスカルの定理，正弦定理
		22–3	円周角の定理, 有向角
代数	(関数方程式)	18–3	整数の有限集合上の関数
		18–5	関数 $\boldsymbol{Z} \times \boldsymbol{Z} \to \boldsymbol{Z}$，格子点
		19–3	単射，実数上の実数値関数
		20–3	不等式評価，帰納法
]		22–2	関数の合成, 不等式評価
	(数列)	21–4	不等式評価
整数論	(方程式)	19–1	因数分解，不等式評価
		20–1	不等式評価，平方数の性質
	(剰余)	19–5	中国剰余定理，集合の要素の個数の最大値
	(計算)	18–1	平方数，整数の計算
	(数列)	20–5	数列，最大公約数，多項式
	(関数方程式)	21–1	同値性，倍数，約数
	(整数論)	22–4	オーダー, LTE の補題
離散数学	(場合の数)	18–4	無限のマス目
		19–2	マス目への書き込み，貪欲法，不変量
		20–4	ゲーム，グラフ
	(組合せ)	21–2	ゲーム
		21–5	グラフ
		22–1	ゲーム
		22–5	数列, 階差数列

6.5.3 国際数学オリンピック

出題分野	(小分野)	年–問題番号	解答に必要な知識
幾何	(初等幾何)	18–1	平行線，垂直二等分線，二等辺三角形，角の二等分線，円周角の定理，与えられた角に対応する円弧の長さ
		18–6	四角形の内部の点が作る角，相似な三角形の条件，相似な三角形の辺の長さの比，円周角の定理，方べきの定理，円の接線
		19–2	円周角定理，共円条件
		19–6	内心，方べきの定理，円周角の定理，接弦定理，複素数平面
		20–1	円周角の定理，共円条件
		20–6	垂線，不等式評価
		21–3	共線，共円，方べき，正弦定理
		21–4	内接円を持つ凸四角形，対称性
	(円)	22–4	相似，方べきの定理
代数	(方程式)	18–2	数列の漸化式，漸化式をみたす数列の構成，符号の繰り返し
	(関数方程式)	19–1	コーシーの関数方程式
	(関数不等式)	22–2	相加相乗，単調性
	(不等式)	20–2	重み付き相加平均相乗平均の不等式 (または，イエンセンの凸不等式)，同次化
		21–2	不等式の証明，平行移動，できれば大学数学における二次形式と正定値実対称行列
	(m 進法と整数の表現)	21–6	m 進法による整数の表現，背理法
整数論	(素因数分解)	18–5	有理数列の和が整数となる時の分子と分母の大きさの評価，素因数分解したときの与えられた素数のべき数の評価
		20–5	素因数，最大公約数
	(不定方程式の整数解)	19–4	階乗の素数因数，不等式評価
	(不定方程式)	22–5	位数，LTE(Lifting The Exponent) の補題
	(平方数)	21–1	平方数と不等式による評価
	(素数，順列)	22–3	不等式評価，対称式
組合せ論	(組合せ)	18–3	三角形に並べた数から数列を選び出す，数列の並べ替え，数列の大きさの評価
		18–4	チェス盤における白いマス目と黒いマス目，チェスのナイトの動き，チェスの盤をナイトの動きに応じて分割する
		21–5	

(グラフ理論)	19–3	鳩の巣原理，頂点の次数，グラフの連結性，連結成分
	20–3	グラフ，オイラーの一筆書き定理
	20–4	グラフ，連結成分
	22–6	木，ループ
(数え上げ)	19–5	数学的帰納法，漸化式
(順列)	22–1	偶数奇数，実験，不変性

6.6　記号，用語・定理

6.6.1　記号

$\equiv$	合同
$a \equiv b \pmod{p}$	$a-b$ が p で割れる，a と b とが p を法として等しい.
$a \not\equiv b \pmod{p}$	$a-b$ が p で割れない.
$=$	恒等的に等しい
$[x]$ あるいは $\lfloor x \rfloor$	x を越えない最大整数，ガウス記号
$\lceil x \rceil$	x 以上の最小整数
$\binom{n}{k}$, ${}_n\mathrm{C}_k$	二項係数，n 個のものから k 個とる組合せの数
$p \mid n$	p は n を割り切る
$p \nmid n$	p は n を割り切れない
$n!$	n の階乗 $= 1 \cdot 2 \cdot 3 \cdots (n-1)n$, $0! = 1$
$\prod_{i=1}^{n} a_i$	積 $a_1 a_2 \cdots a_n$
$\sum_{i=1}^{n} a_i$	和 $a_1 + a_2 + \cdots + a_n$
$\circ$	$f \circ g(x) = f[g(x)]$ 合成
$K_1 \cup K_2$	集合 K_1 と K_2 の和集合
$K_1 \cap K_2$	集合 K_1 と K_2 の共通部分集合
$[a, b]$	閉区間，$a \leqq x \leqq b$ である x の集合
(a, b)	開集合，$a < x < b$ である x の集合

6.6.2　用語・定理

●あ行

オイラーの拡張 (フェルマーの定理)「フェルマーの定理」参照.

オイラーの定理 (三角形の内接円の中心と外接円の中心間の距離 d)

$$d = \sqrt{R^2 - 2rR}$$

ここで r, R は内接円，外接円の半径である.

重さ付きの相加・相乗平均の不等式　$a_1, a_2, \cdots, a_n$ が n 個の負でない数で，$w_1, w_2, \cdots, w_n$ は重さとよばれる負でない，その和が 1 である数．このとき $\sum_{i=1}^{n} w_i a_i \geqq \prod_{i=1}^{n} a_i^{w_i}$.
"=" が成り立つ必要十分条件は $a_1 = a_2 = \cdots = a_n$．証明はジェンセン (Jensen) の不等式を $f(x) = -\log x$ として用いる.

●か行

外積　2 つのベクトルのベクトル積 $\boldsymbol{x} \times \boldsymbol{y}$,「ベクトル」参照.

幾何級数　「級数」参照.

幾何平均　「平均」参照.

行列式 (正方行列 M の) $\det M$　M の列 $C_1, \cdots, C_n$ に関する次のような性質をみたす多重線形関数 $f(C_1, C_2, \cdots, C_n)$ である.

$$f(C_1, C_2, \cdots, C_i, \cdots, C_j, \cdots, C_n)$$
$$= -f(C_1, C_2, \cdots, C_j, \cdots, C_i, \cdots, C_n)$$

また $\det I = 1$ である．幾何学的には，$\det(C_1, C_2, \cdots, C_n)$ は原点を始点とするベクトル $C_1, C_2, \cdots, C_n$ よりできる平行 n 次元体の有向体積である.

逆関数　$f : X \to Y$ が逆写像 f^{-1} をもつとは，f の値域の任意の点 y に対して $f(x) = y$ となる領域の点 x が一意に存在することであり，このとき $f^{-1}(y) = x$ であり，かつ $f^{-1} \circ f$, $f \circ f^{-1}$ は恒等写像である.「合成」参照.

既約多項式　恒等的にゼロでない多項式 $g(x)$ が体 F の上で既約であるとは，$g(x) = r(x)s(x)$ と分解できないことである．ここで $r(x)$, $s(x)$ は F 上の正の次数の多項式である．たとえば $x^2 + 1$ は実数体の上では既約であるが，$(x+i)(x-i)$ となり，複素数体の上では既約でない.

級数　算術級数 $\sum_{j=1}^{n} a_j$, $a_{j+1} = a_j + d$. d は公差．幾何級数 $\sum_{j=0}^{n-1} a_j$, $a_{j+1} = ra_j$. r は公比.

級数の和

— **の線形性**

$$\sum_k [aF(k)+bG(k)] = a\sum_k F(k) + b\sum_k G(k)$$

— **の基本定理** (望遠鏡和の定理)

$$\sum_{k=1}^{n} [F(k)-F(k-1)] = F(n)-F(0)$$

F をいろいろ変えて以下の和が得られる.

$$\sum_{k=1}^{n} 1 = n, \quad \sum_{k=1}^{n} k = \frac{1}{2}n(n+1), \quad \sum_{k=1}^{n} k^2 = \frac{1}{6}n(n+1)(2n+1),$$

$$\sum_{k=1}^{n} [k(k+1)]^{-1} = 1-\frac{1}{n+1},$$

$$\sum_{k=1}^{n} [k(k+1)(k+2)]^{-1} = \frac{1}{4}-\frac{1}{2(n+1)(n+2)}.$$

幾何級数の和　$\sum_{k=1}^{n} ar^{k-1} = a(1-r^n)/(1-r)$. 上記参照.

$$\sum_{k=1}^{n} \cos 2kx = \frac{\sin nx\cos(n+1)x}{\sin x}, \quad \sum_{k=1}^{n} \sin 2kx = \frac{\sin nx\sin(n+1)x}{\sin x}$$

行列　数を正方形にならべたもの (a_{ij}).

コーシー–シュワルツの不等式　ベクトル $\boldsymbol{x}, \boldsymbol{y}$ に対して $|\boldsymbol{x}\cdot\boldsymbol{y}| < |\boldsymbol{x}||\boldsymbol{y}|$, 実数 x_i, y_i, $i=1,2,\cdots,n$ に対して

$$|x_1y_1+x_2y_2+\cdots+x_ny_n| \leqq \left(\sum_{i=1}^{n} {x_i}^2\right)^{1/2} \left(\sum_{i=1}^{n} {y_i}^2\right)^{1/2}$$

等号の成り立つ必要十分条件は $\boldsymbol{x}, \boldsymbol{y}$ が同一線上にある, すなわち $x_i = ky_i$, $i=1,2,\cdots,n$. 証明は内積の定義 $\boldsymbol{x}\cdot\boldsymbol{y} = |x||y|\cos(\boldsymbol{x},\boldsymbol{y})$ または二次関数 $q(t)=\sum(y_it-{x_i}^2)$ の判別式より.

根　方程式の解.

根軸 (同心でない 2 つの円の —)　2 つの円に関して方べきの等しい点の軌跡 (円が交わるときには共通弦を含む直線である).

根心 (中心が一直線上にない 3 つの円の —)　円の対の各々にたいする 3 つの根軸の交点.

合成 (関数の —)　関数 f, g で f の値域は g の領域であるとき, 関数 $F(x) = f\circ g(x) = f[g(x)]$ を f, g の合成という.

合同 $a \equiv b \pmod p$　"a は p を法として b と合同である" とは $a-b$ が p で割りきれることである.

●さ行

三角恒等式

$$\left.\begin{aligned}\sin(x \pm y) &= \sin x \cos y \pm \sin y \cos x \\ \cos(x \pm y) &= \cos x \cos y \mp \sin x \sin y\end{aligned}\right\} \qquad \text{(加法公式)}$$

$$\sin nx = \cos^n x \left\{ \binom{n}{1} \tan x - \binom{n}{3} \tan^3 x + \cdots \right\}$$

ド・モアブルの定理より

$$\cos nx = \cos^n x \left\{ 1 - \binom{n}{2} \tan^2 x + \binom{n}{4} \tan^4 x - \cdots \right\},$$

$$\sin 2x + \sin 2y + \sin 2z - \sin 2(x+y+z)$$

$$= 4 \sin(y+z) \sin(z+x) \sin(x+y),$$

$$\cos 2x + \cos 2y + \cos 2z + \cos 2(x+y+z)$$

$$= 4 \cos(y+z) \cos(z+x) \cos(x+y),$$

$$\sin(x+y+z) = \cos x \cos y \cos z (\tan x + \tan y + \tan z - \tan x \tan y \tan z),$$

$$\cos(x+y+z) = \cos x \cos y \cos z (1 - \tan y \tan z - \tan z \tan x - \tan x \tan y)$$

三角形の等周定理　面積が一定のとき，正三角形が辺の長さの和が最小な三角形である．

ジェンセン (Jensen) の不等式　$f(x)$ は区間 I で凸で，$w_1, w_2, \cdots, w_n$ は和が 1 である任意の負でない重さである．

$$w_1 f(x_1) + w_2 f(x_2) + \cdots + w_n f(x_n) > f(w_1 x_1 + w_2 x_2 + \cdots + w_n x_n)$$

が I のすべての x_i にたいして成り立つ．

シュアーの不等式　実数 $x, y, z, n \geqq 0$ に対して

$$x^n (x-y)(x-z) + y^n (y-z)(y-x) + z^n (z-x)(z-y) \geqq 0$$

周期関数　$f(x)$ はすべての x で $f(x+a) = f(x)$ となるとき周期 a の周期関数という．

巡回多角形　円に内接する多角形．

斉次　$f(x, y, z, \cdots)$ が次数が k の斉次式であるとは，

$$f(tx, ty, tz, \cdots) = t^k f(x, y, z, \cdots).$$

線形方程式系が斉次とは，各方程式が $f(x, y, z, \cdots) = 0$ の形で f は次数 1 である．

零点 (関数 $f(x)$ の —)　$f(x) = 0$ となる点 x.

相加・相乗・調和平均の不等式　$a_1, a_2, \cdots, a_n$ が n 個の負でない数であるとき，

$$\frac{1}{n} \sum_{i=1}^{n} a_i \geqq \sqrt[n]{a_1 \cdots a_i \cdots a_n} \geqq \left(\frac{1}{n} \sum_{i=1}^{n} \frac{1}{a_i} \right)^{-1}, \quad (a_i > 0)$$

"=" の成り立つ必要十分条件は $a_1 = a_2 = \cdots = a_n$.

相似拡大　相似の中心という定点 O および定数 $k \neq 0$ に対し，点 A を $\overrightarrow{\mathrm{OA'}} = k\overrightarrow{\mathrm{OA}}$ をみたす点 A$'$ に移すような，平面あるいは空間の変換である．この変換 (写像) は直線をそれと平行な直線へ写し，中心のみが不動点である．逆に，任意の 2 つの相似図形の対応する辺が平行であれば，一方を他方へ写す相似変換が存在する．対応する点を結ぶ直線はすべて中心で交わる．

●た行

チェバの定理　三角形 ABC で直線 BC 上に点 D を，直線 CA 上に点 E を，直線 AB 上に点 F をとる．もし直線 AD, BE, CF が 1 点で交われば (i) $\mathrm{BD} \cdot \mathrm{CE} \cdot \mathrm{AF} = \mathrm{DC} \cdot \mathrm{EA} \cdot \mathrm{FB}$ である．逆に (i) が成り立つとき直線 AD, BE, CF は 1 点で交わる．

中国剰余定理　$m_1, m_2, \cdots, m_n$ が正の整数でどの 2 つの対をとってもそれらは互いに素で，$a_1, a_2, \cdots, a_n$ は任意の n 個の整数である．このとき合同式 $x \equiv a_i \pmod{m_i}$, $i = 1, 2, \cdots, n$ は共通の解をもち，どの 2 つの解も $m_1 m_2 \cdots m_n$ を法として合同である．

調和平均　「平均」参照.

ディリクレの原理　「鳩の巣原理」を参照.

凸関数　関数 $f(x)$ が区間 I で凸であるとは，I の任意の 2 点 x_1, x_2 と負でない任意の重み w_1, w_2 $(w_1 + w_2 = 1)$ に対して $w_1 f(x_1) + w_2 f(x_2) > f(w_1 x_1 + w_2 x_2)$ が成り立つことである．幾何学的には $(x_1, f(x_1))$ と $(x_2, f(x_2))$ の間の f のグラフがその 2 点を結ぶ線分の下にあることである．以下の重要事項が成り立つ．

(1) $w_1 = w_2 = \dfrac{1}{2}$ で上の不等式をみたす連続関数は凸である．

(2) 2 階微分可能な関数が凸である必要十分条件は $f''(x)$ がその区間の中で負でないことである．

(3) 微分可能な関数のグラフはその接線の上にある．さらに「ジェンセン (Jensen) の不等式」を参照せよ．

凸集合　点集合 S が凸であるとは，S の任意の 2 点の点対 P, Q を結ぶ線分 PQ 上のすべての点が S の点であることである．

凸包 (集合 S の)　S を含むすべての凸集合の共通部分集合.

ド・モアブルの定理　$(\cos\theta + i\sin\theta)^n = \cos n\theta + i\sin n\theta$

●な行

二項係数

$$\binom{n}{k} = \frac{n!}{k!(n-k)!} = \binom{n}{n-k} = (1+y)^n \text{の展開式の } y^k \text{の係数}$$

また，

$$\binom{n+1}{k+1} = \binom{n}{k+1} + \binom{n}{k}$$

二項定理

$$(x+y)^n = \sum_{k=0}^{n} \binom{n}{k} x^{n-k} y^k$$

ここで $\binom{n}{k}$ は二項係数.

●は行

鳩の巣原理 (ディリクレの箱の原理) n 個のものが $k < n$ 個の箱に入ると，$\left\lfloor \frac{n}{k} \right\rfloor$ 個以上のものが入っている箱が少なくとも 1 つ存在する.

フェルマーの定理 p が素数のとき，$a^p \equiv a \pmod{p}$.

— **オイラーの拡張** m が n に相対的に素であると，$m^{\phi(n)} \equiv 1 \pmod{n}$. ここでオイラーの関数 $\phi(n)$ は n より小で n と相対的に素である正の整数の個数を示す. 次の等式が成り立つ.

$$\phi(n) = n \prod \left(1 - \frac{1}{p_j}\right)$$

ここで p_j は n の相異なる素の因数である.

複素数 $x + iy$ で示される数. ここで x, y は実数で $i = \sqrt{-1}$.

平均 (n 個の数の —)

$$\text{算術平均} = \text{A.M.} = \frac{1}{n} \sum_{i=1}^{n} a_i,$$

$$\text{幾何平均} = \text{G.M.} = \sqrt[n]{a_1 a_2 \cdots a_n}, \quad a_i \geqq 0,$$

$$\text{調和平均} = \text{H.M.} = \left(\frac{1}{n} \sum_{i=1}^{n} \frac{1}{a_i}\right)^{-1}, \quad a_i > 0,$$

$$\text{A.M.–G.M.–H.M. 不等式} : \quad \text{A.M.} \geqq \text{G.M.} \geqq \text{H.M.}$$

等号の必要十分条件は，n 個の数がすべて等しいこと.

べき平均

$$P(r) = \left(\frac{1}{n}\sum_{i=1}^{n} {a_i}^r\right)^{1/r}, \quad a_i > 0, \quad r \neq 0, \quad |r| < \infty$$

特別の場合：$P(0) = \mathrm{G.M.}$, $P(-1) = \mathrm{H.M.}$, $P(1) = \mathrm{A.M.}$

$P(r)$ は $-\infty < r < \infty$ 上で連続である．すなわち

$$\lim_{r\to 0} P(r) = \left(\prod a_i\right)^{1/n},$$

$$\lim_{r\to -\infty} P(r) = \min(a_i),$$

$$\lim_{r\to \infty} P(r) = \max(a_i).$$

べき平均不等式　$-\infty \leqq r < s < \infty$ に対して $P(r) \leqq P(s)$．等号の必要十分条件はすべての a_i が等しいこと．

ベクトル　順序付けられた n 個の実数の対 $\boldsymbol{x} = (x_1, x_2, \cdots, x_n)$ を n 次元ベクトルという．実数 a との積はベクトル $a\boldsymbol{x} = (ax_1, ax_2, \cdots, ax_n)$．2 つのベクトル $\boldsymbol{x}$ と $\boldsymbol{y}$ の和ベクトル $\boldsymbol{x} + \boldsymbol{y} = (x_1 + y_1, x_2 + y_2, \cdots, x_n + y_n)$ (加法の平行四辺形法則，加法の三角形法則)．

内積 $\boldsymbol{x} \cdot \boldsymbol{y}$ は，幾何学的には $|\boldsymbol{x}||\boldsymbol{y}|\cos\theta$，ここで $|\boldsymbol{x}|$ は $\boldsymbol{x}$ の長さで，θ は 2 つのベクトル間の角である．代数的には $\boldsymbol{x} \cdot \boldsymbol{y} = x_1y_1 + x_2y_2 + \cdots + x_ny_n$ で $|\boldsymbol{x}| = \sqrt{\boldsymbol{x} \cdot \boldsymbol{x}} = \sqrt{{x_1}^2 + {x_2}^2 + \cdots + {x_n}^2}$．3 次元空間 E では，ベクトル積 $x \times y$ が定義される．幾何学的には x と y に直交し，長さ $|\boldsymbol{x}||\boldsymbol{y}|\sin\theta$ で向きは右手ネジの法則により定まる．代数的には $\boldsymbol{x} = (x_1, x_2, x_3)$ と $\boldsymbol{y} = (y_1, y_2, y_3)$ の外積はベクトル $\boldsymbol{x} \times \boldsymbol{y} = (x_2y_3 - x_3y_2, x_3y_1 - x_1y_3, x_1y_2 - x_2y_1)$．幾何的定義から三重内積 $\boldsymbol{x} \cdot \boldsymbol{y} \times \boldsymbol{z}$ は $\boldsymbol{x}$, $\boldsymbol{y}$ と $\boldsymbol{z}$ がつくる平行六面体の有向体積であり，

$$\boldsymbol{x} \cdot \boldsymbol{y} \times \boldsymbol{z} = \begin{vmatrix} x_1 & x_2 & x_3 \\ y_1 & y_2 & y_3 \\ z_1 & z_2 & z_3 \end{vmatrix} = \det(\boldsymbol{x}, \boldsymbol{y}, \boldsymbol{z}).$$

「行列」参照.

ヘルダーの不等式　a_i, b_i は負でない数であり，p, q は $\dfrac{1}{p} + \dfrac{1}{q} = 1$ である正の数である．すると

$$\begin{aligned} &a_1b_1 + a_2b_2 + \cdots + a_nb_n \\ &< ({a_1}^p + {a_2}^p + \cdots + {a_n}^p)^{1/p}({b_1}^q + {b_2}^q + \cdots + {b_n}^q)^{1/q}. \end{aligned}$$

ここで等号となる必要十分条件は $a_i = kb_i$, $i = 1, 2, \cdots, n$.

コーシー–シュワルツの不等式は $p = q = 2$ の特別な場合になる．

ヘロンの公式　辺の長さが a, b, c である三角形 ABC の面積 [ABC].

$$[\mathrm{ABC}] = \sqrt{s(s-a)(s-b)(s-c)}$$

ここで $s = \frac{1}{2}(a+b+c)$.

傍接円　1 辺の内点と 2 辺の延長上の点に接する円.

●ま行

メネラウスの定理　三角形 ABC の直線 BC, CA, AB 上の点をそれぞれ D, E, F とする．3 点 D, E, F が一直線上にある必要十分条件は $\mathrm{BD} \cdot \mathrm{CE} \cdot \mathrm{AF} = -\mathrm{DC} \cdot \mathrm{EA} \cdot \mathrm{FB}$.

●や行

ユークリッドの互除法 (ユークリッドのアルゴリズム)　2 つの整数 $m > n$ の最大公約数 GCD を求める繰り返し除法のプロセス．$m = nq_1 + r_1$，$q_1 = r_1 q_2 + r_2$，$\cdots$，$q_k = r_k q_{k+1} + r_{k+1}$．最後の 0 でない剰余が m と n の GCD である．

6.7　参考書案内

● 『**math OLYMPIAN**』(数学オリンピック財団編)

年 1 回発行 (10 月).

内容：前年度 JMO, APMO, IMO の問題と解答の紹介及び IMO 通信添削問題と解答．JMO 受験申込者に，当該年度発行の 1 冊を無料でお送りします.

以下の本は，発行元または店頭でお求めください.

[**1**] 『数学オリンピック 2018～2022』(2022 年 9 月発行)，数学オリンピック財団編，日本評論社.

内容：2018 年から 2022 年までの日本予選，本選，APMO (2022 年), EGMO (2022 年)，IMO の全問題 (解答付) 及び日本選手の成績.

[**2**] 『数学オリンピック教室』，野口廣著，朝倉書店.

[**3**] 『ゼロからわかる数学 — 数論とその応用』，戸川美郎著，朝倉書店.

[**4**] 『幾何の世界』，鈴木晋一著，朝倉書店.

内容：シリーズ数学の世界 ([2][3][4]) は，JMO 予選の入門書です.

[**5**] 『数学オリンピック事典 — 問題と解法』，朝倉書店.

内容：国際数学オリンピック (IMO) の第 1 回 (1960 年) から第 40 回 (2000 年) までの全問題と解答，日本数学オリンピック (JMO) の 1989 年から 2000 年までの全問題と解答及びその他アメリカ，旧ソ連等の数学オリンピックに関する問題と解答の集大成です.

[**6**] 『数学オリンピックへの道 1：組合せ論の精選 102 問』，小林一章，鈴木晋一監訳，朝倉書店.

[**7**] 『数学オリンピックへの道 2：三角法の精選 103 問』，小林一章，鈴木晋一監訳，朝倉書店.

[**8**] 『数学オリンピックへの道 3：数論の精選 104 問』，小林一章，鈴木晋一監訳，朝倉書店.

内容：シリーズ数学オリンピックへの道 ([6][7][8]) は，アメリカ合衆国の国際数学オリンピックチーム選手団を選抜すべく開催される数学オリンピック夏期合宿プログラム (MOSP) において，練習と選抜試験に用いられた問題から精選した問題集です．組合せ数学・三角法・初等整数論の 3 分野で，いずれも日本の中学校・高等学校の数学ではあまり深入りしない分野です．

[9] 『獲得金メダル！ 国際数学オリンピック — メダリストが教える解き方と技』，小林一章監修，朝倉書店．

内容：本書は，IMO 日本代表選手に対する直前合宿で使用された教材をもとに，JMO や IMO に出題された難問の根底にある基本的な考え方や解法を，IMO の日本代表の OB 達が解説した参考書です．

[10] 『平面幾何パーフェクト・マスター — めざせ，数学オリンピック』，鈴木晋一編著，日本評論社．

[11] 『初等整数パーフェクト・マスター — めざせ，数学オリンピック』，鈴木晋一編著，日本評論社．

[12] 『代数・解析パーフェクト・マスター — めざせ，数学オリンピック』，鈴木晋一編著，日本評論社．

[13] 『組合せ論パーフェクト・マスター — めざせ，数学オリンピック』，鈴木晋一編著，日本評論社．

内容：[10][11][12][13] は，日本をはじめ，世界中の数学オリンピックの過去問から精選した良問を，基礎から中級・上級に分類して提供する問題集となっています．

6.8 第33回日本数学オリンピック募集要項

(第64回国際数学オリンピック日本代表選手候補選抜試験)

第64回国際数学オリンピック日本大会 (IMO 2023)(2023年7月開催予定) の日本代表選手候補を選抜する第33回 JMO を行います．また，この受験者の内の女子は，ヨーロッパ女子数学オリンピック (EGMO) の最終選抜も兼ねています．奮って応募してください．

●**応募資格**　2023年1月時点で大学教育 (またはそれに相当する教育) を受けていない20歳未満の者．但し，IMO 代表資格は，日本国籍を有する高校2年生以下の者とする．

●**試験内容**　前提とする知識は，世界各国の高校程度で，整数問題，幾何，組合せ，式変形等の問題が題材となります．(微積分，確率統計，行列は範囲外です．)

●**受験料**　4,000円 (納付された受験料は返還いたしません．)

申込者には，math OLYMPIAN 2021年度版を送付します．

●**申込方法**

(1) **個人申込**　2022年9月1日～10月31日の間に，郵便局の青色の郵便振替「払込取扱票」に下記事項を楷書で記入し，受験料を添えて申し込んでください．記入漏れにご注意ください．

口座番号：00170-7-556492

加入者名：(公財) 数学オリンピック財団

通信欄：学校名，学年，生年月日，性別，受験希望地

払込人欄：郵便番号，住所，氏名 (フリガナ)，電話番号

(2) **学校一括申込 (JMO 5名以上)**　2022年9月1日～9月30日の間に申し込んでください．

一括申込の場合は，JMO は4,000円から JMO と JJMO を合わせた人数で以下のように割り引きます．

- 5 人以上 20 人未満 $\Longrightarrow$ 1 人 500 円引き.
- 20 人以上 50 人未満 $\Longrightarrow$ 1 人 1,000 円引き.
- 50 人以上 $\Longrightarrow$ 1 人 1,500 円引き.

一括申込方法は，数学オリンピック財団のホームページをご覧ください.

●選抜方法と選抜日程および予定会場

▶▶ 日本数学オリンピック (JMO) 予選

日時 2022 年 1 月 9 日 (月: 成人の日) 午後 1:00～4:00

受験地 各都道府県 (予定). 受験地は，数学オリンピック財団のホームページをご覧ください.

選抜方法 3 時間で 12 問の解答のみを記す筆記試験を行います.

結果発表 2 月上旬までに成績順に A ランク，B ランク，C ランクとして本人に通知します. A ランク者は，数学オリンピック財団のホームページ等に掲載し，表彰します.

地区表彰 財団で定めた地区割りで，成績順に応募者の約 1 割 (A ランク者を含め) に入る B ランク者を，地区別 (受験会場による) に表彰します.

▶▶ 日本数学オリンピック (JMO) 本選

日時 2023 年 2 月 11 日 (土: 建国記念の日) 午後 1:00～5:00

受験場所は，数学オリンピック財団のホームページで発表します.

選抜方法 予選 A ランク者に対して，4 時間で 5 問の記述式筆記試験を行います.

結果発表 2 月下旬，JMO 受賞者 (上位 20 名前後) を発表し，「代表選考合宿 (春の合宿)」に招待します.

表彰 「代表選考合宿 (春の合宿)」期間中に JMO 受賞者の表彰式を行います. 優勝者には，川井杯を授与します. また，受賞者には，賞状・副賞等を授与します.

●合宿 (代表選考合宿)

春 (2023 年 3 月下旬) に合宿を行います．この「代表選考合宿」後に，IMO 日本代表選手候補 6 名を決定します．

場所：国立オリンピック記念青少年総合センター (予定).

●特典　コンテストでの成績優秀者には，大学の特別推薦入試などでの特典を利用することができます．詳しくは，当財団のホームページをご覧になるか，または，特別推薦入試実施の各大学へお問い合わせください.

(注意) 募集要項の最新の情報については，下記の数学オリンピック財団のホームページを参照して下さい.

公益財団法人数学オリンピック財団

TEL 03-5272-9790　FAX 03-5272-9791

URL https://www.imojp.org/

公益財団法人数学オリンピック財団
〒160-0022 東京都新宿区新宿 7-26-37-2D
Tel 03-5272-9790，　Fax 03-5272-9791

数学(すうがく)オリンピック 2018 ～ 2022

2022 年 9 月 25 日　第 1 版第 1 刷発行

監　修　(公財(こうざい))数学(すうがく)オリンピック財団(ざいだん)
発行所　株式会社 日本評論社
〒 170-8474 東京都豊島区南大塚 3-12-4
電話 (03)3987-8621 [販売]
(03)3987-8599 [編集]
印　刷　三美印刷
製　本　難波製本
装　幀　海保　透

Printed in Japan　ISBN 978-4-535-78975-3